超深井连续油管测试技术

庞德新 主编

石油工业出版社

内 容 提 要

本书系统介绍了连续油管测试工具、工艺及操作规范。全书分别介绍了超深井测试技术及现状问题、超深井连续油管选择、超深井测试井控技术、超深井连续油管测试关键装备、超深井连续油管测试方案、超深井连续油管测试工艺、作业过程风险识别及原因分析和相关规范。

本书可供石油工程相关领域工程技术人员和研究人员参考阅读，也可作为相关专业院校师生参考用书。

图书在版编目（CIP）数据

超深井连续油管测试技术/庞德新主编．

北京：石油工业出版社，2015.11

ISBN 978-7-5183-0770-8

Ⅰ．超…

Ⅱ．庞…

Ⅲ．超深井-石油管道-管道检测

Ⅳ．TE973.6

中国版本图书馆 CIP 数据核字（2015）第 141795 号

出版发行：石油工业出版社

（北京安定门外安华里 2 区 1 号　100011）

网　　址：www.petropub.com

编辑部：（010）64523537

图书营销中心：（010）64523633

经　　销：全国新华书店

印　　刷：北京中石油彩色印刷有限责任公司

2015 年 11 月第 1 版　2015 年 11 月第 1 次印刷

787×1092 毫米　开本：1/16　印张：14

字数：355 千字

定价：68.00 元

（如出现印装质量问题，我社图书营销中心负责调换）

版权所有，翻印必究

前 言

井下测试技术是了解地层岩性、物性的主要手段，准确地掌握地层信息对油气田的勘探开发具有重要的指导意义。当前勘探开发的深度不断加大，井下高温、高压、高腐蚀问题越来越突出，尤其在斜井、水平井、带压井的测试中，常规的测试管柱组合和管柱强度已不能满足其测试要求，随着连续油管技术的发展，其配套的测试技术成为了解这类复杂地层的关键措施。该技术是将测试电缆穿入连续油管中，采用连续油管地面测试设备，依靠连续油管自身的刚度和韧性将井下测试仪器送入目的井段进行测试作业。

连续油管测试技术的优点主要表现为3个方面：(1) 在带压或有液体流动的情况下可以实现斜井、水平井的长距离传输测试；(2) 能较好地保护测试电缆或钢丝；(3) 测试效率高。由于目前没有系统的书籍供专业技术人员进行参考，严重制约了勘探开发的进程，新疆油田公司工程技术公司（技术服务公司）在多年连续油管作业中积累了大量的经验，本书是在大量的现场实例和数值模拟的基础上编写而成，对连续油管测试技术的推广具有重要的指导意义。

本书主要针对以下9个方面开展优选研究以及设计研发：(1) 连续油管装备优选；(2) 电缆优选；(3) 测试工具优选；(4) 井口防喷装置设计研发；(5) 注入头支撑架设计研发；(6) 其他测试传输介质的可行性分析；(7) 测试方案研究；(8) 连续油管材质选择及力学分析；(9) 注氮平衡工艺研究。

本书由塔里木油田公司油气工程技术研究院和新疆油田公司工程技术公司共同组织编写完成。第一章由张福祥、庞德新编写，第二章由周理志、王健编写，第三章由郭新维、张宝编写，第四章由杨文新、侯启太编写，第五章由赵签、谢俊峰编写，第六章由曾努、吴警宇编写，第七章由王建刚、景洪涛编写，第八章由彭建云、宋文文编写。本书由张福祥、庞德新主审，刘建勋审定。

在编写过程中，刘建勋、张福祥提出很多宝贵意见，对本书的完成提供了帮助。

由于编者的水平有限，本书定有许多不当之处，敬请读者批评指正。

目　　录

1 超深井测试技术现状及问题 …………………………………………………… (1)
　1.1 超深井测试技术现状 ………………………………………………………… (1)
　1.2 连续油管在超深井测试中的应用现状 ……………………………………… (1)
　　1.2.1 连续油管测试技术简介 ………………………………………………… (1)
　　1.2.2 连续油管测试技术发展现状及趋势 …………………………………… (2)
　1.3 需要解决的问题 ……………………………………………………………… (3)
　　1.3.1 管材质的选择及力学分析、防腐 ……………………………………… (3)
　　1.3.2 井控装置及技术的完善 ………………………………………………… (4)
　　1.3.3 工具装备的配套 ………………………………………………………… (4)
　　1.3.4 各类技术规范的规范、完善 …………………………………………… (4)
2 超深井连续油管选择 …………………………………………………………… (5)
　2.1 连续油管受力分析 …………………………………………………………… (5)
　　2.1.1 连续油管动力学分析模型 ……………………………………………… (7)
　　2.1.2 工程案例分析 …………………………………………………………… (19)
　　2.1.3 连续油管极限承载能力研究 …………………………………………… (41)
　　2.1.4 结论 ……………………………………………………………………… (65)
　2.2 连续油管的初步选择 ………………………………………………………… (66)
　　2.2.1 复合材质的连续油管 …………………………………………………… (66)
　　2.2.2 低碳微合金连续油管 …………………………………………………… (67)
　　2.2.3 不锈钢材质的连续油管 ………………………………………………… (67)
　　2.2.4 连续油管性能分析 ……………………………………………………… (67)
　2.3 连续油管防腐研究 …………………………………………………………… (68)
　　2.3.1 腐蚀指标 ………………………………………………………………… (69)
　　2.3.2 腐蚀试验 ………………………………………………………………… (69)
　　2.3.3 腐蚀结论 ………………………………………………………………… (73)
　2.4 选择方案确定 ………………………………………………………………… (73)
3 超深井测试井控技术 …………………………………………………………… (74)
　3.1 超深井（高温高压气井）井筒压力温度分布规律 ………………………… (74)
　3.2 井口防喷及地面降压 ………………………………………………………… (74)
　　3.2.1 现场准备 ………………………………………………………………… (75)
　　3.2.2 防喷系统测试 …………………………………………………………… (75)

    3.2.3 防喷系统的安装 …………………………………………………… (76)
    3.2.4 接头拉力和压力测试 ……………………………………………… (76)
    3.2.5 注入头安装 ………………………………………………………… (76)
    3.2.6 井口试压 …………………………………………………………… (76)
    3.2.7 防喷系统的拆卸 …………………………………………………… (77)
  3.3 井筒压力平衡 …………………………………………………………… (77)
  3.4 实施过程与控制 ………………………………………………………… (78)
    3.4.1 井口防喷系统的选择 ……………………………………………… (78)
    3.4.2 井口防喷装置安装的过程与控制 ………………………………… (79)
    3.4.3 防喷系统测试的过程与控制 ……………………………………… (80)
    3.4.4 防喷系统安装的过程与控制 ……………………………………… (80)
    3.4.5 接头拉力和压力测试的过程与控制 ……………………………… (80)
    3.4.6 井口试压的过程与控制 …………………………………………… (80)
    3.4.7 井筒压力平衡的过程与控制 ……………………………………… (81)
    3.4.8 管线连接的过程与控制 …………………………………………… (81)
    3.4.9 注氮试压的过程与控制 …………………………………………… (81)
    3.4.10 泄压放喷的过程与控制 ………………………………………… (84)
    3.4.11 拆卸管线的过程与控制 ………………………………………… (84)
4 超深井连续油管测试关键装备 ………………………………………………… (85)
  4.1 内变径连续油管及测试电缆 …………………………………………… (85)
    4.1.1 超深井测试作业连续油管及测试电缆基本要求 ………………… (85)
    4.1.2 内变径连续油管优化方案 ………………………………………… (85)
    4.1.3 电缆选型 …………………………………………………………… (88)
    4.1.4 电缆可靠性评价 …………………………………………………… (89)
  4.2 测试滚筒 ………………………………………………………………… (90)
  4.3 注入头塔式支撑架 ……………………………………………………… (90)
    4.3.1 概述 ………………………………………………………………… (90)
    4.3.2 注入头支撑架调研 ………………………………………………… (91)
    4.3.3 支撑架结构选择 …………………………………………………… (94)
    4.3.4 塔式支撑架设计 …………………………………………………… (95)
    4.3.5 塔式支撑架的校核计算 …………………………………………… (99)
    4.3.6 分析结果及评价 …………………………………………………… (103)
  4.4 其他关键设备 …………………………………………………………… (106)
    4.4.1 连续油管的注入头 ………………………………………………… (106)
    4.4.2 液压管线 …………………………………………………………… (107)
    4.4.3 连续油管检测装置 ………………………………………………… (107)

4.5	测试工具	(108)
	4.5.1 测试环境对测试工具的基本要求	(108)
	4.5.2 常规测试工具存在的问题	(108)
	4.5.3 项目主要研究内容	(108)
5	**超深井连续油管测试方案**	**(114)**
5.1	连续油管总体测试方案设计	(114)
	5.1.1 国内外气井监测工艺现状和发展方向	(114)
	5.1.2 国内外永置式压力监测系统调研成果	(114)
	5.1.3 气藏压力动态监测项目设计优化体系	(120)
5.2	超深井连续油管测试方案	(122)
	5.2.1 测试仪器组合	(122)
	5.2.2 测试仪器的地面连接、调试	(122)
	5.2.3 数据采集	(122)
	5.2.4 静压测试	(123)
	5.2.5 流压测试	(123)
	5.2.6 压力恢复测试	(123)
	5.2.7 地面拆卸	(124)
6	**超深井连续油管测试工艺**	**(125)**
6.1	测试工艺优选	(125)
	6.1.1 高产能气井测试动态的"异常"性	(125)
	6.1.2 异常原因分析与对策	(129)
6.2	试气方式优选	(131)
	6.2.1 产能测试方式	(131)
	6.2.2 供给半径对产能分析的影响	(135)
	6.2.3 推荐测试方式	(143)
6.3	工作制度设计	(143)
	6.3.1 井身结构及气井基础参数	(143)
	6.3.2 合理测试产量分析	(144)
	6.3.3 测试工作制度设计	(148)
7	**作业过程风险识别及原因分析**	**(151)**
7.1	连续油管超深井测试作业风险识别	(151)
7.2	连续油管超深井测试作业的重要风险因素识别	(155)
7.3	连续油管超深井测试作业的重要风险因素原因分析	(156)
	7.3.1 连续油管破裂原因分析	(156)
	7.3.2 连续油管挤毁原因分析	(162)
	7.3.3 连续油管弯折和断脱原因分析	(164)

7.4 风险预判、应急处置和预防措施 …………………………………………………… (166)
　　7.4.1 风险预判 ……………………………………………………………………… (166)
　　7.4.2 应急处置 ……………………………………………………………………… (167)
　　7.4.3 预防措施 ……………………………………………………………………… (167)

8 规范 ……………………………………………………………………………………… (168)
8.1 防喷系统安装及操作规范 …………………………………………………………… (168)
　　8.1.1 范围 ……………………………………………………………………………… (168)
　　8.1.2 相关岗位及职责 ………………………………………………………………… (168)
　　8.1.3 引用的相关标准及技术文件 …………………………………………………… (168)
　　8.1.4 防喷系统的安装及拆卸 ………………………………………………………… (168)
　　8.1.5 注意事项 ………………………………………………………………………… (172)
8.2 井口支架安装及操作规范 …………………………………………………………… (174)
　　8.2.1 范围 ……………………………………………………………………………… (174)
　　8.2.2 相关岗位及职责 ………………………………………………………………… (174)
　　8.2.3 引用的相关标准及技术文件 …………………………………………………… (174)
　　8.2.4 井口支架的安装及拆卸 ………………………………………………………… (174)
　　8.2.5 注意事项 ………………………………………………………………………… (175)
8.3 入井仪器的检测、安装调试操作规范 ……………………………………………… (175)
　　8.3.1 范围 ……………………………………………………………………………… (175)
　　8.3.2 工具串展开的方法 ……………………………………………………………… (176)
　　8.3.3 防喷管展开法基本操作程序 …………………………………………………… (176)
　　8.3.4 工具展开法基本操作程序 ……………………………………………………… (176)
　　8.3.5 安全展开系统基本操作程序 …………………………………………………… (177)
　　8.3.6 带压井展开作业的安全注意事项 ……………………………………………… (179)
8.4 连续油管车操作规范 ………………………………………………………………… (179)
　　8.4.1 范围 ……………………………………………………………………………… (179)
　　8.4.2 相关岗位及职责 ………………………………………………………………… (179)
　　8.4.3 设备技术参数 …………………………………………………………………… (179)
　　8.4.4 出车前的检查及准备工作 ……………………………………………………… (181)
　　8.4.5 操作 ……………………………………………………………………………… (182)
　　8.4.6 冬季行车注意事项 ……………………………………………………………… (186)
　　8.4.7 特殊情况的处理 ………………………………………………………………… (186)
　　8.4.8 维护和保养 ……………………………………………………………………… (187)
　　8.4.9 应急施工预案 …………………………………………………………………… (189)
8.5 连续油管高温作业操作规范 ………………………………………………………… (195)
　　8.5.1 范围 ……………………………………………………………………………… (195)

  8.5.2 井内高温的原因及带来的主要问题 …………………………………（195）
  8.5.3 高温作业主要需要考虑的问题 ……………………………………（196）
  8.5.4 注意事项 ………………………………………………………………（196）
 8.6 连续油管高压作业操作规范 ………………………………………………（196）
  8.6.1 范围 ……………………………………………………………………（196）
  8.6.2 连续油管高压作业施工规范 …………………………………………（196）
  8.6.3 连续油管高压作业的安全问题和风险消减 ………………………（200）
 8.7 注氮平衡操作规范 …………………………………………………………（202）
  8.7.1 相关参数资料要求 ……………………………………………………（202）
  8.7.2 管线连接 ………………………………………………………………（202）
  8.7.3 注氮试压 ………………………………………………………………（203）
  8.7.4 跟踪调整注气压力 ……………………………………………………（203）
  8.7.5 泄压放喷 ………………………………………………………………（205）
  8.7.6 拆卸管线 ………………………………………………………………（205）
  8.7.7 注氮平衡流程图 ………………………………………………………（206）
 8.8 连续油管上提下放操作规范 ………………………………………………（206）
  8.8.1 连续油管下放 …………………………………………………………（207）
  8.8.2 连续油管上提 …………………………………………………………（208）

参考文献 ………………………………………………………………………………（211）

附录一 苏格拉底程序需要的环境数据 ……………………………………………（212）

附录二 连续油管穿电缆工艺 ………………………………………………………（213）

1 超深井测试技术现状及问题

现阶段超深井一般是指井深超过 6000m 的井。随着石油工业勘探开发工作的深入，井下情况越来越复杂，浅井、中深井所用的常规测试管柱组合和管柱强度已不能满足超深井高温高压条件下的测试要求，严重影响了深部油气藏的及时发现和准确评价。国内超深井主要集中在塔里木油田，具有地层压力大、温度高的特点，此外还通常伴随有高浓度的硫化氢、二氧化碳等腐蚀性气体，给测试作业带来了许多技术难题。

1.1 超深井测试技术现状

由于超深井从钻井设计、钻井、测井、测试、试采都与普通井有很大区别，为此国际高温高压井协会以定期或不定期的方式召开研讨会，交流研讨高温高压超深井的钻井、测井、测试及试采技术。在超深井管柱力学分析方面，国外也开展了许多卓有成效的工作，已经历了从二维到三维、从静态到动态、从局部到整体、从解析解到数值解等一系列的发展过程。自 1962 年 Lubinski 等人发表了著名的"封隔器管柱螺旋弯曲"理论以来，引起不少研究学者的兴趣和管柱设计人员的关注，特别是经过 Hammerlindl 等人的努力，提出了引起封隔器管柱受力和长度变化的 4 种基本效应，即活塞效应、螺旋弯曲效应、鼓胀效应和温度效应并给出了相应的计算公式，但其公式过于简化，仅对浅井有一定的精度，不能满足超深井复杂条件下的需要。

1.2 连续油管在超深井测试中的应用现状

1.2.1 连续油管测试技术简介

连续油管测试技术是将测试电缆穿入连续油管中，采用连续油管地面测试设备，依靠连续油管自身的刚度和韧性将井下测试仪器送入目的井段进行测试的作业方式。连续油管在测试领域应用的优点主要体现在以下几方面：

(1) 连续油管具有足够的强度，可以在斜井、水平井和带压井中长距离传输测试工具。
(2) 在很好地控制速度和深度的情况下，可以进行各个方向的连续测试作业。
(3) 可以保护好连续油管管柱中的测试电缆。
(4) 可以在带压或有液体流动的情况下作业，并维持压力恒定，降低井喷风险。
(5) 可以刚性地推动长的工作管柱，使其通过可能会阻碍钢丝绳测试工具通过的狗腿或障碍点。
(6) 可以在作业过程中的任何时候进行液体循环（当测试作业允许的时候）。
(7) 可以对带压井进行稳定的压力控制。
(8) 在高产井生产测试过程中，有能力抵抗流体的冲击，可将测试工具控制在特定位置。

（9）作业时可以对井底情况进行实时的测量。

（10）具有较快的运行速度。

1.2.2 连续油管测试技术发展现状及趋势

1968年，第一台连续油管测试装备就已经投入使用，由于前期连续油管本身的缺陷，导致这项技术发展缓慢。近年来随着连续油管制造技术的不断发展，连续油管的强度、塑性、抗腐蚀性得到了进一步提高，连续油管测试技术在国内外油田的应用范围不断扩大。

1.2.2.1 国内发展现状

在国内，连续油管测试工艺多用于大斜度井和水平井生产测试，据检索，目前国内连续油管测试成功用于现场的测试深度为4300m，水平段小于等于500m，防喷器总成额定工作压力为35MPa。

1.2.2.2 国外发展现状

国际上连续油管测试的主要服务类型包括以下几方面：

（1）生产井测试：多用于大斜度井和水平井，测井作业的水平段长度逐年增加，工作量逐年增大。

（2）沉降测井：利用连续油管沉降测井可以有效减少测试偏差。

（3）套管井测试：进行该项作业以证实或识别油层特性或完井情况。

（4）裸眼测试：在下套管或衬管之前进行该项作业以评价地层情况，目前的作业成功率很低。

（5）注水泥评价、中子测井和相量测井。

（6）特殊情况的应用：这些服务包括井下成像技术、电磁打捞和应用井下地震技术测定井下震源扫描频率[1]。

1.2.2.3 连续油管测试技术发展趋势

连续油管测试技术特色使它成为水平井测试作业的首选方法。目前解决水平井测试的方法主要有三种：第一种方法是利用钻修机通过钻杆或油管将测试仪器传输到测试目的深度，并利用钻井液循环动力将水平井电缆对接工具与测试仪器组合，该方法成本高、下入缓慢、工作量大、劳动强度高、时间长、效率低。第二种方法是利用爬行器将测试仪器输送到测试目的井段进行测试，该方法成功率低、成本高、风险大。第三种方法是连续油管测试，它是解决水平井测试作业最经济、安全、有效的方法，是最具有发展前途的生产测试技术。目前中国石油每年的水平井完井数量都在600口以上，因此，连续油管在水平井测试方面的发展具有广泛前景。

1.2.2.4 连续油管在超深井测试中的应用

目前国内尚无连续油管在超深井测试中成功应用的先例。据了解美国国民油井、哈里伯顿、贝克休斯、斯伦贝谢、BJ等多家国外公司目前也没有进行过超深井连续油管测试作业。

超深井测试作业难度高、风险大，但由于利用连续油管带压测试工艺对超深气井进行测试具有以下突出的优势：

（1）有助于获得准确的产层参数，进行准确的气井产能预测。

（2）能够在水平井中实现动态检测。

（3）可以利用连续油管作为电缆及测试工具的传输设备的连续油管测试工艺，实现在高压、高温井底油层段的测试作业。

因此连续油管测试工艺在超深井测试领域将会有很好的发展前景,为油气田的经济合理开发及利用起到重要的保障作用,也为连续油管在水平井测试方面的发展提供良好的技术支持。

1.3 需要解决的问题

1.3.1 管材质的选择及力学分析、防腐

在深度 6000m 以上垂深的超深井作业时,连续油管的材质性能接近安全极限,连续油管测试工艺的关键技术问题大量存在,而且贯穿整个工艺过程的各个环节,极限工况使连续油管的受力、变形、寿命、腐蚀达到或接近其承载上限,如图 1-1 所示:连续油管极限受力点均在井口上下部位,一旦出现问题,会造成井喷失控的灾难性后果,极限受力点的安全系数(余量)必须准确确定。

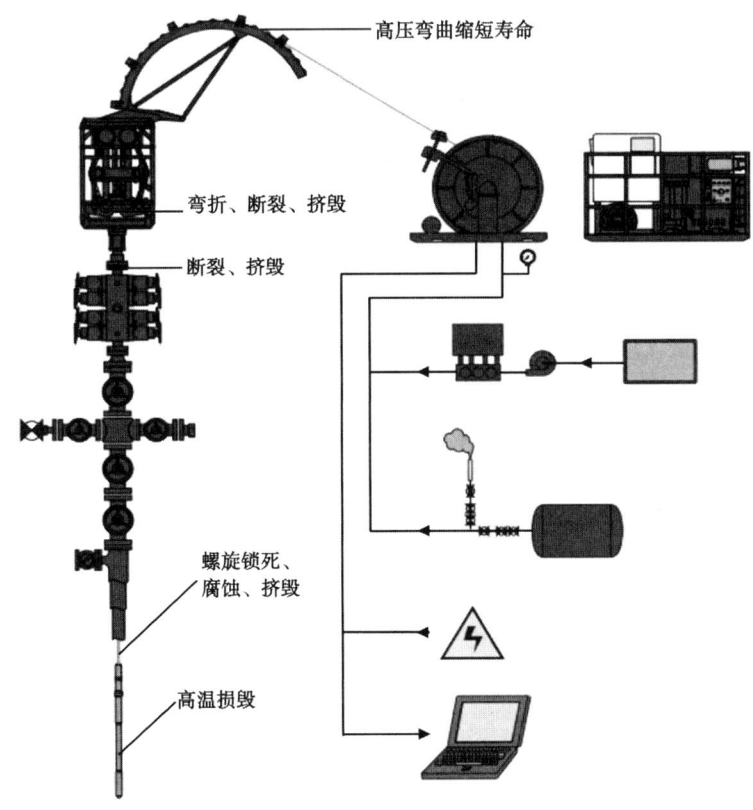

图 1-1 连续油管作业风险点

简单的计算分析,无法满足计算精度要求,出于安全考虑必须将所有的关键技术问题明确,再开展详细的安全可行性分析论证:

(1)连续油管刚入井时井内高压气体对连续油管形成很大的上顶力,此外密封系统及管壁还会对连续油管产生较大摩擦力,连续油管入井时的受力状态需要详细分析论证。

（2）入井后连续油管将承受很大的外压，连续油管井口段承受的压差过大可能导致挤毁发生，而未入井连续油管在内压过高时可能导致爆裂或弯曲爆裂发生，所以需要对连续油管设计合理的平衡内压以满足安全作业要求。

（3）连续油管入井后会形成正弦、螺旋弯曲，导致摩擦力增大、螺旋锁死现象发生，使连续油管无法下入井测试深度。

（4）能够生产在超深井高温、高压条件下仍能正常工作的入井测试仪器和连接工具的生产厂家非常少，在极端工况下长时间测试，仪器的安全及数据准确度均需要咨询厂家和论证。

（5）连续油管在开井测试时将受气井流体的冲蚀和化学腐蚀等因素影响，连续油管材料极限强度会降低，连续油管腐蚀速度和使用时间等的相关机理和对应关系都需要详细分析研究[2]。

（6）连续油管提下一趟要产生6次弯曲，连续油管在极高内压下提下会发生加速疲劳损坏，产生裂纹和破裂。

1.3.2 井控装置及技术的完善

井口防喷装置是连续油管带压测试作业的主要组成部分之一，用于在起下油管时隔离井筒压力。超深井测试环境复杂，整个测试过程中的安全风险都很高，井口防喷装置一旦失效将会导致灾难性的后果。井口防喷装置压力等级、综合作业能力及配套方案的确定是保障测试工艺顺利实施的重要手段，是超深井连续油管测试项目成功与否的关键。

1.3.3 工具装备的配套

常规测试工具耐压100MPa，耐温150℃，如在超深井进行测试主要存在以下问题：

（1）因工具承压能力不足，在高压下被挤毁，导致井内高压气体窜入连续油管内，发生井喷的风险。

（2）测试工具工作可靠性变差、传输信号的漂移，造成测试数据失真。

（3）测试工具的有效作业时间短，无法满足测试作业要求。

1.3.4 各类技术规范的规范、完善

由于连续油管超深井测试仍处于探索阶段，作业流程复杂，施工过程中存在的风险较大，为确保测试作业安全顺利进行，必须对从搬迁作业、井场设备摆放、防喷系统安装、注入头支撑架安装、入井仪器的检测安装、连续油管设备的安装及操作、放喷系统的安装及操作、压井系统的安装及操作、连续油管内注氮（注水）平衡系统的安装及操作、连续油管提下及测试操作、特殊复杂工况应急处置等整个作业流程中的各个环节进行规范、完善。

2 超深井连续油管选择

连续油管的合理选择是超深井测试的关键环节，超深井作业时连续油管受力情况复杂，同时井内通常富含硫化氢、二氧化碳等腐蚀性气体，为此超深井连续油管的选择应从连续油管模拟入井受力情况分析、连续油管材质的选择及连续油管防腐等几方面开展研究，研究的边界条件如下：

井口压力：80~100MPa；

井底压力：90~140MPa；

井口温度：70~80℃；

井底温度：120~180℃；

CO_2 浓度：0.77%。

2.1 连续油管受力分析

由于国内超深井主要集中在塔里木油田，因此本书根据塔里木某超深井实际井筒数据资料，合理选定工况，进行连续油管模拟入井受力情况分析、连续油管的材质选择、连续油管防腐研究及选择方案确定。

实际井筒的井身结构如图 2-1 所示。

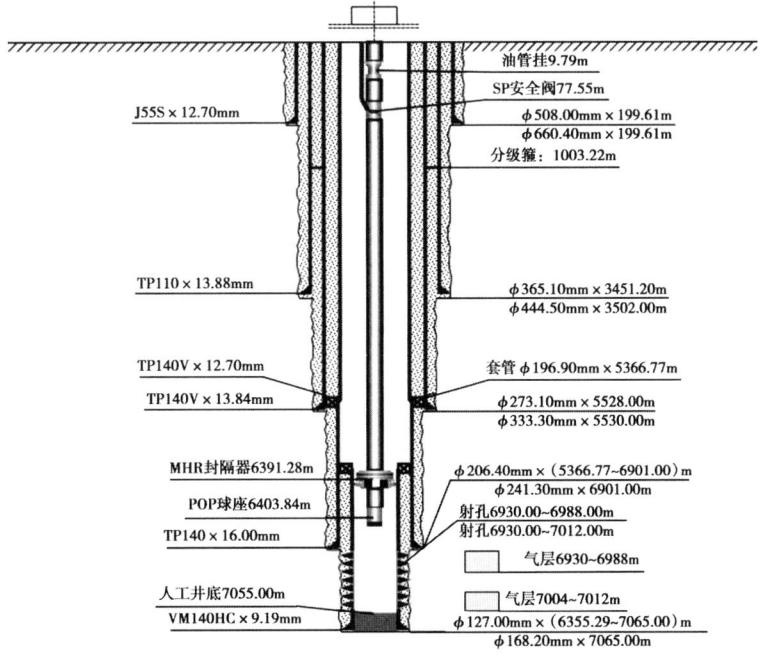

图 2-1 井身结构图

井斜、生产管柱结构数据见表2-1。

表2-1 生产管柱结构表

序号	名称	外径（mm）	内径（mm）	长度（m）	深度（m）
1	油管挂	273.00	76.00	9.79	9.79
2	变扣接头	128.00	69.86	0.50	10.29
3	超级13Cr110油管	88.90	74.22	66.26	76.55
4	上短节	103.33	67.05	0.50	77.05
5	安全阀	148.84	65.08	0.50	77.55
6	下短节	103.33	67.05	0.50	78.05
7	超级13Cr110油管	88.90	74.22	6260.95	6339.00
8	3½in转2⅞in变扣接头	103.00	61.00	0.50	6339.50
9	超级13Cr110油管	73.02	62.00	51.78	6391.28
10	密封接头	84.00	60.70	0.50	6391.78
11	MHR封隔器	100.58	48.51	1.79	6393.57
12	延伸管	99.88	61.44	2.00	6395.57
13	超级13Cr110油管	73.02	62.00	7.77	6403.34
14	POP球座	95.00	61.55	0.50	6403.84

（1）静止状态下连续油管承载分析。

静止状态为连续油管压入到测试位置后、未进行上提作业时的状态。此时连续油管的最大承载单元为井口段，由于受到超深井井筒温度、连续油管的内外压差和轴向拉力的综合作用，因此有必要对该段连续油管进行参数敏感性分析，即改变不同参数后分析其工作应力，从而获得不同参数对连续油管工作安全性的影响规律。对该状态下受载最大处的连续油管单元的分析是后续进行压入安全性与上提安全性分析的基础，这三种状态下连续油管安全性的综合分析构成了整个连续油管工程适用性评价体系：

①考察该状态下直井和曲井中连续油管的工作应力，并给出特定工作位置处连续油管工作安全裕度。

②考察受载最大处的连续油管单元，分析温度场对连续油管轴向伸缩及工作应力的影响。

③考察受载最大处的连续油管单元，分析内外压差对连续油管轴向伸缩及工作应力的影响。

④对极限载荷下受载最大处的连续油管单元进行抗外压能力、抗内压能力分析。

（2）上提状态下连续油管承载分析。

为分析上提状态下连续油管的承载能力，首先要确定该状态下的受载最大位置，并确定它的具体载荷条件，然后重点针对该段进行相应的安全性分析。利用直井、曲井中连续油管的动态力学分析求解出整个连续油管的应力分布，以及获得了轴向力、弯矩、剪切力及接触压力等参数的分布情况，从而确定受力最大点；利用对受载最大处连续油管单元的参数敏感性分析，评估各参数对其安全性的影响：

①考察该状态下直井和曲井中连续油管的轴力、弯矩、剪切力及连续油管与井筒接触压力。

②考察该状态下直井和曲井中连续油管的工作应力，并给出相应工况的连续油管工作安全裕度。

③分析该状态下直井和曲井中连续油管的弯曲状态，判断出是否出现正弦屈曲或者螺旋屈曲，并计算出连续油管沿其轴线方向的伸缩量。

④考察受载最大处的连续油管单元，分析温度场对连续油管轴向伸缩及工作应力的影响。

⑤考察受载最大处的连续油管单元，分析外压差对连续油管轴向伸缩及工作应力的影响。

⑥对极限载荷下受载最大处的连续油管单元进行抗外压能力、抗内压能力分析。

（3）压入状态下连续油管承载分析。

压入状态下连续油管的承载分析包括压入可行性分析和连续油管安全性评价。压入可行性分析是研究连续油管在超深直井、曲井中在受超高温、超高压等因素的影响是否能压入到相应深度的研究。因此，压入状态下连续油管的承载分析是超深井测试用连续油管工程适用性评价的关键步骤，是提出连续油管压入工艺与措施的有效方法。

①考察该状态下直井和曲井中连续油管的轴力、弯矩、剪力及连续油管与井筒接触压力。

②考察该状态下直井和曲井中连续油管的工作应力，并给出相应工况的连续油管工作安全裕度。

③分析该状态下直井和曲井中连续油管的弯曲状态，判断出是否出现正弦屈曲或者螺旋屈曲。

④临界下压力和临界下压速度分析。

⑤考察受载最大处的连续油管单元，分析温度场对连续油管轴向伸缩及工作应力的影响。

⑥考察受载最大处的连续油管单元，分析外压差对连续油管轴向伸缩及工作应力的影响。

⑦对极限载荷下受载最大处的连续油管单元进行抗外压能力、抗内压能力分析。

⑧初始压入时，屈曲状态的判断及极限屈曲长度确定。

（4）基于地面的最大注氮能力和注氮压力计算，推荐出注氮压力数值。

注氮压力与连续油管的压入性密切相关，且能够平衡管外超高压的挤毁作用，因此应该综合考虑两者，在不超过地面最大注氮能力的前提下提出最优的注氮压力数值。

（5）连续油管疲劳寿命评价。

根据前述分析计算结果和该型连续管的 $N—S$ 寿命曲线以及甲方提供的剩余疲劳度样例，确定本案例使用后的剩余疲劳度。

$N—S$ 寿命曲线及其与剩余疲劳度的对应关系（计算疲劳度时假设后继案例与本次案例一致）。

2.1.1 连续油管动力学分析模型

在连续油管下入过程中受到管柱本身重力及管柱与井壁摩擦力的综合作用，管柱在受压时由初始的近似直线状态变为曲线状态，这就是管柱的屈曲。

连续油管下井过程中可能产生纵向弯曲变形和损坏：连续油管入井时为克服阻力要在地面对油管施加一定的轴向压力，当连续油管的首尾两端承受压力负荷时，其状况是一根无横向支撑的细长杆；压力超过临界负荷时，将造成油管的纵向屈曲，连续油管首先变成在单一平面内波距不等的正弦波形，随着轴向压力的增加，正弦波形失稳，最后变成螺旋形。连续油管弯曲成螺旋形，引起附加的径向接触力，使管子与井壁的摩擦力增加，轴向力越大其摩擦力越大，在该点就形成了恶性循环，增加的任何附加力都将由于该点的摩擦而损失殆尽，连续油管在井内锁定，也就是所谓的螺旋锁定现象。

下面介绍基于能量法建立连续油管—油管系统动力学模型。

连续油管—油管系统动力学模型是进行连续油管动力学特性分析的基础。利用能量法可建立连续油管—油管系统的纵横扭耦合动力学模型。

根据能量法哈密顿原理（Hamilton principle）建立整个连续油管—油管系统的动力学方程，并将连续油管单元与井筒的摩擦、屈曲对摩阻的增益等分别处理成不确定边界、准随机边界、动态边界，考虑内外压对连续油管力学参数的影响，从而很好地把各个主要因素合理地融为一体，利用非线性有限元软件的显式模块进行方程求解与结果输出，可研究连续油管—油管系统动力学特性，并直观展示出相关问题背后的规律。

采用弹簧—质量—阻尼系统（S—M—C 模式）对连续油管系统模型进行研究，即通过利用有限元的思想，将不同井段连续油管简化为多自由度系统来分析。采用该模式能够较方便地考虑井筒边界、上下端边界条件。

综合考虑连续油管—油管系统力学模型的理论基础，通过认真分析井身结构、边界条件及载荷情况，基于研究建模的特点，采用以下假设条件：整个连续油管系统为均质空间弹性梁；连续油管的几何尺寸、材料性质分段为常数；悬挂系统假设为一个刚度为 Kh 的弹簧。

（1）连续油管—油管系统动力学模型建立。

哈密顿原理：哈密顿原理规定在质点（质点系、连续系）的运动中，它的动能、势能和作用在它上面的非有势力对它所做的功应满足式（2-1）：

$$\delta \int_{\Delta t}(T - V) + \int_{\Delta t}\delta W = 0 \tag{2-1}$$

式中　W——非有势力所做的功；

　　　δ——变分算子；

　　　T，V——分别表示系统的总动能和总势能，$(T-V)$ 为拉格朗日函数（L）。

对于一个连续系统，T、V 和 W 可由定义在直角坐标系中的描述连续油管运动的位移变量 $u(z, x, y, t)$ 和转角变量 $\theta(z, x, y, t)$ 来表示。运用有限元方法，连续油管的几何模型可以看作较多短柱单元的集合体，模型中连续变量由所有单个柱单元的以内插值替换的节点变量 U_i 代替。将其代入式（2-1），展开得出由各部分组成的综合结果：

$$\int_{\Delta t}\left[-\frac{d}{dt}\left(\frac{\partial L}{\partial U_i}\right) + \frac{\partial L}{\partial U_i} + F_i\right]\delta U_i = 0 \tag{2-2}$$

这里 F_i 是广义非有势力（Generalized forces）。因为变量 δU_i 是任意的，式（2-2）也可以写成：

$$-\frac{d}{dt}\left(\frac{\partial L}{\partial U_i}\right) + \frac{\partial U}{\partial U_i} + F_i = 0 \tag{2-3}$$

式（2-3）被称为拉格朗日方程，进一步展开则成为：

$$\frac{d}{dt}\left(\frac{\partial T}{\partial U_i}\right) - \frac{d}{dt}\left(\frac{\partial V}{\partial U_i}\right) - \frac{\partial T}{\partial U_i} + \frac{\partial U}{\partial U_i} = F_i \tag{2-4}$$

式中　T——系统总动能；
　　　V——系统总势能；
　　　F_i——系统上广义非有势力；
　　　U_i——描述系统状态的广义位移。

采用有限单元法离散连续油管—油管系统，建立多自由度（图2-2）的系统动力学基本方程是研究连续油管力学特性的有效途径。系统动力学的基本方程可以写成：

$$[M]\{\ddot{U}\} + [C]\{\dot{U}\} + [K]\{U\} = \{F\} \tag{2-5}$$

拉格朗日方程的基本形式用广义坐标 U_i 写成式（2-4）的形式。下面逐个求出式（2-4）中的各个部分，以导出式（2-5）中的各项系数矩阵。

对连续油管单元，建立如图2-3所示的广义坐标图，则连续油管上的微分质量单元的平移速度为：

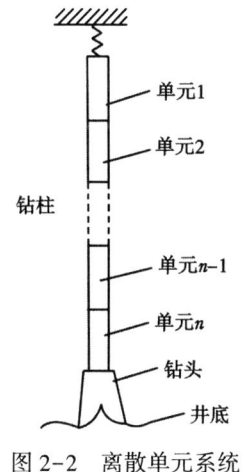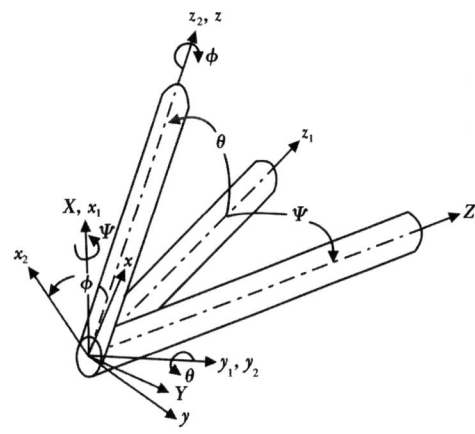

图2-2　离散单元系统　　　　　图2-3　单元各自由度示意图

$$v = \dot{u}_x + \dot{u}_y + \dot{u}_z \tag{2-6}$$

式中 $\dot{u}_x + \dot{u}_y + \dot{u}_z$——分别表示微分质量单元在 x、y、z 三个坐标轴方向上的速度矢量。

连续油管单元的移动动能可表示为：

$$T_t = \int_V \frac{1}{2}[(\dot{u}_x)^2 + (\dot{u}_y)^2 + (\dot{u}_z)^2]\rho dv = \int_0^L \frac{\rho A}{2}[(\dot{u}_x)^2 + (\dot{u}_y)^2 + (\dot{u}_z)^2]dz \tag{2-7}$$

式中　ρ——连续油管质量密度，kg/m^3；
　　　A——连续油管截面面积，m^2；
　　　L——连续油管单元长度，m。

如图2-3所示，$R_o(X-Y-Z)$ 是惯性坐标系，$R(x,y,z)$ 是固定在微元上的坐标系。在 $R(x,y,z)$ 中，微元的瞬时角速度可表示为 $\dot{\theta}_R = \dot{\Psi}j + \dot{\theta}Z_1 + \dot{\phi}x_3$，假设微元形心即是微元质心。在 R 体系中角速度矢量变为：

$$\dot{\theta}_R = (\dot{\Psi}\sin\theta + \dot{\phi})e_z + (\dot{\Psi}\cos\theta\cos\phi + \dot{\theta}\sin\phi)e_x + (-\dot{\Psi}\cos\theta\sin\phi + \dot{\theta}\cos\phi)e_y \tag{2-8}$$

x-y-z 轴是惯量的主方向，因此，惯性张量可定义为：

$$J = \begin{bmatrix} J_\mathrm{t} & 0 & 0 \\ 0 & J_\mathrm{bn} & 0 \\ 0 & 0 & J_\mathrm{bn} \end{bmatrix}$$

由此，转动动能 T_r 可写成：

$$T_\mathrm{r} = \frac{1}{2}[\dot{\boldsymbol{\theta}}_\mathrm{R} \cdot J \cdot \dot{\boldsymbol{\theta}}_\mathrm{R}] = \frac{J_\mathrm{t}}{2}[(\dot{\boldsymbol{\phi}})^2 + 2\dot{\boldsymbol{\psi}}\dot{\boldsymbol{\phi}}\theta] + \frac{J_\mathrm{bn}}{2}[(\dot{\boldsymbol{\psi}})^2 + (\dot{\boldsymbol{\theta}})^2]$$

由于井筒限制，此处采用小角近视，取 $\psi \approx \theta_x$；$\theta \approx \theta_y$；$\phi \approx \theta_z$，对单元长度进行积分，连续油管单元的转动动能可表示为：

$$T_\mathrm{r} = \int_0^L \left\{ \frac{J_\mathrm{t}}{2}[(\dot{\boldsymbol{\theta}}_z)^2 + \dot{\boldsymbol{\theta}}_x\dot{\boldsymbol{\theta}}_y\theta_z] + \frac{J_\mathrm{bn}}{2}[(\dot{\boldsymbol{\theta}}_x)^2 + (\dot{\boldsymbol{\theta}}_y)^2] \right\} \mathrm{d}z$$

连续油管单元的动能为：

$$T_\mathrm{r} = \int_0^L \frac{\rho A}{2}[(\dot{\boldsymbol{u}}_z)^2 + (\dot{\boldsymbol{u}}_x)^2 + (\dot{\boldsymbol{u}}_y)^2] \mathrm{d}z + \int_0^L \left\{ \frac{J_\mathrm{t}}{2}[(\dot{\boldsymbol{\theta}}_z)^2 + \dot{\boldsymbol{\theta}}_x\dot{\boldsymbol{\theta}}_y\theta_z] + \frac{J_\mathrm{bn}}{2}[(\dot{\boldsymbol{\theta}}_x)^2 + (\dot{\boldsymbol{\theta}}_y)^2] \right\} \mathrm{d}z$$

（2-9）

弹性势能由应力分量 σ_{ij} 和应变分量 ε_{ij} 给出（$i = 1$, 2, 3）。应力与应变是二次对称张量，这就意味着每 9 个分量中仅有 6 个分量是独立的。在此，把张量看作仅含有 6 个分量的向量来处理，于是对应力分量可表示为：

$$\sigma_{ij} = \begin{bmatrix} \sigma_{11} & \sigma_{12} & \sigma_{13} \\ \sigma_{21} & \sigma_{22} & \sigma_{23} \\ \sigma_{31} & \sigma_{32} & \sigma_{33} \end{bmatrix} \equiv [\sigma_{11}\sigma_{22}\sigma_{33}\sigma_{12}\sigma_{23}\sigma_{31}] = [\sigma_1\sigma_2\sigma_3\sigma_4\sigma_5\sigma_6] = \sigma$$

应变分量表示为：

$$\varepsilon_{ij} = \begin{bmatrix} \varepsilon_{11} & \varepsilon_{12} & \varepsilon_{13} \\ \varepsilon_{21} & \varepsilon_{22} & \varepsilon_{23} \\ \varepsilon_{31} & \varepsilon_{32} & \varepsilon_{33} \end{bmatrix} \equiv [\varepsilon_{11}\varepsilon_{22}\varepsilon_{33}\varepsilon_{12}\varepsilon_{23}\varepsilon_{31}] = [\varepsilon_1\varepsilon_2\varepsilon_3\varepsilon_4\varepsilon_5\varepsilon_6] = \varepsilon$$

应力和应变服从广义胡克定律 $\sigma = C\varepsilon$。

由上述结果可得单元体积的弹性势能 $V_i = \int(\sigma \mathrm{d}\varepsilon) = \frac{1}{2}(\varepsilon C \mathrm{d}\varepsilon)$。对于连续油管单元来说，长度远大于直径，可假设主要在连续油管轴截面的法线方向作用有应力应变，因此有 $\sigma_2 = \sigma_3 = \sigma_5 = 0$，$\varepsilon_5 = 0$，$\varepsilon_2 = \varepsilon_3 = -v\varepsilon_1$。单元体积的弹性势能可进一步表示为：

$$V_i = \frac{E}{2}\varepsilon_1^2 + \frac{G}{2}(\varepsilon_4^2 + \varepsilon_6^2)$$

通过格林应变公式，在位移场中应变可表示为：

$$\varepsilon_{ij} = \frac{1}{2}\left(\frac{\partial u_i}{\partial x_j} + \frac{\partial u_j}{\partial x_i} + \frac{\partial u_k}{\partial x_i}\frac{\partial u_k}{\partial x_j} \right), \quad k = 1, 2, 3$$

应用爱因斯坦求和规则（Einstein's summation conventions），可得出应变 ε_1、ε_4、ε_6 的表达式：

$$\varepsilon_1 = \varepsilon_{11} = \frac{\partial u_z}{\partial z} + \frac{1}{2}\left(\frac{\partial u_z}{\partial z}\right)^2 + \frac{1}{2}\left(\frac{\partial u_x}{\partial z}\right)^2 + \frac{1}{2}\left(\frac{\partial u_y}{\partial z}\right)^2$$

$$\varepsilon_4 = \varepsilon_{12} = \frac{1}{2}\left(\frac{\partial u_z}{\partial x} + \frac{\partial u_x}{\partial x} + \frac{\partial u_z}{\partial z}\frac{\partial u_x}{\partial x} + \frac{\partial u_x}{\partial z}\frac{\partial u_x}{\partial x} + \frac{\partial u_y}{\partial z}\frac{\partial u_y}{\partial x}\right)$$

$$\varepsilon_6 = \varepsilon_{31} = \frac{1}{2}\left(\frac{\partial u_z}{\partial y} + \frac{\partial u_y}{\partial z} + \frac{\partial u_z}{\partial z}\frac{\partial u_y}{\partial y} + \frac{\partial u_x}{\partial z}\frac{\partial u_x}{\partial y} + \frac{\partial u_y}{\partial z}\frac{\partial u_y}{\partial y}\right)$$

将 ε_1、ε_4、ε_6 的表达式带入单元体积的弹性势能 $V_i = \frac{E}{2}\varepsilon_1^2 + \frac{G}{2}(\varepsilon_4^2 + \varepsilon_6^2)$，然后对整个连续油管单元积分，可得连续油管单元的弹性势能表达式：

$$V = \frac{EA}{2}\int_0^L\left(\frac{\partial u_z}{\partial z}\right)^2 dz + \frac{GI_z}{2}\int_0^L\left(\frac{\partial \theta_z}{\partial z}\right)^2 dz + \frac{EI_y}{2}\int_0^L\left(\frac{\partial \theta_y}{\partial z}\right)^2 dz + \frac{EI_x}{2}\int_0^L\left(\frac{\partial \theta_x}{\partial z}\right)^2 dz + \frac{EA}{2}\int_0^L\left(\frac{\partial u_z}{\partial z}\right)^3 dz$$

$$+ \frac{EA}{2}\int_0^L\frac{\partial u_z}{\partial z}(\theta_x)^2 dz + \frac{EA}{2}\int_0^L\frac{\partial u_z}{\partial z}(\theta_y)^2 dz + \frac{3EI_y}{2}\int_0^L\frac{\partial u_z}{\partial z}\left(\frac{\partial \theta_y}{\partial z}\right)^2 dz + \frac{3EI_x}{2}\int_0^L\frac{\partial u_z}{\partial z}\left(\frac{\partial \theta_x}{\partial z}\right)^2 dz$$

$$+ \frac{EI_z}{2}\int_0^L\frac{\partial u_z}{\partial z}\left(\frac{\partial \theta_z}{\partial z}\right)^2 dz + \frac{(E-G)I_z}{2}\int_0^L\frac{\partial \theta_z}{\partial z}\theta_x\frac{\partial \theta_y}{\partial z}dz - \frac{(E-G)I_z}{2}\int_0^L\frac{\partial \theta_z}{\partial z}\theta_y\frac{\partial \theta_x}{\partial z}dz \quad (2-10)$$

建立如图 2-4 所示的连续油管单元自由度广义坐标，连续油管单元的位移模式取：

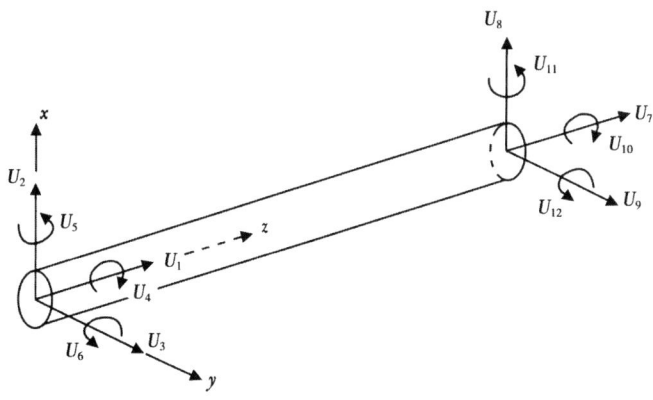

图 2-4 连续油管单元自由度广义坐标

$$u_z = a_1 + a_2 z$$

$$\theta_z = a_3 + a_4 z$$

$$u_y = a_5 + a_6 z + a_7 z^2 + a_8 z^3$$

$$u_x = a_9 + a_{10} z + a_{11} z^2 + a_{12} z^3$$

代入单元边界条件，整理得：

$$u_z = (1-\xi)U_1 + 6(\xi-\xi^2)U_2 + 6(\xi-\xi^2)U_3 + (1-4\xi+3\xi^2)LU_5 - (1-4\xi+3\xi^2)LU_6$$
$$+ \xi U_7 - 6(\xi-\xi^2)U_8 - 6(\xi-\xi^2)U_9 + (-2\xi+3\xi^2)LU_{11} + (2\xi-3\xi^2)LU_{12} \quad (2-11)$$

$$u_x = (1-3\xi^2-\xi^3)U_2 - (1-\xi)LU_4 + (\xi-2\xi^2+3\xi^3)LU_6 +$$
$$(3\xi^2-2\xi3)U_8 + L\xi U_{10} - (\xi^2-\xi^3)LU_{12} \quad (2-12)$$

$$u_y = (1-3\xi^2+2\xi^3)U_3 - (1-\xi)LU_4 - (\xi-2\xi^2+\xi^3)LU_5$$
$$+ (3\xi^2-2\xi3)U_9 + L\xi U_{10} - (\xi^2-\xi^3)LU_{11} \quad (2-13)$$

$$\theta_2 = 6(\xi-\xi^2)U_2 + 6(\xi-\xi^2)U_3 + (1-\xi)U_4 + (1-4\xi+3\xi^2)LU_5 -$$
$$(1-4\xi+3\xi^2)LU_6 - 6(\xi-\xi^2)U_8 - 6(\xi-\xi^2)U_9 + \xi U_{10}$$
$$+ (-2\xi+3\xi^2)LU_{11} + (2\xi-3\xi^2)LU_{12} \quad (2-14)$$

其中：
$$\xi = z/L$$

将式（2-7）、式（2-8）、式（2-10）、式（2-11）、式（2-12）、式（2-13）、式（2-14）代入式（2-4）整理得连续油管单元的质量矩阵为：

$$[M] = [M_1] + [M_2]$$

其中：

$$[M_1] = \rho AL \begin{bmatrix}
\frac{1}{3} & 0 & 0 & 0 & 0 & 0 & \frac{1}{6} & 0 & 0 & 0 & 0 & 0 \\
0 & \frac{13}{35} & 0 & 0 & 0 & \frac{11L}{210} & 0 & \frac{9}{70} & 0 & 0 & 0 & -\frac{13L}{420} \\
0 & 0 & \frac{13}{35} & 0 & -\frac{11L}{210} & 0 & 0 & 0 & \frac{9}{70} & 0 & \frac{13L}{420} & 0 \\
0 & 0 & 0 & \frac{I_z}{3A} & 0 & 0 & 0 & 0 & 0 & \frac{I_z}{6A} & 0 & 0 \\
0 & 0 & -\frac{11L}{210} & 0 & \frac{L^2}{105} & 0 & 0 & 0 & -\frac{13L}{420} & 0 & -\frac{L^2}{140} & 0 \\
0 & \frac{11L}{210} & 0 & 0 & 0 & \frac{L^2}{15} & 0 & \frac{13L}{420} & 0 & 0 & 0 & -\frac{L^2}{140} \\
\frac{1}{6} & 0 & 0 & 0 & 0 & 0 & \frac{1}{2} & 0 & 0 & 0 & 0 & 0 \\
0 & \frac{9}{70} & 0 & 0 & 0 & \frac{13L}{40} & 0 & \frac{13}{35} & 0 & 0 & 0 & -\frac{11L}{210} \\
0 & 0 & \frac{9}{70} & 0 & -\frac{13L}{420} & 0 & 0 & 0 & \frac{13}{35} & 0 & \frac{11L}{210} & 0 \\
0 & 0 & 0 & \frac{I_z}{6A} & 0 & 0 & 0 & 0 & 0 & \frac{I_z}{3A} & 0 & 0 \\
0 & 0 & -\frac{13L}{420} & 0 & -\frac{L^2}{140} & 0 & 0 & 0 & \frac{11L}{210} & 0 & \frac{L^2}{105} & 0 \\
0 & -\frac{13L}{420} & 0 & 0 & 0 & \frac{-L^2}{140} & 0 & -\frac{11L}{210} & 0 & 0 & 0 & \frac{L^2}{105}
\end{bmatrix}$$

$$[M_2] = \frac{\rho I_{xy}}{L^2} \begin{bmatrix} 0 & 0 & 0 & 0 & 0 & 0 & 0 & 0 & 0 & 0 & 0 & 0 \\ 0 & \frac{6}{15} & 0 & 0 & 0 & \frac{L}{10} & 0 & -\frac{6}{5} & 0 & 0 & 0 & \frac{L}{10} \\ 0 & 0 & \frac{6}{5} & 0 & -\frac{L}{10} & 0 & 0 & 0 & -\frac{6}{5} & 0 & -\frac{L}{10} & 0 \\ 0 & 0 & 0 & 0 & 0 & 0 & 0 & 0 & 0 & 0 & 0 & 0 \\ 0 & 0 & -\frac{L}{10} & 0 & \frac{2L}{15} & 0 & 0 & 0 & \frac{L}{10} & 0 & -\frac{L^2}{30} & 0 \\ 0 & \frac{L}{10} & 0 & 0 & 0 & \frac{2L}{15} & 0 & -\frac{L}{20} & 0 & 0 & 0 & -\frac{L^2}{30} \\ 0 & 0 & 0 & 0 & 0 & 0 & 0 & 0 & 0 & 0 & 0 & 0 \\ 0 & -\frac{6}{5} & 0 & 0 & 0 & -\frac{L}{20} & 0 & \frac{6}{5} & 0 & 0 & 0 & -\frac{L}{10} \\ 0 & 0 & -\frac{6}{5} & 0 & \frac{L}{10} & 0 & 0 & 0 & \frac{6}{5} & 0 & \frac{L}{10} & 0 \\ 0 & 0 & 0 & 0 & 0 & 0 & 0 & 0 & 0 & 0 & 0 & 0 \\ 0 & 0 & -\frac{L}{10} & 0 & -\frac{L^2}{30} & 0 & 0 & 0 & \frac{L}{10} & 0 & \frac{2L}{15} & 0 \\ 0 & \frac{L}{10} & 0 & 0 & 0 & -\frac{L^2}{30} & 0 & -\frac{L}{10} & 0 & 0 & 0 & \frac{2L}{15} \end{bmatrix}$$

连续油管单元的刚度矩阵为：

$$[K] = [K_L] + [K_N]$$

$$[K_L] = \begin{bmatrix} \frac{EA}{L} & 0 & 0 & 0 & 0 & 0 & -\frac{EA}{L} & 0 & 0 & 0 & 0 & 0 \\ 0 & \frac{12EI_{xy}}{L^3} & 0 & 0 & 0 & \frac{6EI_{xy}}{L^2} & 0 & -\frac{12EI_{xy}}{L^3} & 0 & 0 & 0 & \frac{6EI_{xy}}{L^2} \\ 0 & 0 & \frac{12EI_{xy}}{L^3} & 0 & -\frac{6EI_{xy}}{L^2} & 0 & 0 & 0 & -\frac{12EI_{xy}}{L^3} & 0 & -\frac{6EI_{xy}}{L^2} & 0 \\ 0 & 0 & 0 & \frac{GI_z}{L} & 0 & 0 & 0 & 0 & 0 & -\frac{GI_z}{L} & 0 & 0 \\ 0 & 0 & -\frac{6EI_{xy}}{L^2} & 0 & \frac{4EI_{xy}}{L} & 0 & 0 & 0 & \frac{6EI_{xy}}{L^2} & 0 & \frac{2EI_{xy}}{L} & 0 \\ 0 & \frac{6EI_{xy}}{L^2} & 0 & 0 & 0 & \frac{4EI_{xy}}{L} & 0 & -\frac{6EI_{xy}}{L^2} & 0 & 0 & 0 & \frac{2EI_{xy}}{L} \\ -\frac{EA}{L} & 0 & 0 & 0 & 0 & 0 & \frac{EA}{L} & 0 & 0 & 0 & 0 & 0 \\ 0 & -\frac{12EI_{xy}}{L^3} & 0 & 0 & 0 & -\frac{6EI_{xy}}{L^2} & 0 & \frac{12EI_{xy}}{L^3} & 0 & 0 & 0 & -\frac{6EI_{xy}}{L^2} \\ 0 & 0 & -\frac{12EI_{xy}}{L^3} & 0 & \frac{6EI_{xy}}{L^2} & 0 & 0 & 0 & \frac{12EI_{xy}}{L^3} & 0 & \frac{6EI_{xy}}{L^2} & 0 \\ 0 & 0 & 0 & -\frac{GI_z}{L} & 0 & 0 & 0 & 0 & 0 & \frac{GI_z}{L} & 0 & 0 \\ 0 & 0 & -\frac{6EI_{xy}}{L^2} & 0 & \frac{2EI_{xy}}{L} & 0 & 0 & 0 & \frac{6EI_{xy}}{L^2} & 0 & \frac{4EI_{xy}}{L} & 0 \\ 0 & \frac{6EI_{xy}}{L^2} & 0 & 0 & 0 & \frac{2EI_{xy}}{L} & 0 & -\frac{6EI_{xy}}{L^2} & 0 & 0 & 0 & \frac{4E_{xy}}{L} \end{bmatrix}$$

$$[K_N] = [K_{NA1}] + [K_{NA2}] + [K_{NT}]$$

$$[K_{NA1}] = \frac{EA(U_7 - U_1)}{L^3} \begin{bmatrix} \frac{3}{2} & 0 & 0 & 0 & 0 & 0 & \frac{-3}{2} & 0 & 0 & 0 & 0 & 0 \\ 0 & \frac{6}{5} & 0 & 0 & 0 & \frac{L}{10} & 0 & \frac{-6}{5} & 0 & 0 & 0 & \frac{L}{10} \\ 0 & 0 & \frac{6}{5} & 0 & \frac{-L}{10} & 0 & 0 & 0 & \frac{-6}{5} & 0 & \frac{-L}{10} & 0 \\ 0 & 0 & 0 & \frac{I_z}{A} & 0 & 0 & 0 & 0 & 0 & -\frac{I_z}{A} & 0 & 0 \\ 0 & 0 & \frac{-L}{10} & 0 & \frac{2L^2}{15} & 0 & 0 & 0 & \frac{L}{10} & 0 & \frac{-L^2}{30} & 0 \\ 0 & \frac{L}{10} & 0 & 0 & 0 & \frac{2L^2}{15} & 0 & \frac{-L}{10} & 0 & 0 & 0 & \frac{-L^2}{30} \\ \frac{-3}{2} & 0 & 0 & 0 & 0 & 0 & \frac{3}{5} & 0 & 0 & 0 & 0 & 0 \\ 0 & \frac{-6}{5} & 0 & 0 & 0 & \frac{-L}{10} & 0 & \frac{6}{5} & 0 & 0 & 0 & \frac{-L}{10} \\ 0 & 0 & \frac{-6}{5} & 0 & \frac{L}{10} & 0 & 0 & 0 & \frac{6}{5} & 0 & \frac{L}{10} & 0 \\ 0 & 0 & 0 & -\frac{I_z}{A} & 0 & 0 & 0 & 0 & 0 & \frac{I_z}{A} & 0 & 0 \\ 0 & 0 & \frac{-L}{10} & 0 & \frac{-L^2}{30} & 0 & 0 & 0 & \frac{L}{10} & 0 & \frac{2L^2}{15} & 0 \\ 0 & \frac{L}{10} & 0 & 0 & 0 & \frac{-L^2}{30} & 0 & \frac{-L}{10} & 0 & 0 & 0 & \frac{2L^2}{15} \end{bmatrix}$$

$$[K_{NA2}] = \frac{EI_{xy}(U_7 - U_1)}{L^2} \begin{bmatrix} 0 & 0 & 0 & 0 & 0 & 0 & 0 & 0 & 0 & 0 & 0 & 0 \\ 0 & 6L^2 & 0 & 0 & 0 & 3L^3 & 0 & -6L^2 & 0 & 0 & 0 & 3L^3 \\ 0 & 0 & 6L^2 & 0 & -3L^3 & 0 & 0 & 0 & -6L^2 & 0 & -3L^3 & 0 \\ 0 & 0 & 0 & 0 & 0 & 0 & 0 & 0 & 0 & 0 & 0 & 0 \\ 0 & 0 & -3L^3 & 0 & 2L^4 & 0 & 0 & 0 & 3L^3 & 0 & L^4 & 0 \\ 0 & 3L^3 & 0 & 0 & 0 & 2L^4 & 0 & -3L^3 & 0 & 0 & 0 & L^4 \\ 0 & 0 & 0 & 0 & 0 & 0 & 0 & 0 & 0 & 0 & 0 & 0 \\ 0 & -6L^2 & 0 & 0 & 0 & -3L^3 & 0 & 6L^2 & 0 & 0 & 0 & -3L^3 \\ 0 & 0 & -6L^2 & 0 & 3L^3 & 0 & 0 & 0 & 6L^2 & 0 & 3L^3 & 0 \\ 0 & 0 & 0 & 0 & 0 & 0 & 0 & 0 & 0 & 0 & 0 & 0 \\ 0 & 0 & -3L^3 & 0 & L^4 & 0 & 0 & 0 & 3L^3 & 0 & 2L^4 & 0 \\ 0 & 3L^3 & 0 & 0 & 0 & L^4 & 0 & -3L^3 & 0 & 0 & 0 & 2L^4 \end{bmatrix}$$

$$[K_{\text{NT}}] = (1+v)\frac{GI_z(U_{10}-U_4)}{L^4}\begin{bmatrix} 0 & 0 & 0 & \frac{1+v}{2(1+v)} & 0 & 0 & 0 & 0 & 0 & \frac{1+v}{2(1+v)} & 0 & 0 \\ 0 & 0 & 0 & 0 & 1 & 0 & 0 & 0 & 0 & 0 & 1 & 0 \\ 0 & 0 & 0 & 0 & 0 & 1 & 0 & 0 & 0 & 0 & 0 & 1 \\ 0 & 0 & 0 & 0 & 0 & 0 & 0 & 0 & 0 & 0 & 0 & 0 \\ 0 & 1 & 0 & 0 & 0 & 0 & 0 & 1 & 0 & 0 & 0 & \frac{L}{2} \\ 0 & 0 & 1 & 0 & 0 & 0 & 0 & 0 & 1 & 0 & \frac{L}{2} & 0 \\ 0 & 0 & 0 & \frac{1+v}{2(1+v)} & 0 & 0 & 0 & 0 & 0 & \frac{1+v}{2(1+v)} & 0 & 0 \\ 0 & 0 & 0 & 0 & 1 & 0 & 0 & 0 & 0 & 0 & 1 & 0 \\ 0 & 0 & 0 & 0 & 0 & 1 & 0 & 0 & 0 & 0 & 0 & 1 \\ 0 & 0 & 0 & 0 & 0 & 0 & 0 & 0 & 0 & 0 & 0 & 0 \\ 0 & 1 & 0 & 0 & 0 & \frac{L}{2} & 0 & 1 & 0 & 0 & 0 & 0 \\ 0 & 0 & 1 & 0 & \frac{L}{2} & 0 & 0 & 0 & 1 & 0 & 0 & 0 \end{bmatrix}$$

阻尼矩阵为：

$$[C] = [C_D] + [C_N], \text{ 其中 } [C_D] = \alpha[M] + \beta[K_L]$$

$$[C_N] = \frac{\Omega J_z}{L}\begin{bmatrix} 0 & 0 & 0 & 0 & 0 & 0 & 0 & 0 & 0 & 0 & 0 & 0 \\ 0 & 0 & \frac{6}{5} & 0 & \frac{L}{10} & 0 & 0 & 0 & \frac{6}{5} & 0 & \frac{L}{10} & 0 \\ 0 & \frac{6}{5} & 0 & 0 & 0 & \frac{L}{10} & 0 & \frac{6}{5} & 0 & 0 & 0 & \frac{L}{10} \\ 0 & 0 & 0 & 0 & 0 & 0 & 0 & 0 & 0 & 0 & 0 & 0 \\ 0 & \frac{L}{10} & 0 & 0 & 0 & \frac{2L^2}{15} & 0 & \frac{L}{10} & 0 & 0 & 0 & \frac{L^2}{30} \\ 0 & 0 & \frac{L}{10} & 0 & \frac{2L^2}{15} & 0 & 0 & 0 & \frac{L}{10} & 0 & \frac{L^2}{30} & 0 \\ 0 & 0 & 0 & 0 & 0 & 0 & 0 & 0 & 0 & 0 & 0 & 0 \\ 0 & 0 & \frac{6}{5} & 0 & \frac{L}{10} & 0 & 0 & 0 & \frac{6}{5} & 0 & \frac{L}{10} & 0 \\ 0 & \frac{6}{5} & 0 & 0 & 0 & \frac{L}{10} & 0 & \frac{6}{5} & 0 & 0 & 0 & \frac{L}{10} \\ 0 & 0 & 0 & 0 & 0 & 0 & 0 & 0 & 0 & 0 & 0 & 0 \\ 0 & \frac{L}{10} & 0 & 0 & 0 & \frac{L^2}{30} & 0 & \frac{L}{10} & 0 & 0 & 0 & \frac{2L^2}{15} \\ 0 & 0 & \frac{L}{10} & 0 & \frac{L^2}{30} & 0 & 0 & 0 & -\frac{L}{10} & 0 & -\frac{2L^2}{15} & 0 \end{bmatrix}$$

式中 E，v，G——分别是连续油管材料的弹性模量、泊松比和剪切模量；

I_x，I_y——分别是连续油管截面对 x 或 y 轴的惯性矩；

I_z——连续油管截面对 z 轴的惯性矩；

Ω——连续油管的转速；

J_z——连续油管截面对 z 轴的极惯性矩。

根据该系统动力学方程按式（2-5）和上述建单元质量矩阵、刚度矩阵及阻尼矩阵，按单元分配连接顺序分别组集为整体质量矩阵、刚度矩阵及阻尼矩阵。

对于直井，局部坐标和整体坐标方向一致，因此可以直接按照上述方法组集，组集形式如下。

以单元质量矩阵为例，单元质量矩阵可表示为：

$$[M]^1 = \begin{bmatrix} [M_{11}^1]_{6\times6} & [M_{12}^1]_{6\times6} \\ [M_{21}^1]_{6\times6} & [M_{22}^1]_{6\times6} \end{bmatrix}$$

连续油管的整体质量矩阵则为：

$$[M] = \begin{bmatrix} [M_{11}^1]_{6\times6} & [M_{12}^1]_{6\times6} & & & & & \\ [M_{21}^1]_{6\times6} & [M_{22}^1]_{6\times6}+[M_{11}^2]_{6\times6} & [M_{12}^2]_{6\times6} & & & & \\ & [M_{21}^2]_{6\times6} & [M_{22}^2]_{6\times6}+[M_{11}^3]_{6\times6} & [M_{12}^3]_{6\times6} & & & \\ & & [M_{21}^3]_{6\times6} & [M_{22}^3]_{6\times6} & \cdots & & \\ & & & & \ddots & & \\ & & & & \cdots & [M_{12}^{n-1}]_{6\times6} & \\ & & & & [M_{21}^{n-1}]_{6\times6} & [M_{22}^{n-1}]_{6\times6}+[M_{11}^n]_{6\times6} & [M_{12}^n]_{6\times6} \\ & & & & & [M_{21}^n]_{6\times6} & [M_{22}^n]_{6\times6} \end{bmatrix}$$

刚度矩阵、阻尼矩阵的组集方法与质量矩阵的组集方法相同。

在刚度矩阵中因为包含有与节点位移相关的变刚度矩阵 $[K_N]$，所以在组集整体刚度矩阵时，将 $[K_L]$ 及 $[K]_N$ 分别进行组集。

载荷列阵组集形式如下：

单元载荷列阵表示为 $\{F^1\} = \begin{bmatrix} f_{1\,1\times6}^1 \\ f_{2\,1\times6}^1 \end{bmatrix}$，其中 $\{f_1^1\}$ 形如式（2-15）：

$$\{f_1^1\} = [f_z^1 \quad f_x^1 \quad f_y^1 \quad T_z^1 \quad T_x^1 \quad T_y^1]_{1\times6}^T \tag{2-15}$$

外力载荷主要包括重力、惯性力、与井筒摩擦作用力。详见下文。

整体载荷列阵为：

$$\{F\} = [f_{1\,1\times6}^1 f_{2\,1\times6}^1 f_{1\,1\times6}^2 f_{2\,1\times6}^2 + f_{1\,1\times6}^2 \cdots f_{2\,1\times6}^{n-2} + f_{1\,1\times6}^{n-1} f_{2\,1\times6}^{n-1} + f_{1\,1\times6}^n f_{2\,1\times6}^n]^T \tag{2-16}$$

组集后的动力学方程表示为：

$$[M]\{\ddot{U}\} + [C]\{\dot{U}\} + [K_L]\{U\} + [K_N]\{U\} = \{F\} \tag{2-17}$$

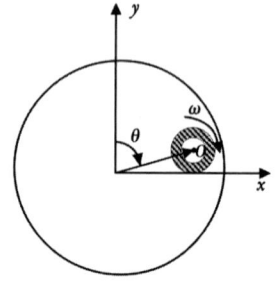

图 2-5 连续油管单元偏心示意图

（2）连续油管动力学模型中的外载。

对于连续油管系统动力学方程式（2-17）右边的外载项，主要包括以下几部分：重力、惯性力与井筒摩擦力作为边界处理。连续油管在井筒内偏心示意图如图 2-5 所示。

式（2-2）至式（2-4）中的外力分量是广义非有势力，不应包括重力（有势力），但在推导连续油管单元的弹性势能时，没有考虑重力，所以此处将重力作外载处理。

①重力。

井斜角 α，方位角 φ，则单位长度重度 w，可以分解如下：

$$w = w_z + w_y + w_x \tag{2-18}$$

根据投影关系，可以得出：

$$\begin{aligned} |w_z| &= |w| \cdot \cos\alpha \\ |w_y| &= |w| \cdot \sin\alpha\cos\varphi \\ |w_x| &= |w| \cdot \sin\alpha\sin\varphi \end{aligned} \tag{2-19}$$

分布质量载荷的等价广义节点力。这就相当于把作用在连续结构上的由分布载荷产生的虚功等价于广义节点力在分散节点上所做的功，即：

$$\int_0^l (-w_x \delta u_x - w_y \delta u_y - w_z \delta u_z) \mathrm{d}z = [\delta U]\{F_g\} \tag{2-20}$$

注意到 $\{u\} = [A]\{U\}$、$\{\delta U\} = [A]\{\delta U\}$，其中 $[A]$ 为前文提到的形函数，由此，式（2-20）可写成：

$$\int_0^l (-w_x A_{1j} - w_y A_{2j} - w_z A_{3j}) \mathrm{d}z = F_j, \quad j = 1, 12 \tag{2-21}$$

其结果为：

$$[F_{\mathrm{grav}}] = \left[\frac{-w_z L}{2} \quad \frac{-w_x L}{2} \quad \frac{-w_y L}{2} \quad \frac{-\sqrt{w_x^2 + w_y^2} L^2}{12} \right] \tag{2-22}$$

注意到，与分布载荷等价的广义力包括集中力和力矩。

②惯性力。

参考分析重力的方法，可以获得惯性力的分量：

$$[F_{\mathrm{imb}}] = \left[\frac{f_x L}{2} \quad \frac{f_y L}{2} \quad \frac{-f_y L^2}{12} \quad \frac{f_x L^2}{12} \right] \tag{2-23}$$

③连续油管与井筒的摩擦边界。

连续油管与井筒之间的接触及摩擦是客观存在的。研究连续油管与井筒边界问题的主要方法有经典接触理论、恢复系数法、刚性井筒法、多步接触放松法、罚刚度法、间隙元法等。

罚刚度法多用于商用软件中，采用一个弹簧来施加接触边界，软件将物体划分为若干小的平块，并对两个小平块构成的接触对施于赫兹接触刚度 k（Hertz contact stiffness），k 一般用 $k=fE$ 估算，式中 f 是介于 0.1~10 的系数，E 是较软的接触材料的弹性模量。目前常用的软件中，一般应选取足够大的接触刚度以保证接触渗透足够小，同时接触刚度也不能太大，以防止刚度矩阵出现病态，保证收敛。

连续油管与井筒的摩擦也影响连续油管的运动状态。不同井段井筒的物理性质不同，这就使得不同井段连续油管单元与井筒单元摩擦副存在区别。本节通过前阶段实验研究成果构造了摩擦系数数据库。

通过该数据库，可以得到所要仿真案例中相应的摩擦副的性质，输入后仿真软件会生成一个摩擦系数矩阵 A_f。为便于计算处理，文中把 A_f 构造成一个行数与仿真系统单元数相等，列数为 3 列的矩阵。

$$A_f = \begin{bmatrix} 0 & f_{h0} & f_{g0} \\ 1 & f_{h1} & f_{g1} \\ \cdots & \cdots & \cdots \\ i & f_{hi} & f_{gi} \\ \cdots & \cdots & \cdots \\ n & f_{hn} & f_{gn} \end{bmatrix} \qquad (2-24)$$

式中　i——第 i 连续油管单元；

　　　f_{hi}——第 i 连续油管单元的滑动摩擦系数；

　　　f_{gi}——第 i 连续油管单元的滚动摩擦系数。

（3）内外压影响及边界条件。

连续油管内、外压对管体刚度有一定的影响，如内压可以提高管体的刚度，具有缓解弯曲的效果，可提高连续油管的下入深度等，因此必须通过试验和仿真手段分析内、外压对管体刚度的影响，可用于提高计算速度，稳定计算精度。

连续油管受力分析的边界条件包括：上端边界条件、下端边界条件及连续油管与井筒接触模型。

这两个条件的合理建立和运用是进行连续油管有限元分析的力学基础。

内压能够提高连续油管的整体刚度，而外压有使其刚度降低的作用，综合考虑 70MPa 内压和 90MPa 外压的实际效果，可以得出两者对连续油管力学性能的相互影响，即在两者的综合作用下可以使连续油管的刚度略微降低，但基本可以互相抵消，并不会造成明显的差异，如图 2-6 至图 2-8 所示，内外压作用下单位管体伸缩量无大变化，因此管体弹性模量和泊松比可选用《连续油管工程技术手册》[5] 上的推荐数据。

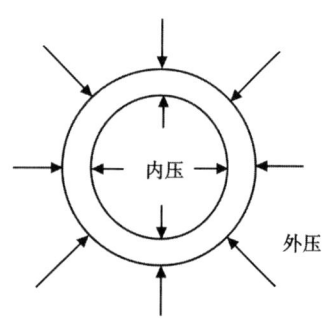

图 2-6　内外压综合作用下数值计算模型

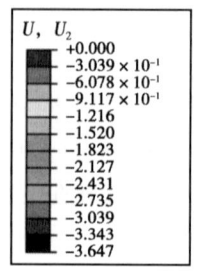

图 2-7　无内外压管柱形变结果

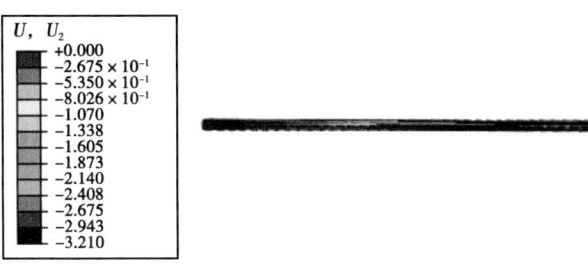

图 2-8 内外压作用下管柱形变结果

(4) 下端边界条件。

由于连续油管两端封闭，内压作用于管体内底面产生一个促使其伸长的力，而外压作用于下端面的作用力方向和作用效果相反，两者的作用力效果为：

$$上顶力 = 外压 \times 作用面积 - 内压 \times 作用面积$$

(5) 小结。

根据 Hamillton 原理建立了连续油管—油管系统动力学特性分析模型，并利用能量法、有限元方法及微分方程的数值解法等求解出连续油管动力学方程中各部分参数的矩阵，可以通过计算机仿真技术研究连续油管动力学行为。

通过利用数值求解和试验验证的方法对管柱的力学参数和边界条件进行确定，使仿真结果更为真实可靠。

2.1.2 工程案例分析

为考察连续油管在注入、上提过程中的力学特性，分析连续油管的屈曲形状及承载极限问题，建立不同井深处全井段连续油管系统的三向耦合力学模型。通过利用有限元程序详细分析某超深井测试用连续油管在注入和上提过程中的力学特性，研究不同时刻、不同井段连续油管的轴向力、扭矩、弯矩及剪切力等力学因素，并获得了单位长度摩擦力、注入力、螺旋周期长度等具体参数，而后以许用上顶力为评判标准，用于油田现场优选工艺措施。

连续油管动力学模型采用有限元法求解。有限元法需要对时间和空间进行离散：对于时间的离散，采用 Newmark 法；对于空间的离散，采用结点迭代法。动力学模型求解流程如图 2-9 所示。由于连续油管的压入和上提过程是一个时间和空间上的运动和动力过程，因此首先利用时间的离散迭代出空间连续油管每个节点的位移与应变，而后根据本构方程与平衡方程等求解出各个节点的力学参数：弯矩、轴向力、扭矩以及接触压力等。

2.1.2.1 模型求解与结果分析

(1) 直井井筒连续油管注入可行性。

根据表 2-2 中提供的数据，可以得出连续油管分析需要的载荷与边界条件，是求解连续油管有限元模型的力学基础。

表 2-2 直井段注入、上提阶段有限元模型数据

结构尺寸			
CT 外径	1.5in（38.1mm）	油管管径	3.5in（88.9mm）
CT 内径	按照相关资料添加壁厚		

续表

载荷和边界			
井口内压	70MPa	井口外压	90MPa
井底内压	103.9MPa	井底外压	113.9MPa
注入速度	6~12m/min（0.1~0.2m/s）	摩擦系数	0.2或0.3，随机接触边界
温度	70~220℃		
材料属性			
杨氏模量	206GPa	泊松比	0.3
热膨胀系数	1.16×10⁻⁵（1/℃）	热传导率	45.4W/（m·℃）
比热	480J/（kg·℃）		

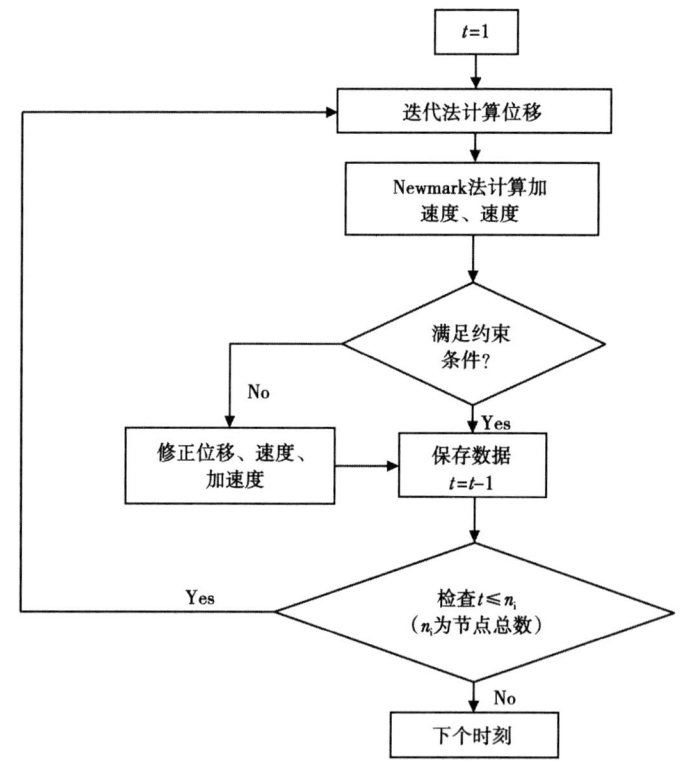

图2-9 动力学模型求解流程

由于直井井筒较为理想，在平衡点后连续油管的重力已经能够大于井筒对其产生的摩擦力，且螺旋屈曲状态在井筒直径和轨迹不变的情况下能够保持现有的构成形状，因此如果连续油管能够顺利通过直井井筒的平衡点，则平衡点后的注入过程就较为理想。为考虑连续油管在平衡点之前的连续状态，取点位置均匀，本节主要分析20m、50m、100m、200m、500m、1000m、2000m、3000m的注入情况（表2-3），包括总摩擦力、单位长度摩擦力、注入力、螺旋周期长度、注入状态及相关工艺措施。

表 2-3 直井井眼连续油管注入可行性分析

下深 (m)	内压 (MPa)	外压 (MPa)	注入力 (kgf)	螺旋周期长度 (m)	总摩擦力 (kgf)	单位长度摩擦力 (kgf)	下入	工艺措施
20	70.0	90.0	6043	5.94	152.9	2.2	可	—
50	70.2	90.2	6086	5.94①	372.5	7.4	可	—
100	70.5	90.3	6375	5.94	766.7	7.7	可	—
200	70.9	90.7	6760	6.0	1423	7.1	可	—
500	72.3	91.7	8128	6.0	4117	8.2	可	—
1000	74.6	93.4	12258	5.0	10650	10.7	可	—
2000	79.2	96.7	7865	8.0①	10347	5.2	—	注水后成功
3000	83.7	100.0	4693	8.0②	2150	0.72	—	注水后成功

注：①螺旋周期长度中间最长，井口、下端稍短；
②螺旋段已明显变短，除井口和下端部分存在螺旋段，其余段螺旋屈曲不明显。

经初步分析，连续油管在 2000m 之前能够成功注入，但是到 2000m 时可能会出现螺旋锁定，即使达到注入头的注入力极限，也未能够顺利注入。针对该现象，提出连续油管管内注水的工艺措施。管内注水可以加强连续油管刚性伸直，同时可抵抗环空外压对连续油管的上顶力，经分析，注满连续油管 2000m 水后可以产生 20MPa 的内压，再加上原有的 70MPa 的内压，基本可以抵抗环空外压（90MPa）产生的大部分上顶力。在该措施的指导下，连续油管的螺旋屈曲得到有效缓解，且其与油管的摩擦力大大降低，连续油管得以注入，从而能够顺利达到整个管柱的平衡点位置。

为观察连续油管在油管内的螺旋状态，将连续油管柱的横向位移放大 100 倍和 1000 倍，如图 2-10 和图 2-11 所示。通过观察连续油管的螺旋形状可以发现，除部分螺旋段存在反向螺旋外，连续油管屈曲形状基本一致，且通过对螺旋段周期长度的测量可以得出各井深处连续油管在相应上顶力上的螺旋周期分布。

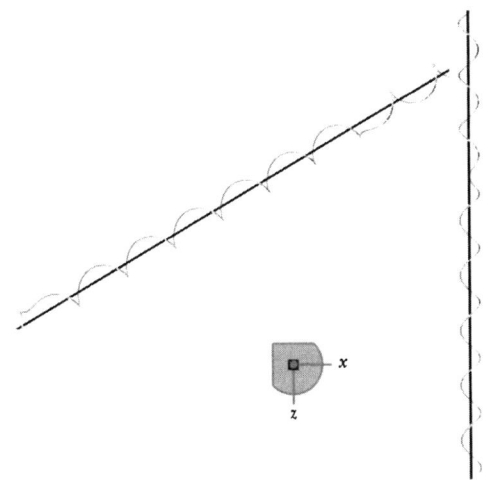

图 2-10 横向放大 100 倍连续油管屈曲形状

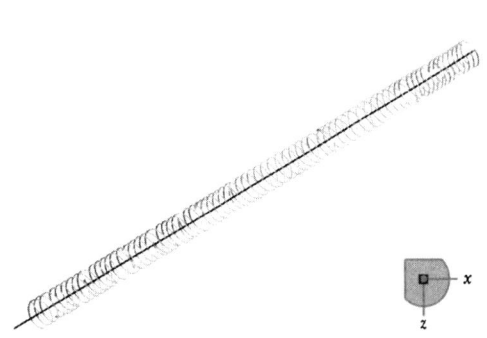

图 2-11 横向放大 1000 倍连续油管屈曲形状

(2) 实际井眼连续油管注入可行性。

图2-12为某井井身轨迹（井身轨迹数据见表2-4，仅列出6000～7053m段）曲线投影视图，从图中可以发现6000m后井斜和方位的变化比较明显，井斜角由3°增加到8.58°，方位角由200°变为60°，该段的全角变化率较大，连续油管的注入较困难，则6000～7053m处是除平衡点附近（2000～3000m）连续油管力学分析的另一个重点分析段。

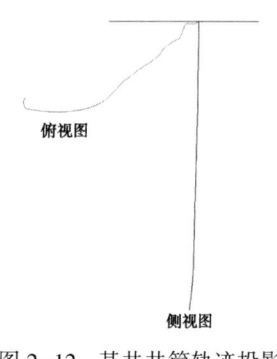

图2-12 某井井筒轨迹投影

表2-4 井斜数据表

井深（m）	井斜角（°）	方位角（°）	全角变化率（°/25m）	测斜方式
6200.00	4.72	198.00	0.28	电测
6225.00	4.09	197.00	0.63	电测
6250.00	3.31	196.00	0.78	电测
6275.00	2.82	195.00	0.49	电测
6300.00	2.36	194.00	0.46	电测
6325.00	2.73	193.00	0.37	电测
6350.00	5.50	192.00	2.77	电测
6375.00	5.60	191.00	0.13	电测
6400.00	5.70	190.00	0.14	电测
6425.00	5.80	189.00	0.14	电测
6450.00	5.90	188.00	0.14	电测
6475.00	6.00	187.00	0.14	电测
6500.00	6.10	186.00	0.14	电测
6525.00	6.20	185.00	0.14	电测
6550.00	6.30	184.00	0.14	电测
6575.00	6.40	183.00	0.14	电测
6600.00	6.50	182.00	0.15	电测
6625.00	6.60	181.00	0.15	电测
6650.00	6.70	180.00	0.15	电测
6675.00	6.80	179.00	0.15	电测
6700.00	6.90	178.00	0.15	电测
6725.00	7.00	177.00	0.15	电测
6750.00	7.10	176.00	0.15	电测
6775.00	7.20	175.00	0.15	电测
6800.00	7.30	174.00	0.16	电测
6825.00	7.40	173.00	0.16	电测
6850.00	7.50	172.00	0.16	电测

续表

井深（m）	井斜角（°）	方位角（°）	全角变化率（°/25m）	测斜方式
6875.00	7.60	171.00	0.16	电测
6900.00	7.70	170.00	0.16	电测
6905.99	7.68	173.84	2.14	电测
6915.47	8.58	171.86	2.48	电测
6925.06	8.05	167.85	2.04	电测
6934.18	7.06	160.18	3.87	电测
6943.49	6.49	134.17	8.38	电测
6953.01	6.54	114.38	5.89	电测
6962.27	6.99	108.16	2.32	电测
6971.73	7.30	111.28	1.31	电测
6981.23	6.91	106.07	1.98	电测
6990.71	6.80	98.71	2.33	电测
7000.07	6.51	92.70	2.01	电测
7009.59	6.17	82.56	3.07	电测
7019.06	7.24	72.53	4.18	电测
7028.52	7.60	65.31	2.64	电测
7038.15	7.52	63.50	0.65	电测
7047.61	7.24	64.11	0.76	电测
7053.87	7.92	60.88	3.20	电测

图 2-13 为实际井身轨迹条件下连续油管—油管有限元分析模型图。

表 2-5 和表 2-6 分别是实际井眼轨迹下不同摩擦系数时的连续油管可行性分析结果。表中给出了连续油管在注入到不同井段时所需的注入力、由于螺旋屈曲产生的总摩擦力和单位长度上的摩擦力，以及相应实际工况下连续油管在井筒内的螺旋周期长度等。随着连续油管的注入，管柱柔性越高，能够承受的许用上顶力降低；另外，随着连续油管的注入，连续油管重力升高，在平衡点处形成整体受压变为部分受拉，因此上述两个因素的结果是造成连续油管注入到平衡点附近时形成一个"临界点"，该"临界点"既是许用上顶力的"临界点"也是连续油管—油管系统柔度的一个"临界点"。2000m 和 3000m 处连续油管许用上顶力较小，整个管柱的总摩擦力随之较小。分析表 2-5 和表 2-6 可以发现，连续油管柱随着注入深度的增加而由整体受压变为部分受拉，特别是当管柱注入到 2000m 与 3000m 之间时是管柱受力的平衡点。在该位置附近是连续油管柔性较大的位置之一，较易出现连续油管的失稳屈曲，因此要密切注意连续油管注入该位置的井口状态。

单位长度摩擦力是总摩擦力与连续油管注入深度的比值，

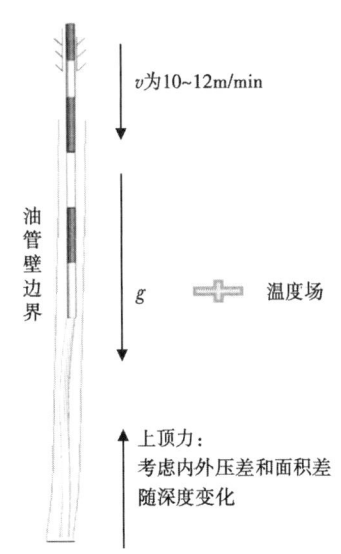

图 2-13 有限元分析模型图

随着连续油管柱注入深度的增加而降低。摩擦力的高低与接触面积和接触力大小密切相关，较大的上顶力将促使连续油管的螺旋屈曲行为更加严重，接触面积和接触力均变大。表2-5为不同摩擦系数的连续油管许用上顶力和相应的伸缩量数值。当在摩擦系数为0.2时，极限注入力范围内的管柱许用上顶力较摩擦系数为0.3时大，表明摩擦系数的降低可以有效提高连续油管注入的可行性。伸缩量的大小是连续油管轴向形变的量度，与卡点判断及测试准确性等有关，表中负值代表收缩、正值代表伸长。

表2-5 实际井眼轨迹下连续油管注入可行性分析（摩擦系数0.2）

井深（m）	注入力（tf）	总摩擦力（tf）	单位摩擦力（kgf）	螺旋周期长度（m）	螺旋段长度（m）	内压（MPa）	外压（MPa）
200	-9.6	5.4	27	4.0~6.0	200	72	91.70
400	-13.8	6.8	17	4.0~6.0	400	74	92.13
600	-18.7	12.5	20.83	4.0~6.0	600	76	92.55
800	-19.4	15.0	18.75	4.0~6.0	800	78	92.97
1000	-10.2①	8.8	8.8	6.0	1000	80	93.39
2000	-6.7	9.9	4.95	6.0~7.0	2000	90	96.72
3000	4.1	2.8	0.93	7.0	876	100	100.01
4000	5.3	4.2	1.0	6.0~8.0	1028	110	103.25
5000	8.6	4.8	0.96	6.0~8.0	762	120	106.45
6000	17.6	1.06	0.18	10.0~12.0	634	130	109.60
7000	21.2	1.8	0.26	10.0~12.0	276	140	112.72

注：①注意 $f=0.2$ 和 $f=0.3$ 时的注入力有差距，是因为许用下顶力不同所致。

表2-6 实际井眼轨迹下连续油管注入可行性分析（摩擦系数0.3）

井深（m）	注入力（tf）	总摩擦力（tf）	单位摩擦力（kgf）	螺旋周期长度（m）	螺旋段长度（m）	内压（MPa）	外压（MPa）
200	-16.4	6.9	34.5	4.0~6.0	200	72	91.70
400	-19.6	12.1	30	4.0~6.0	400	74	92.13
600	-18.7	14.9	24.8	4.0~6.0	600	76	92.55
800	-16.9	15.2	19	4.0~6.0	800	78	92.97
1000	-8.2	8.1	8.1	6.0~8.0	1000	80	93.39
2000	-5.2	9.4	4.7	6.0~8.0	2000	90	96.72
3000	5.3	2.1	0.7	8.0~10.0	746	100	100.01
4000	9.0	2.3	0.6	8.0~10.0	758	110	103.25
5000	13.0	1.3	0.26	8.0~10.0	612	120	106.45
6000	17.6	1.1	0.18	10.0~12.0	630	130	109.60
7000	21.0	1.9	0.27	10.0~12.0	274	140	112.72

表2-7给出了各个井段的注入状态参数，下面用云图、矢量图和曲线的方式说明接触力、轴向力、弯矩、扭矩和剪切力在整个连续油管上分布状态，主要分析平衡点附近（2000m、3000m）和井斜、方位变化较严重位置（6000m、7000m）。当连续油管注入到平衡点附近（2000m、3000m）时，分别对摩擦系数为0.2和0.3时的整个连续油管轴向力、扭矩、弯矩和剪切力等进行了分析，如图2-14至图2-33所示，可知整个管柱除受轴向力外，其他各向力并不起主要作用，即使在螺旋屈曲较为严重的管柱段，弯矩、剪切力均非常小，对于连续油管的寿命和应力情况不会构成较大影响。对于摩擦系数为0.2的连续油管来说，2000m和3000m连续油管的许用上顶力仅为3.0tf，相应的轴向伸缩量为收缩1m和0.17m；摩擦系数为0.3的连续油管，2000m连续油管和3000m连续油管的许用上顶力仅为2.5tf，相应的轴向伸缩量为收缩0.85m和0.2m。

表2-7 实际井眼轨迹下连续油管注入许用上顶力

下深（m）	外压作用力（tf）	$f=0.2$		$f=0.3$	
		伸缩量（m）	许用上顶力（tf）	伸缩量（m）	许用上顶力（tf）
200	10.45	−0.28	11	−0.3	10
400	10.45	−0.58	8	−0.58	8
600	10.45	−0.58	8	−0.57	6
800	10.45	−0.57	7	−0.56	4.5
1000	10.65	−0.59	5.0	−0.61	4.0
2000	11.03	−1.00	3.0	−0.85	2.5
3000	11.40	−0.17	3.0	−0.20	2.5
4000	11.77	0.12	3.5	1.09	2.5
5000	12.14	3.35	2.5	3.71	2.0
6000	12.50	5.13	2.0	5.1	2.0
7000	12.85	7.21	1.5	7.2	1.5

注：（1）为安全考虑，请使用许用上顶力的80%，即安全系数取1.25；
（2）研究结果显示：虽然能够顺利下入但井口连续油管工作应力超过其屈服极限的50%，请酌情使用。

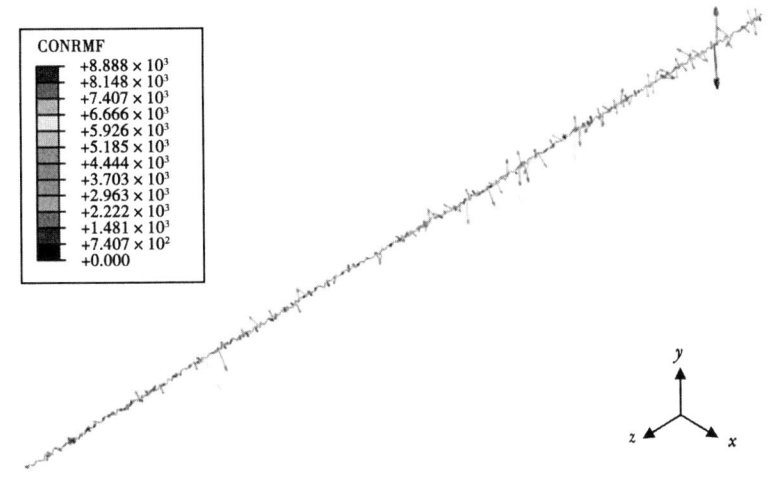

图2-14 下入2000m时连续油管与油管的接触力矢量图（$f=0.2$）

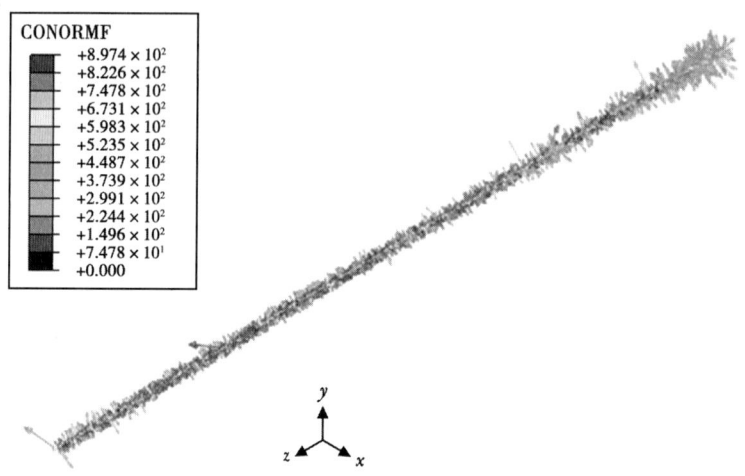

图 2-15　下入 2000m 时连续油管与油管的接触力矢量图（$f=0.3$）

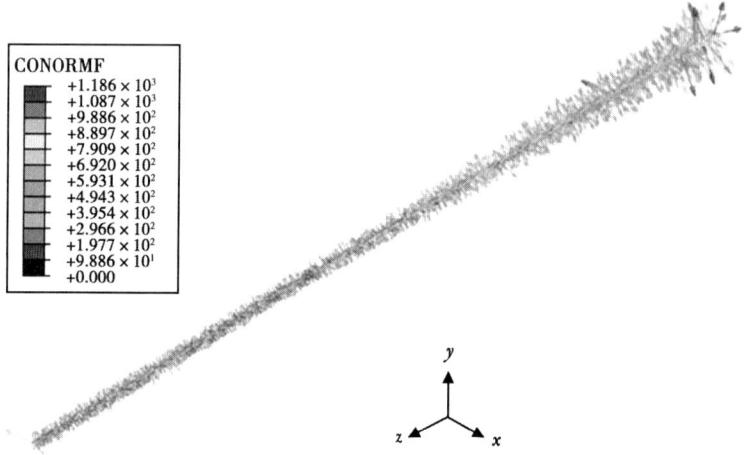

图 2-16　下入 3000m 时连续油管与油管的接触力矢量图（$f=0.2$）

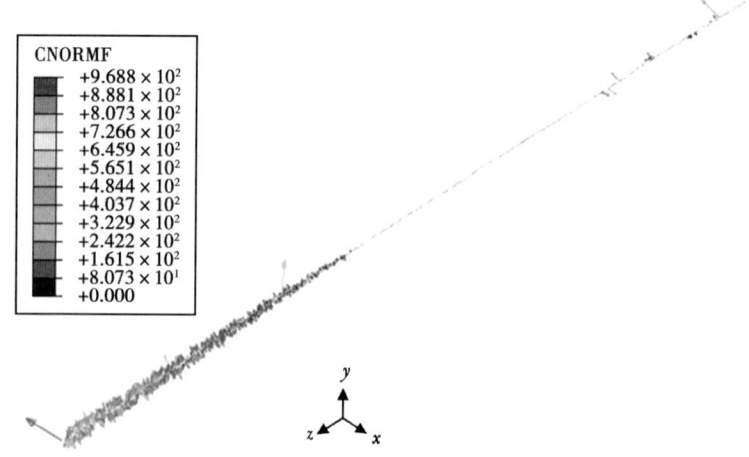

图 2-17　下入 3000m 时连续油管与油管的接触力矢量图（$f=0.3$）

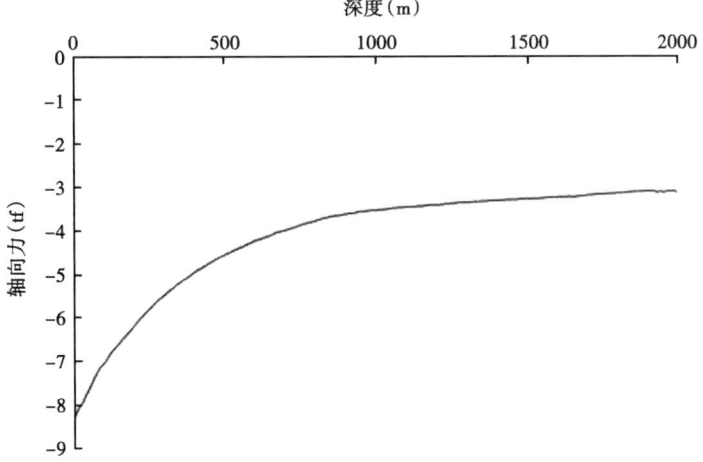

图 2-18 下入 2000m 时连续油管轴向力分布曲线 ($f=0.2$)

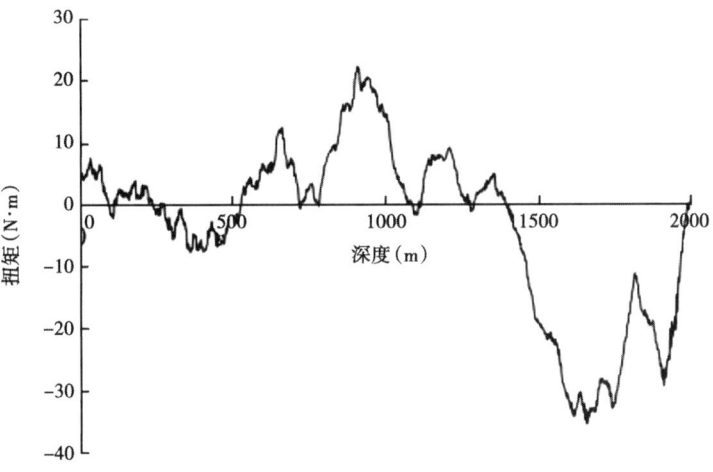

图 2-19 下入 2000m 时连续油管扭矩分布曲线 ($f=0.2$)

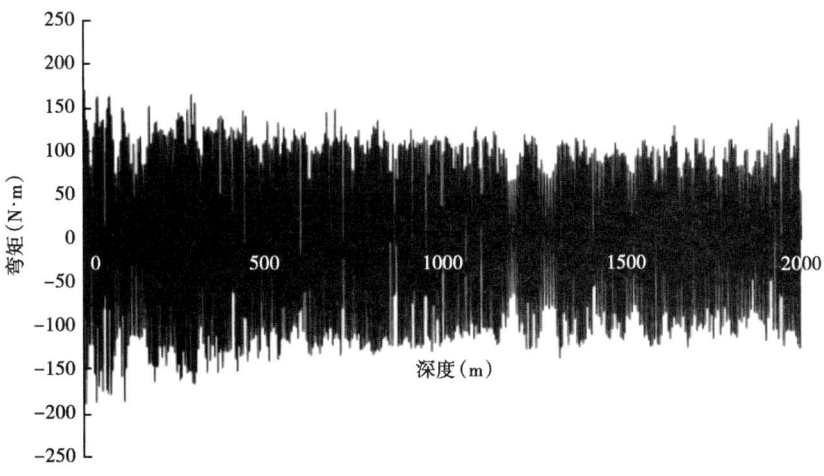

图 2-20 下入 2000m 时连续油管弯矩分布曲线 ($f=0.2$)

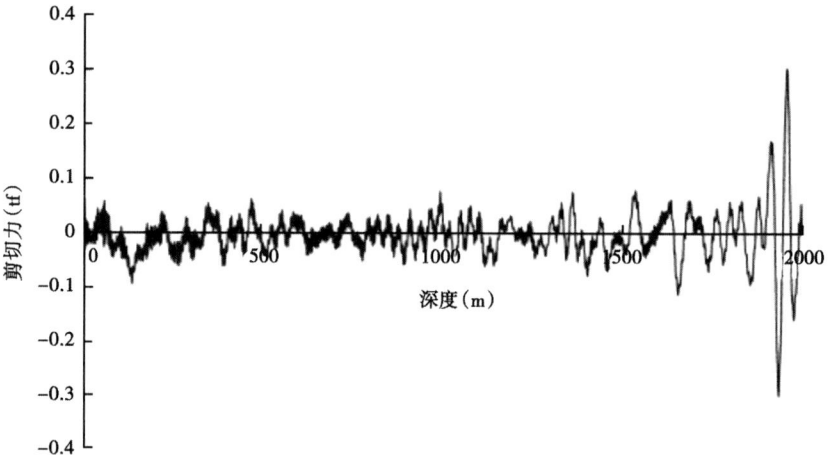

图 2-21 下入 2000m 时连续油管剪切力分布曲线（$f=0.2$）

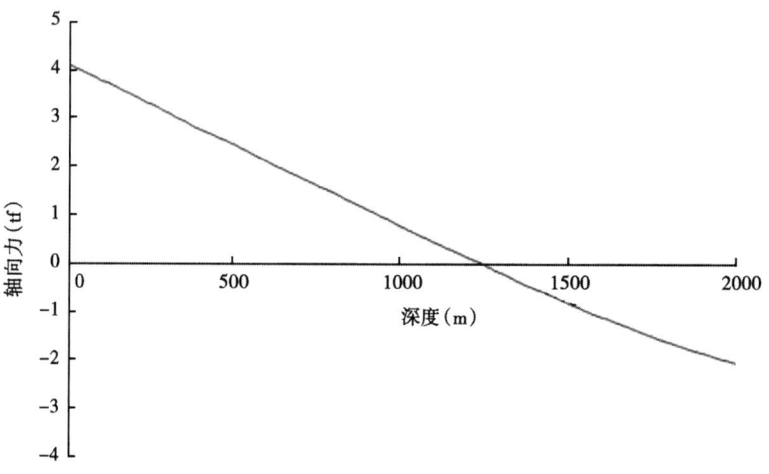

图 2-22 下入 3000m 时连续油管轴向力分布曲线（$f=0.2$）

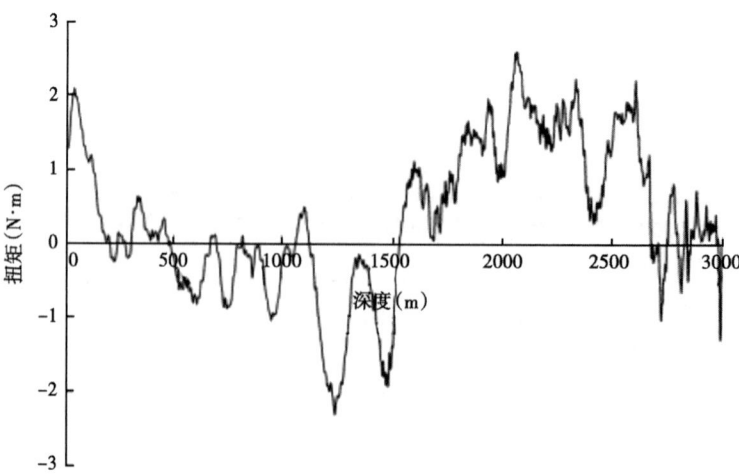

图 2-23 下入 3000m 时连续油管扭矩分布曲线（$f=0.2$）

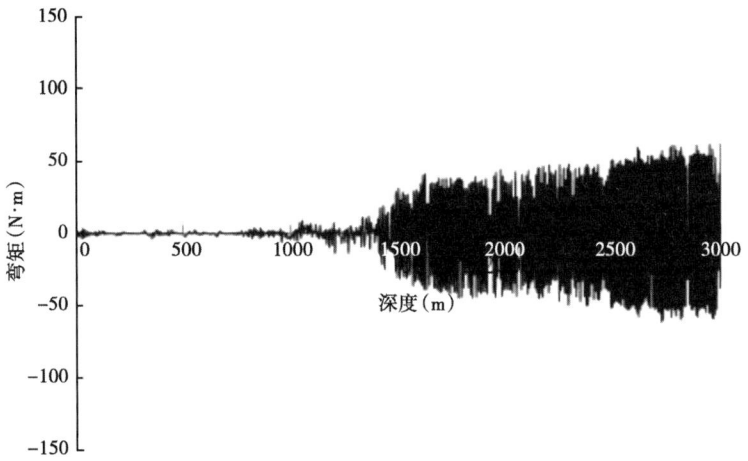

图 2-24 下入 3000m 时连续油管弯矩分布曲线 ($f=0.2$)

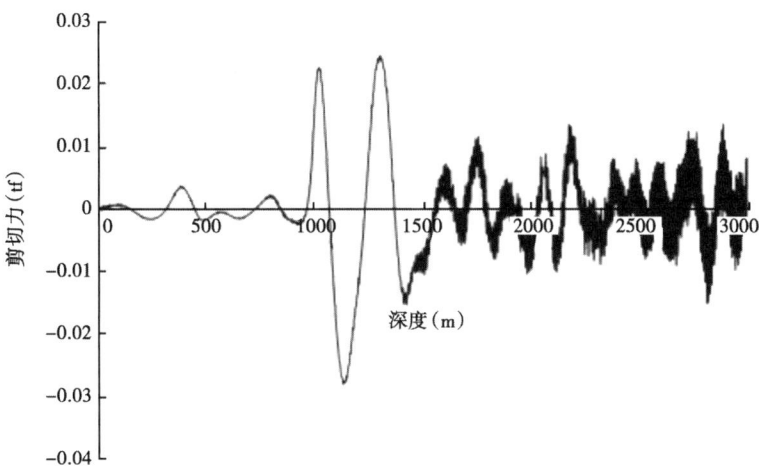

图 2-25 下入 3000m 时连续油管剪切力分布曲线 ($f=0.2$)

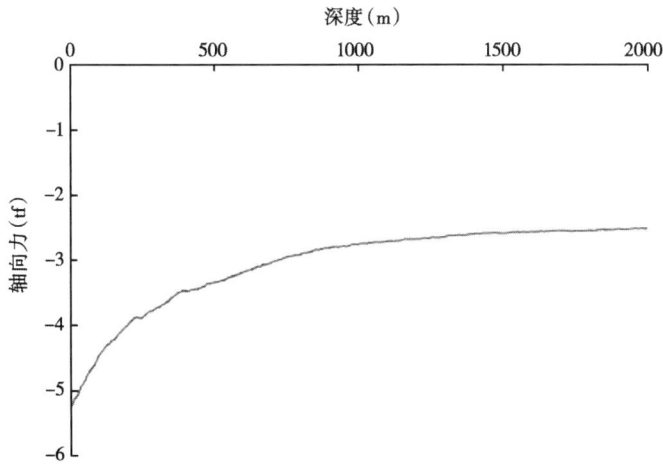

图 2-26 下入 2000m 时连续油管轴向力分布曲线 ($f=0.3$)

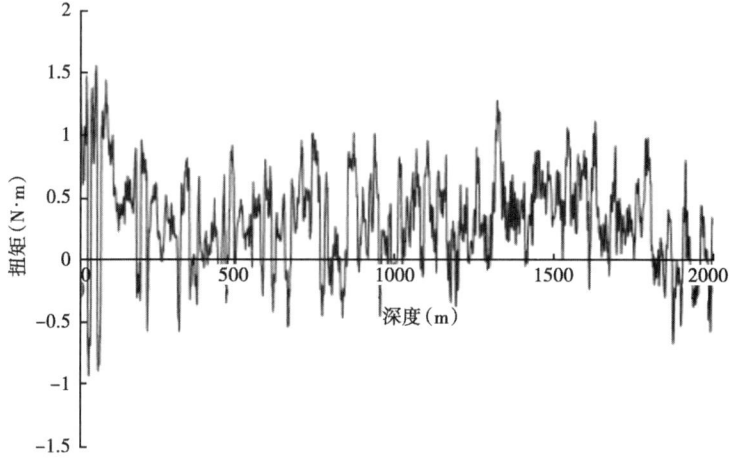

图 2-27　下入 2000m 时连续油管扭矩分布曲线（$f=0.3$）

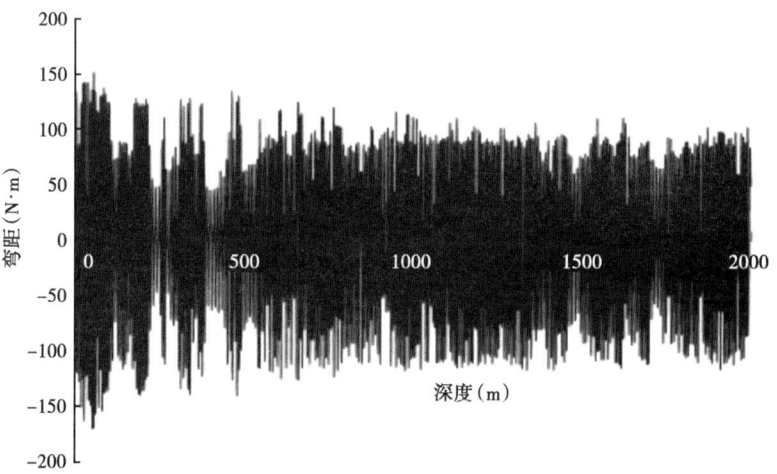

图 2-28　下入 2000m 时连续油管弯矩分布曲线（$f=0.3$）

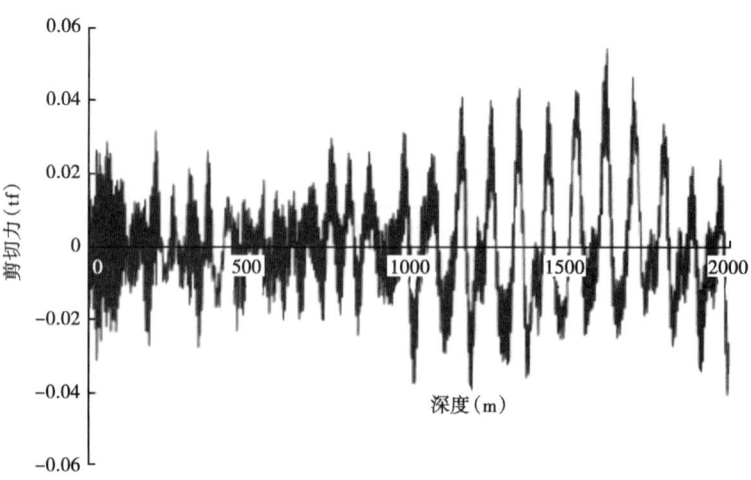

图 2-29　下入 2000m 时连续油管剪切力分布曲线（$f=0.3$）

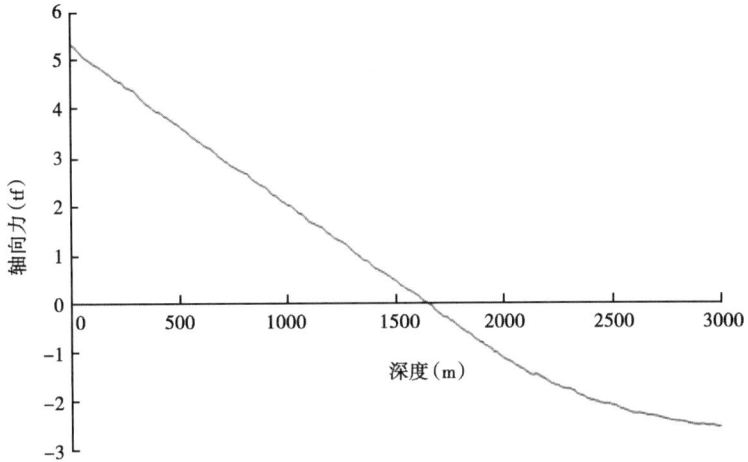

图 2-30　下入 3000m 时连续油管轴向力分布曲线（$f=0.3$）

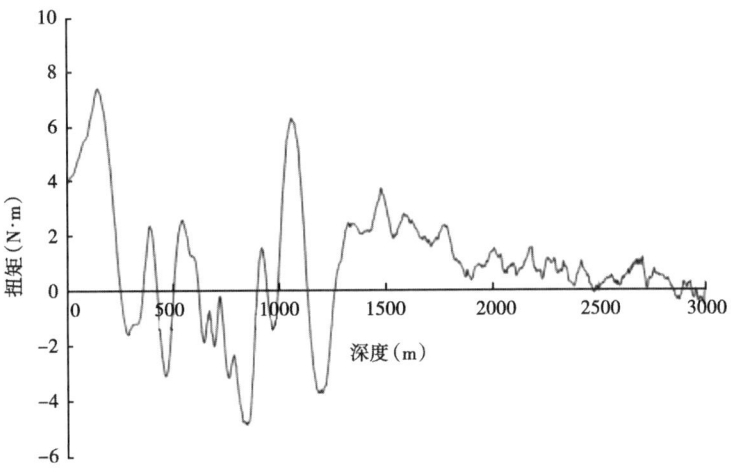

图 2-31　下入 3000m 时连续油管扭矩分布曲线（$f=0.3$）

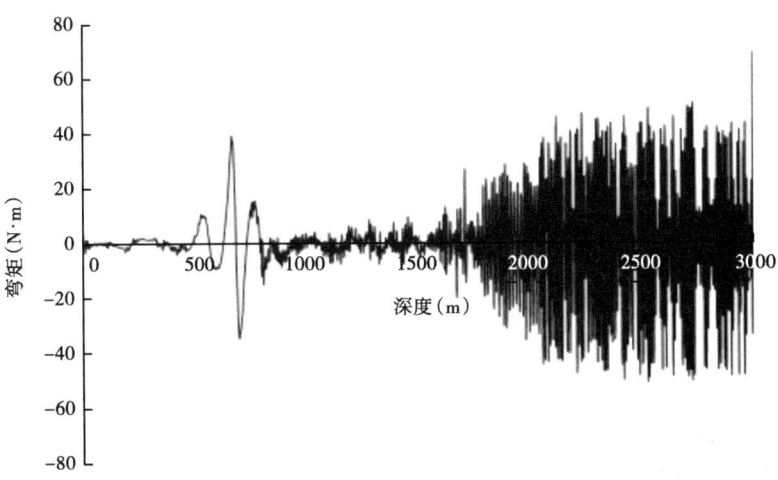

图 2-32　下入 3000m 时连续油管弯矩分布曲线（$f=0.3$）

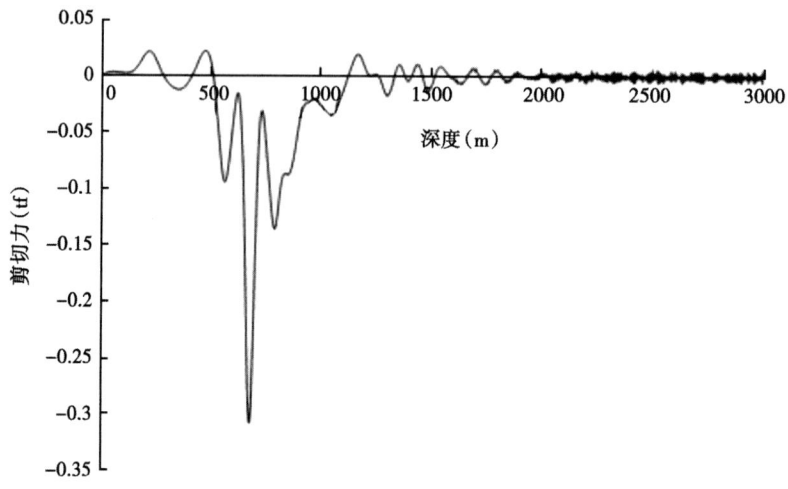

图 2-33　下入 3000m 时连续油管剪切力分布曲线 ($f=0.3$)

图 2-34 至图 2-55 为连续油管注入到 6000m 和 7000m 时整个管柱各力学参数云图、矢量图和曲线，对摩擦系数为 0.2 的连续油管来说，6000m 连续油管和 7000m 连续油管的许用上顶力仅为 2tf 和 1.5tf，相应的轴向伸缩量为伸长 5.13m 和 7.21m；摩擦系数为 0.3 的连续油管，6000m 连续油管和 7000m 连续油管的许用上顶力仅为 2tf 和 1.5tf，相应的轴向伸缩量为伸长 5.1m 和 7.2m。图 3.27 和图 3.31 分别为连续油管注入到 6000m 和 7000m 时的工作应力，从图中可以发现，最大工作应力达到 374MPa 和 416MPa，安全系数为 1.66 和 1.5。

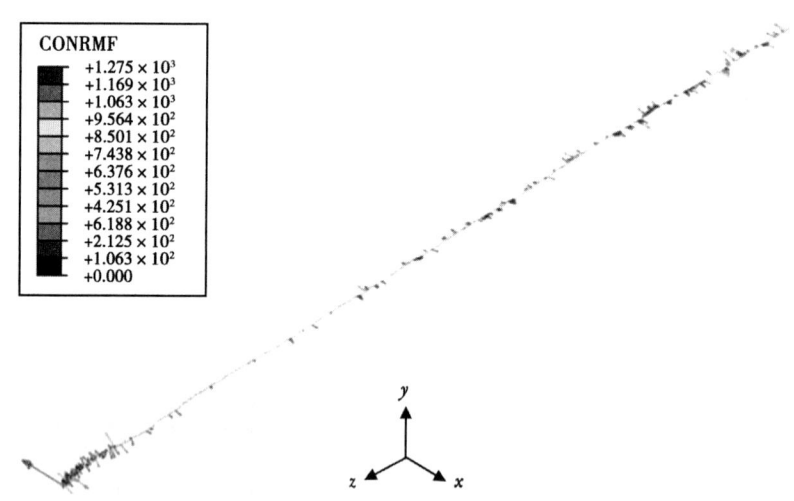

图 2-34　下入 6000m 时连续油管与油管的接触力矢量图 ($f=0.2$)

（3）实际井眼连续油管上提力学分析。

受到注入头工作性能限制，连续油管作业时并非等功率控制，必然在开始上提阶段产生一个加速度，即存在瞬时惯性力作用于井口段连续油管。由现场设备技术参数可以发现，加速度值可能瞬时由 0 提高到 8~9m/min，即加速度为 $0.133\sim0.15\mathrm{m/s^2}$，惯性力最大值为

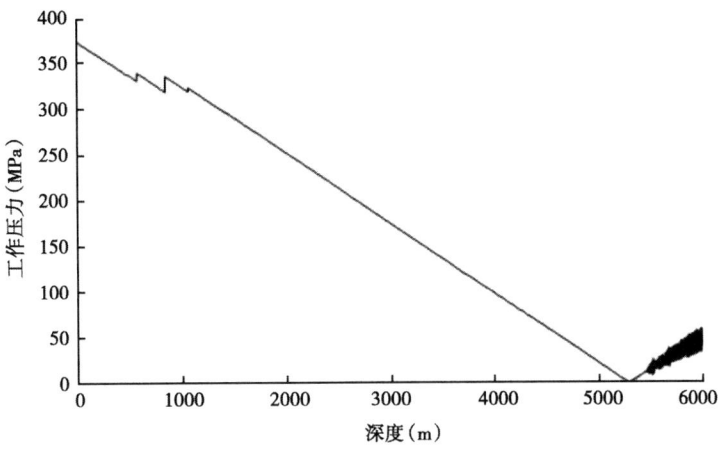

图 2-35　下入 6000m 时连续油管工作应力分布曲线（$f=0.2$）

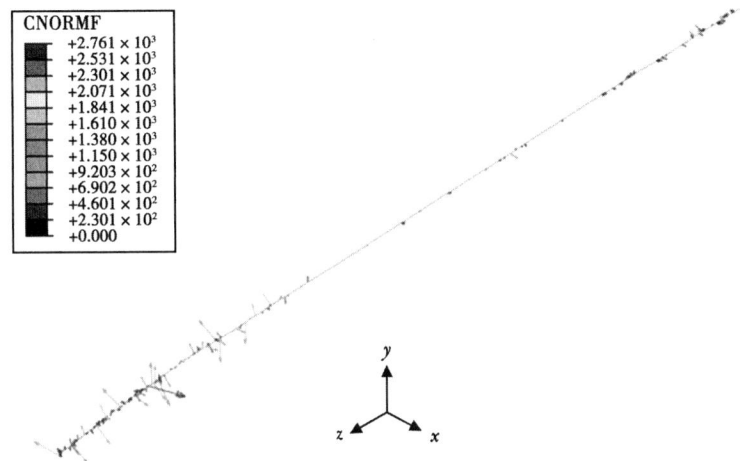

图 2-36　下入 7000m 时连续油管与油管的接触力矢量图（$f=0.2$）

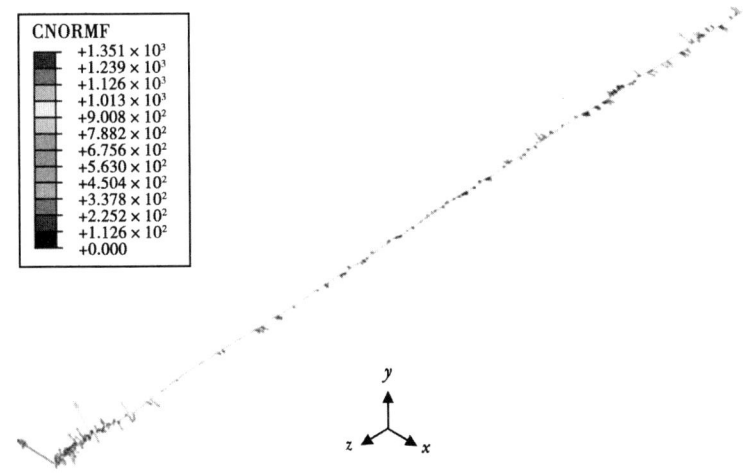

图 2-37　下入 6000m 时连续油管与油管的接触力矢量图（$f=0.3$）

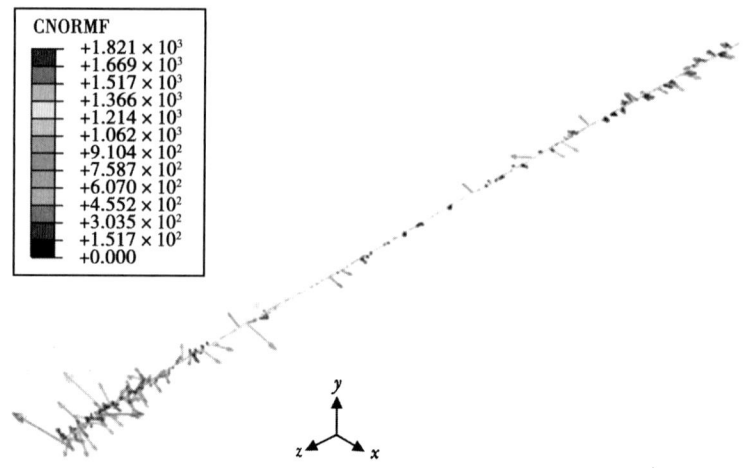

图 2-38　下入 7000m 时连续油管与油管的接触力矢量图（$f=0.3$）

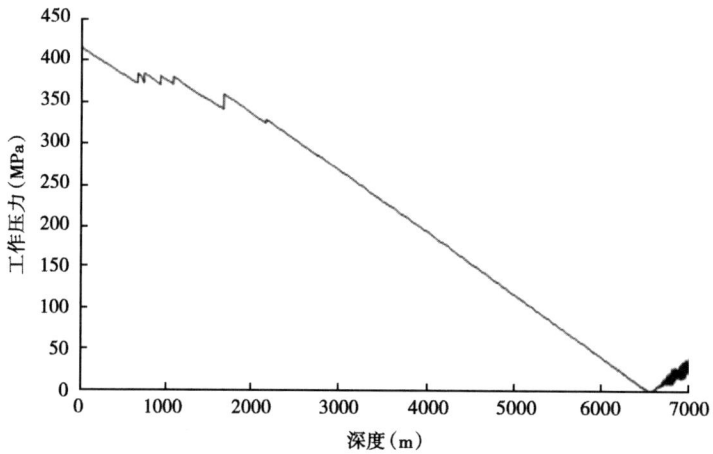

图 2-39　下入 7000m 时连续油管工作应力分布曲线（$f=0.3$）

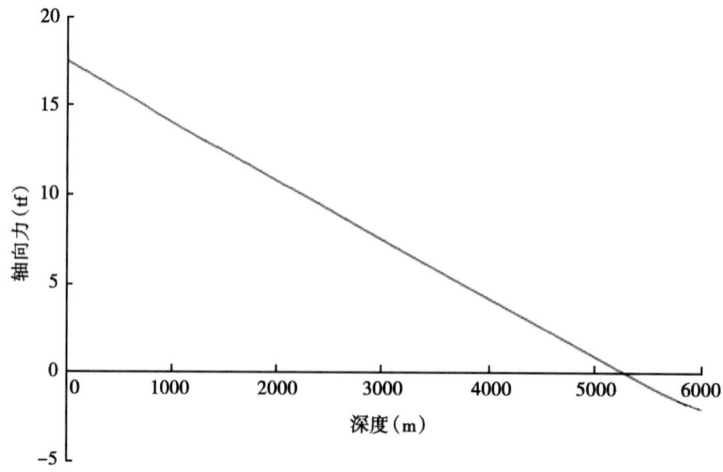

图 2-40　下入 6000m 时连续油管轴向力分布曲线（$f=0.2$）

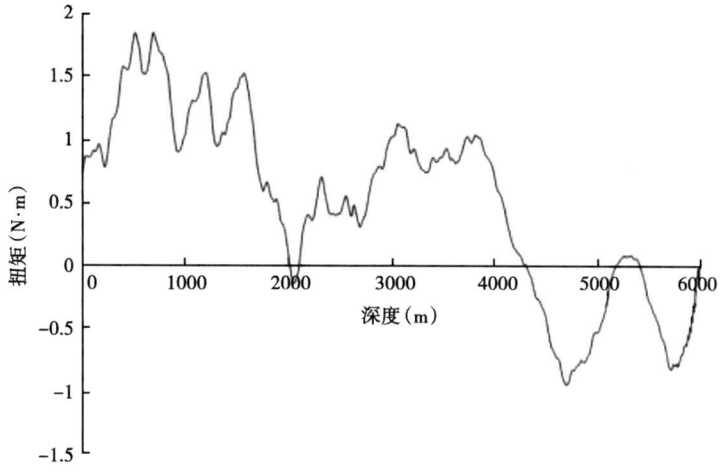

图 2-41 下入 6000m 时连续油管扭矩分布曲线 ($f=0.2$)

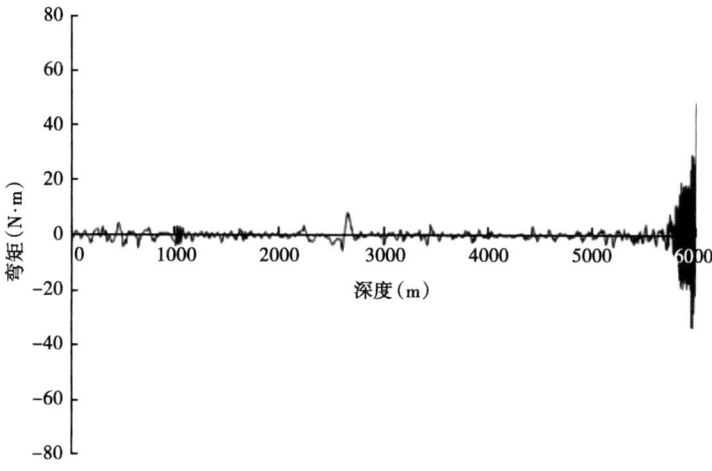

图 2-42 下入 6000m 时连续油管弯矩分布曲线 ($f=0.2$)

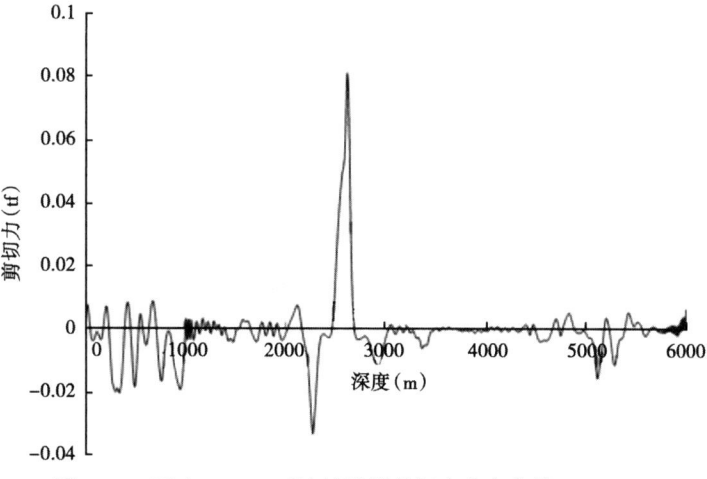

图 2-43 下入 6000m 时连续油管剪切力分布曲线 ($f=0.2$)

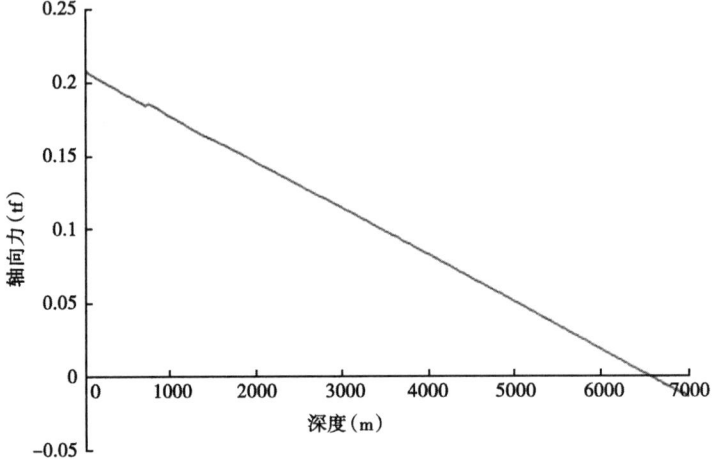

图 2-44 下入 7000m 时连续油管轴向力分布曲线（$f=0.2$）

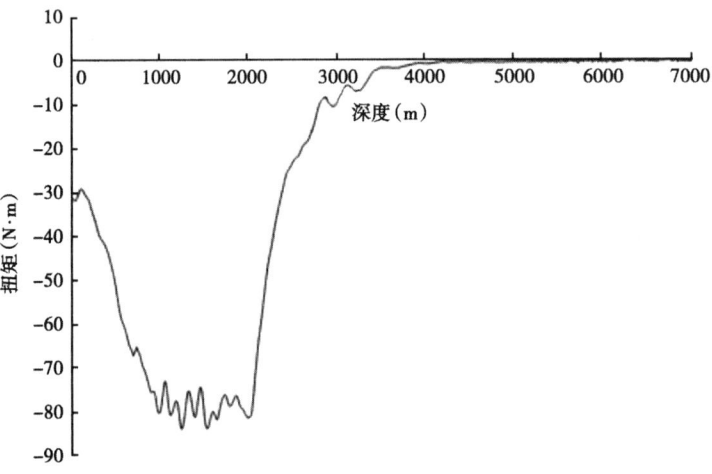

图 2-45 下入 7000m 时连续油管扭矩分布曲线（$f=0.2$）

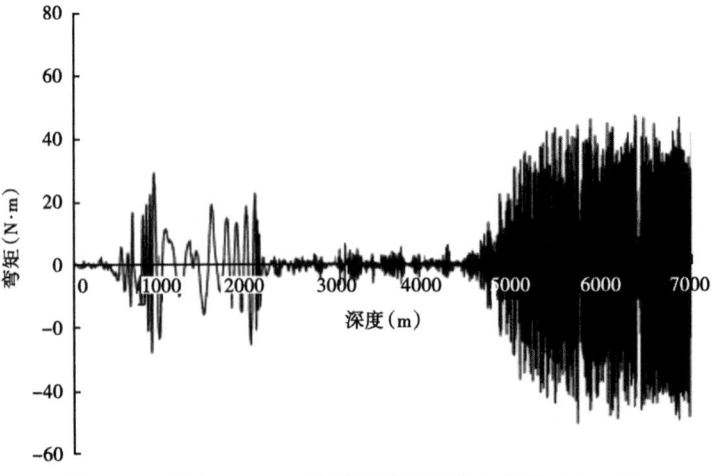

图 2-46 下入 7000m 时连续油管弯矩分布曲线（$f=0.2$）

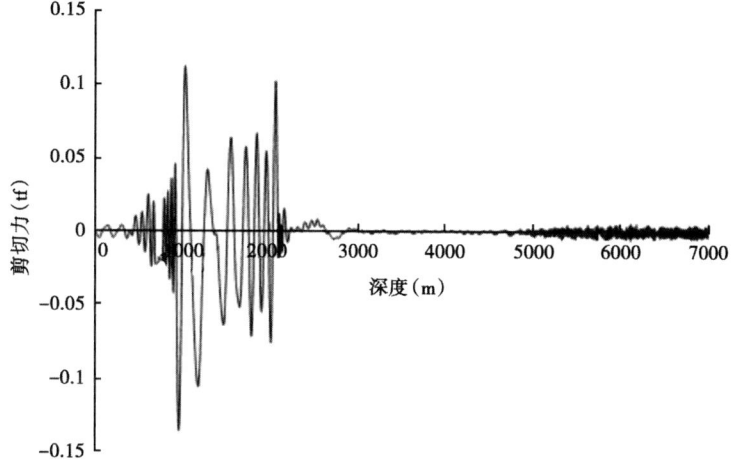

图 2-47　下入 7000m 时连续油管剪切力分布曲线（$f=0.2$）

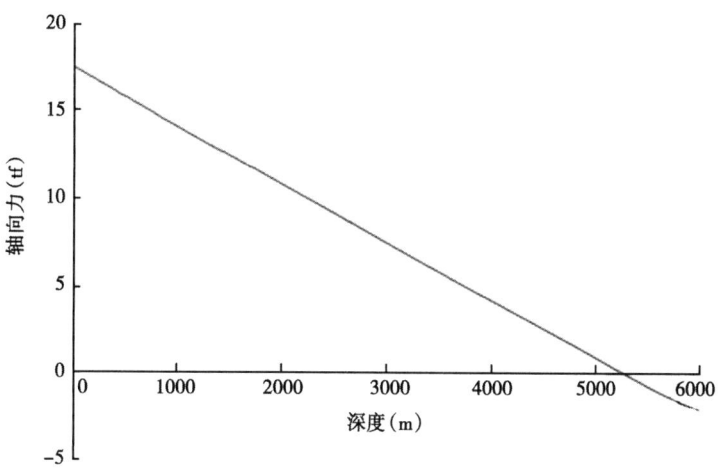

图 2-48　下入 6000m 时连续油管轴向力分布曲线（$f=0.3$）

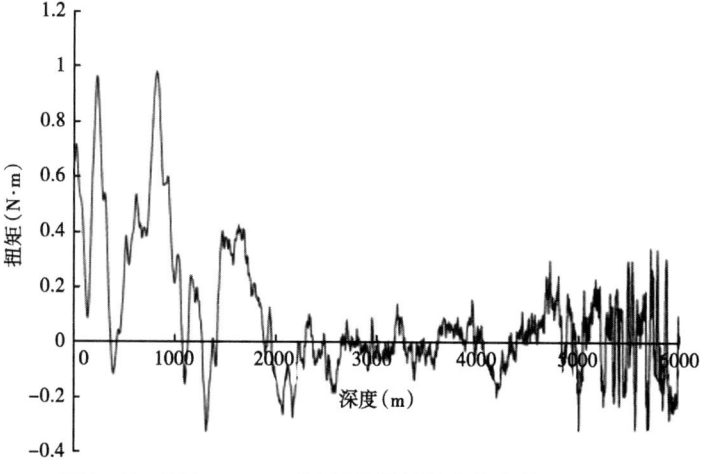

图 2-49　下入 6000m 时连续油管扭矩分布曲线（$f=0.3$）

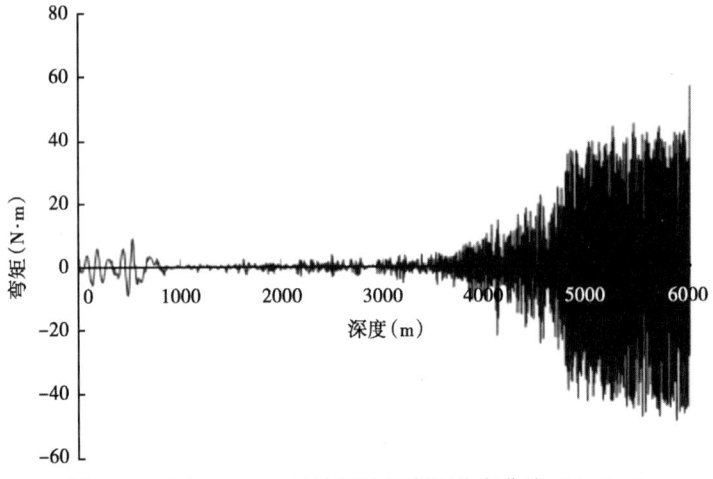

图 2-50　下入 6000m 时连续油管弯矩分布曲线 （$f=0.3$）

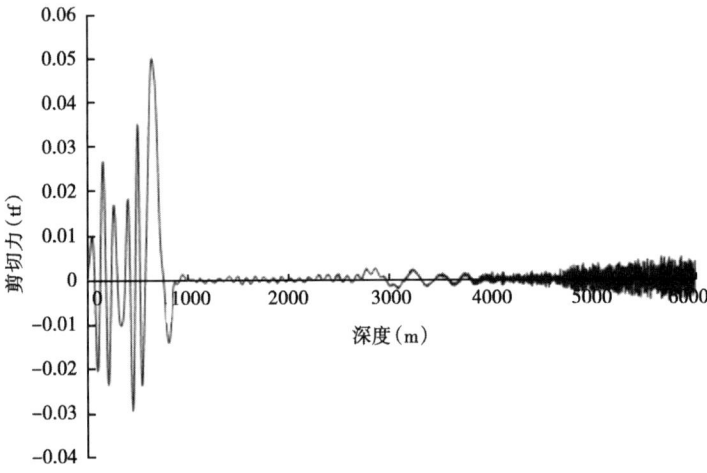

图 2-51　下入 6000m 时连续油管剪切力分布曲线 （$f=0.3$）

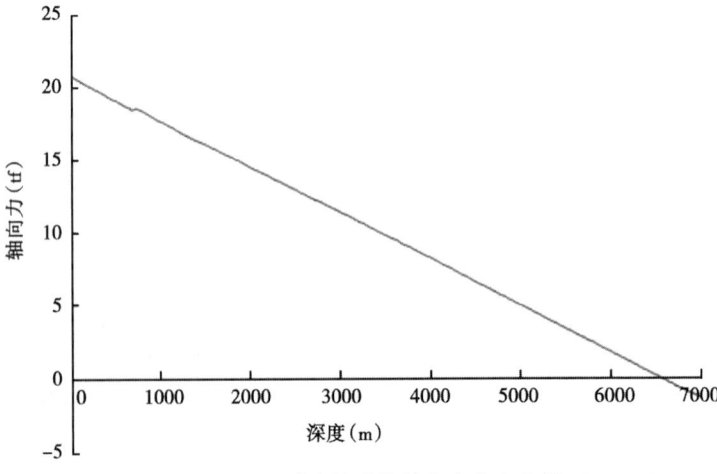

图 2-52　下入 7000m 时连续油管轴向力分布曲线 （$f=0.3$）

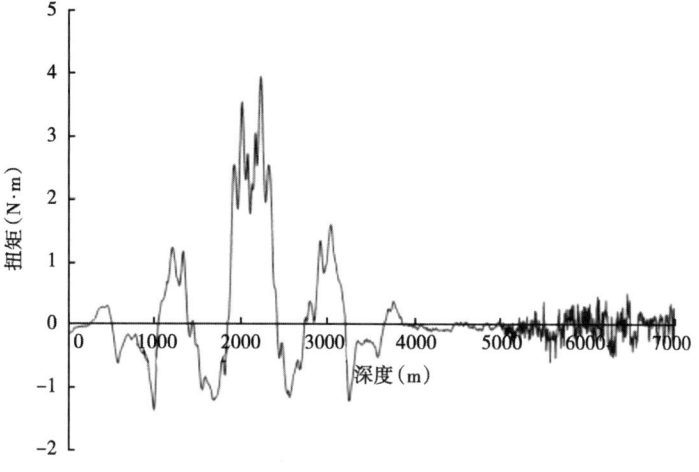

图 2-53　下入 7000m 时连续油管扭矩分布曲线（$f=0.3$）

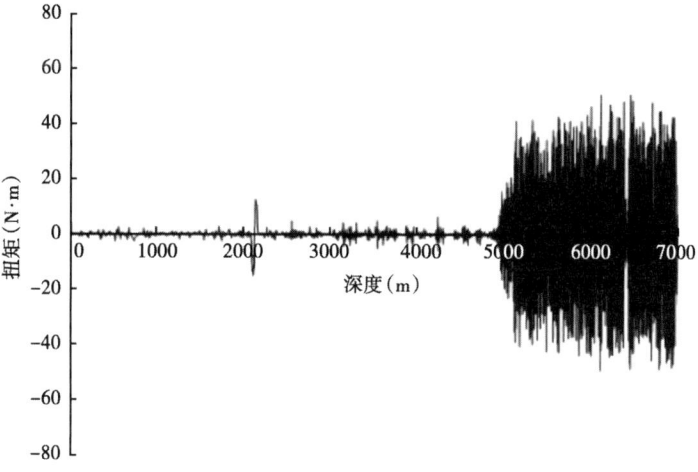

图 2-54　下入 7000m 时连续油管弯矩分布曲线（$f=0.3$）

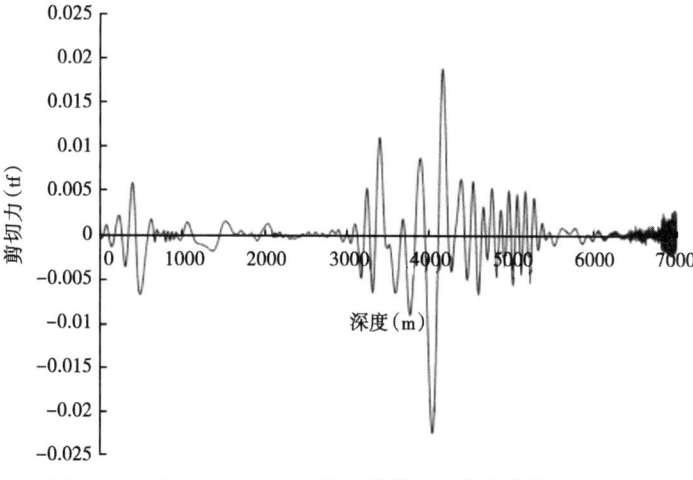

图 2-55　下入 7000m 时连续油管剪切力分布曲线（$f=0.3$）

3600N。图 2-56 为不开井上提、开井 $50×10^4 m^3/d$、开井 $140×10^4 m^3/d$ 三种上提状态时的连续油管工作应力分布状态，不开井上提时工作应力最大为 492MPa，而当开井上提 $140×10^4 m^3/d$ 时最大工作应力仅为 325MPa，远小于不开井状态。天然气产量与流体拖曳力成正比，开井产量越大，产生的流体拖曳力越大，使整个管柱产生向上的作用力幅值变大，管柱承载能力得到提高，上提安全性增强，开井上提有助于连续油管被顺利提出井筒。

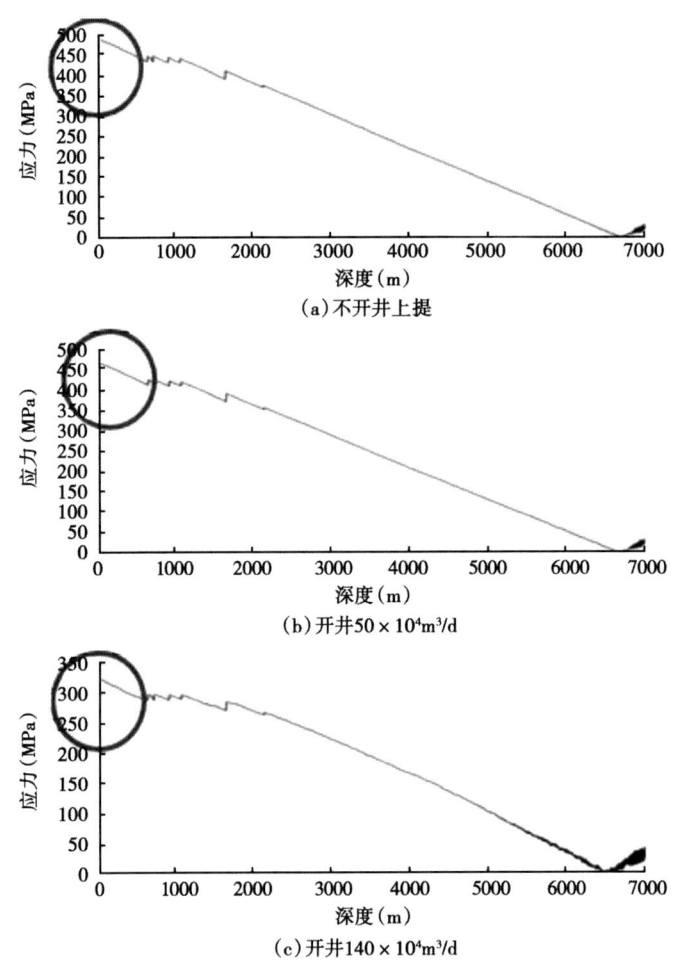

图 2-56 加速度为 0.2m/s 工作应力曲线

2.1.2.2 小结

（1）利用数值求解和试验验证的方法对管柱的力学参数和边界条件进行确定使仿真结果更为真实可靠。

（2）直井井筒内连续油管使用注水工艺后成功注入。注水使连续油管产生一定的内压，再加上原有气压，基本可抵抗环空外压产生的上顶力。在该措施的指导下，连续油管的螺旋屈曲得到有效缓解，且其与油管的摩擦力大大降低，连续油管得以注入，从而能够顺利达到测试位置。

（3）实际井筒内由于受到井斜、方位影响，各段注入情况不同。平衡点附近和管柱注入到井底时为连续油管系统的两个"临界点"。这两处是连续油管柔性较大的位置，较易出现连续油管的失稳屈曲,因此要密切注意连续油管注入到相应位置的井口状态;另外,当连续油管注入到6000m和7000m,最大工作应力达到374MPa和416MPa,安全系数为1.66和1.5。

(4) 开始上提阶段产生加速度,将增加井口段连续油管受力。分析现场设备技术参数,该加速度可达$0.133\sim0.15m/s^2$,产生惯性力最大值为3600N,使井口段连续油管最大轴向力和最大工作应力分别提高到24.6tf和492MPa,而采用开井上提时连续油管的最大工作应力能够得到有效降低,当产量为$140\times10^4m^3/d$时连续油管的最大工作应力为325MPa。

2.1.3 连续油管极限承载能力研究

根据对整个连续油管柱的载荷分布、温度分布、压差分布等受载情况的定性分析,可以确定出井口段和无支撑段分别为不同状态下的受载最大处。利用有限元软件对无支撑段和井口段在相应工况下的工作应力情况进行分析,并获得其在各个参数下的敏感性分析规律,根据连续油管材料的屈服强度判断出它的极限载荷,从而指导现场应用。极限承载能力的研究可以为油田提供一系列不同工况下服役连续油管安全裕度的曲线,根据该曲线即可以直接获取到相应服役条件下的连续油管的极限承载,是预估与评价"超深井"测试用连续油管工程适用性的基础。

2.1.3.1 无支撑段

计算注入时模型壁厚4mm,上提状态时模型壁厚分4mm和5.2mm两种情况。连续油管内压0~70MPa,温度70℃。

根据连续油管的应力参数和选择的合理安全系数对无支撑段进行分析,分析结果表明:随着内压的减小,连续油管无支撑段所能承受的极限注入力(上提力)增大,即能够注入或者上提连续油管能力提高;当不受内压时承受的极限注入力(上提力)最大,在内压最大时(70MPa)承受的极限注入力(上提力)最小。

(1) 安全系数取2。

安全系数取2时,极限注入力13tf,4mm壁厚连续油管的极限上提力为13tf,5.2mm壁厚连续油管的极限上提力为16.4tf。应力如图2-57至图2-62所示。

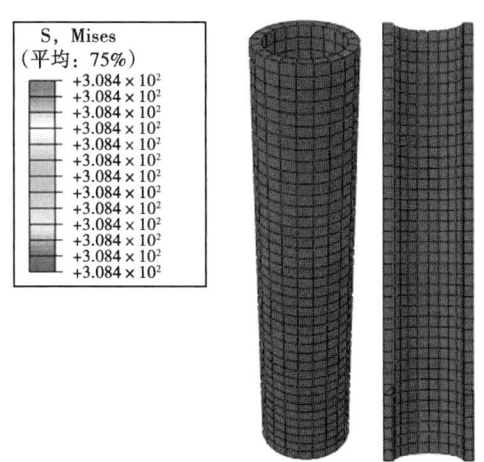

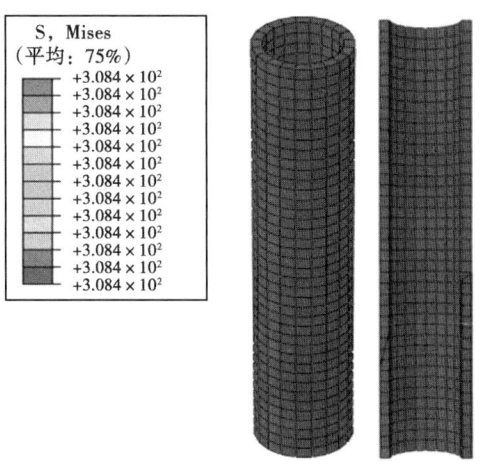

图2-57 无支撑段注入过程内压0MPa、注入力13tf时内部应力图

图2-58 无支撑段上提过程壁厚4mm、内压0MPa、上提力13tf时内部应力图

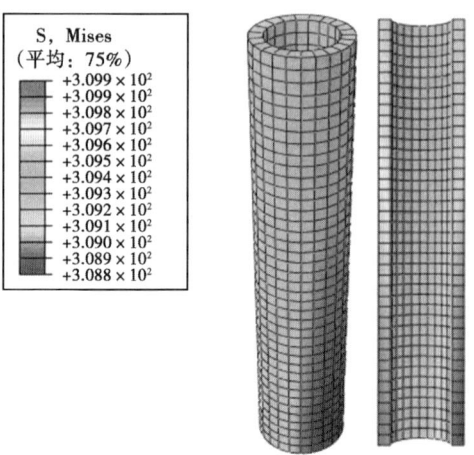
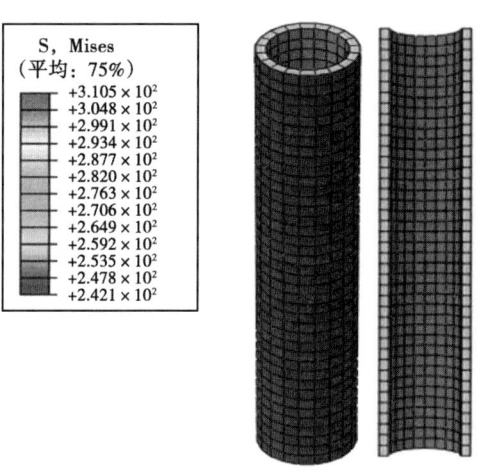

图 2-59　无支撑段上提过程壁厚 5.2mm、内压 0MPa、上提力 16.4tf 时内部应力图

图 2-60　无支撑段注入过程内压 70MPa、注入力 4.4tf 时内部应力图

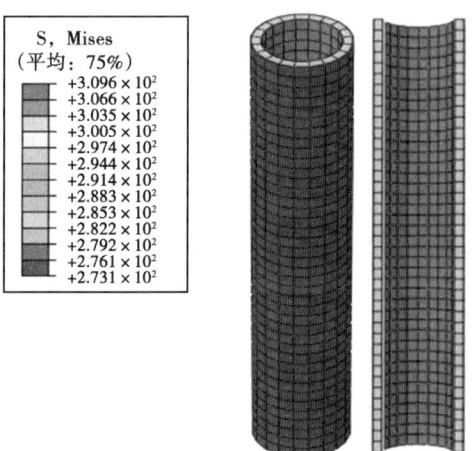
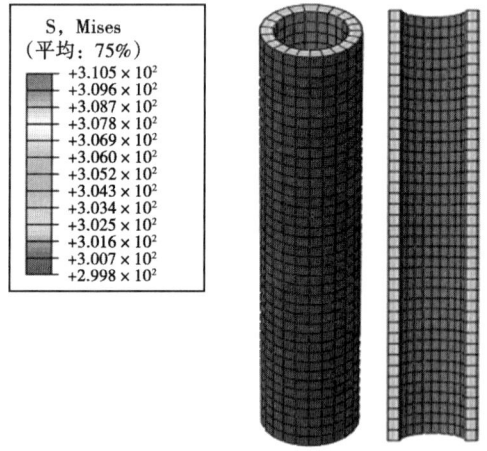

图 2-61　无支撑段上提过程壁厚 4mm、内压 70MPa、上提力 5.8tf 时内部应力图

图 2-62　无支撑段上提过程壁厚 5.2mm、内压 70MPa、上提力 12.7tf 时内部应力图

安全系数为 2 时内压与极限注入力（上提力）的详细对应关系见表 2-8，如图 2-63 至图 2-65 所示。

表 2-8　安全系数为 2 时无支撑段内压与极限注入力（上提力）的关系

上提/注入内部压力 (MPa)	无支撑段上提过程 (安全系数 2、壁厚 4mm)		无支撑段上提过程 (安全系数 2、壁厚 5.2mm)		无支撑段注入过程 (安全系数 2、壁厚 4mm)	
	上提力 (tf)	最大应力 (MPa)	上提力 (tf)	最大应力 (MPa)	注入力 (tf)	最大应力 (MPa)
70	5.8	309.6	12.7	310.5	4.4	310.5
60	8.7	310.5	13.8	307.9	7.4	310.3
50	10.4	310.4	14.5	306.9	9.2	308.1
40	11.5	310.3	15.2	309.8	10.5	306.3
30	12.0	307.3	15.5	307.3	11.5	306.0

续表

上提/注入内部压力（MPa）	无支撑段上提过程（安全系数2、壁厚4mm）		无支撑段上提过程（安全系数2、壁厚5.2mm）		无支撑段注入过程（安全系数2、壁厚4mm）	
	上提力（tf）	最大应力（MPa）	上提力（tf）	最大应力（MPa）	注入力（tf）	最大应力（MPa）
20	12.5	308.1	16.0	310.2	12.3	307.9
10	12.8	307.7	16.2	309.3	12.8	308.9
0	13.0	308.4	16.4	309.9	13.0	308.4

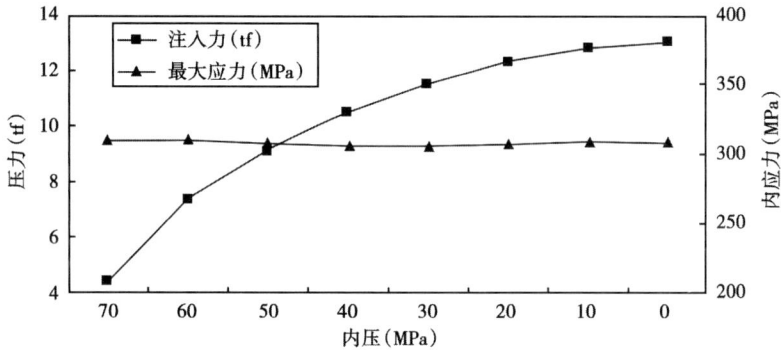

图 2-63　无支撑段注入过程内压与注入力的关系（安全系数2、壁厚4mm）

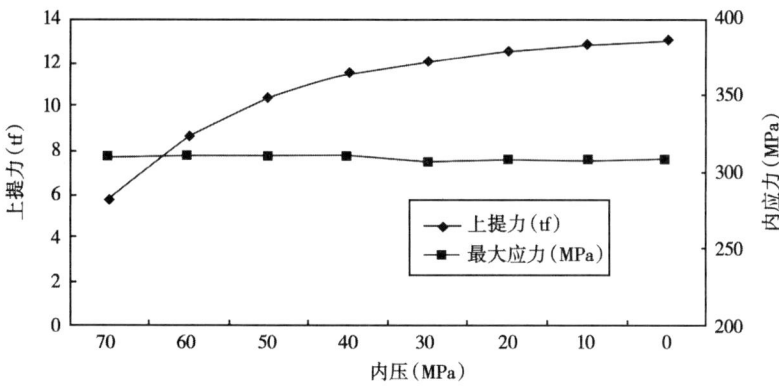

图 2-64　壁厚4mm 的无支撑段上提过程内压与上提力的关系（安全系数2、壁厚4mm）

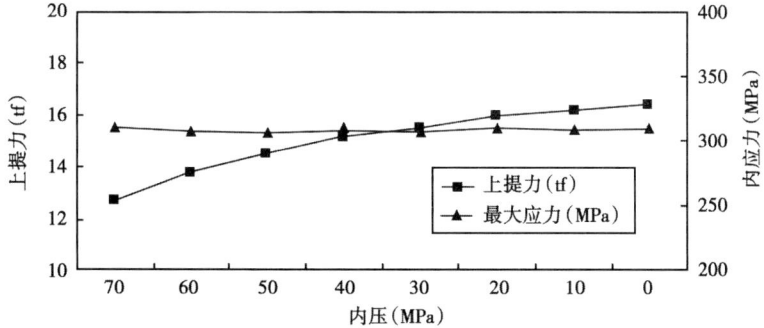

图 2-65　壁厚5.2mm 的无支撑段上提过程内压与上提力的关系（安全系数2、壁厚5.2mm）

（2）安全系数取 1.5。

安全系数取 1.5 时，极限注入力 17.7tf，4mm 壁厚连续油管的极限上提力为 17.7tf，5.2mm 壁厚连续油管的极限上提力 22.2tf。应力图如图 2-66 至 2-71 所示。

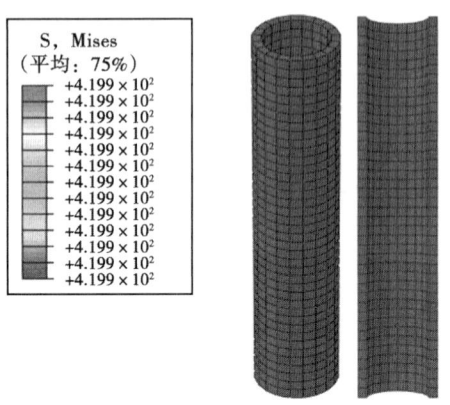

图 2-66　无支撑段注入过程内压 0MPa、注入力 17.7tf 时内部应力图

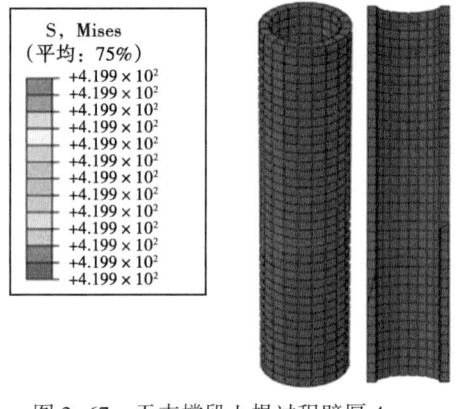

图 2-67　无支撑段上提过程壁厚 4mm、内压 0MPa、上提力 17.7tf 时内部应力图

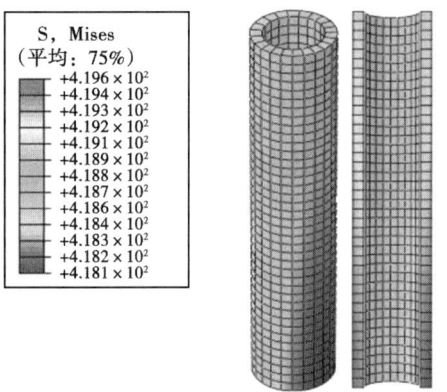

图 2-68　无支撑段上提过程壁厚 5.2mm、内压 0MPa、上提力 22.2tf 时内部应力图

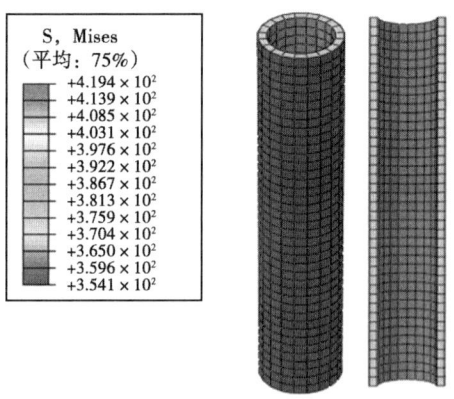

图 2-69　无支撑段注入过程内压 70MPa、注入力 12.2tf 时内部应力图

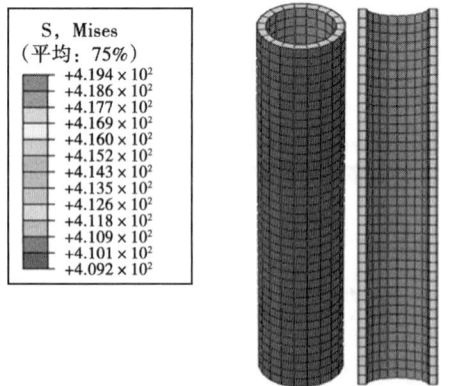

图 2-70　无支撑段上提过程壁厚 4mm、内压 70MPa、上提力 13.7tf 时内部应力图

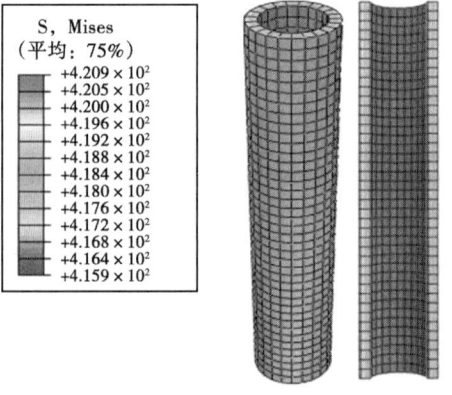

图 2-71　无支撑段上提过程壁厚 5.2mm、内压 70MPa、上提力 19.8tf 时内部应力图

安全系数为 1.5 时内压与极限注入力（上提力）的详细对应关系如图 2-72 至图 2-74、表 2-9 所示。

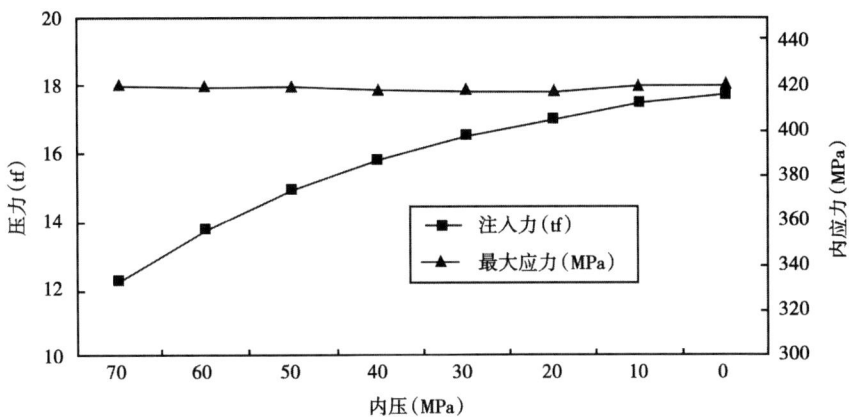

图 2-72　无支撑段注入过程内压与注入力的关系（安全系数 1.5、壁厚 4mm）

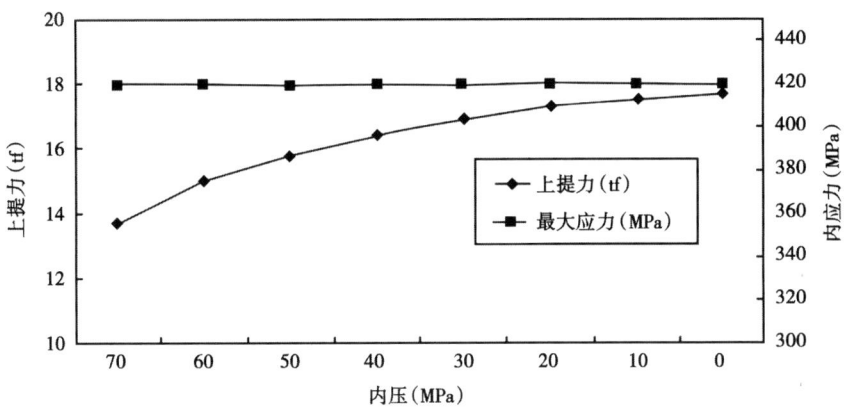

图 2-73　壁厚 4mm 的无支撑段上提过程内压与上提力的关系（安全系数 1.5、壁厚 4mm）

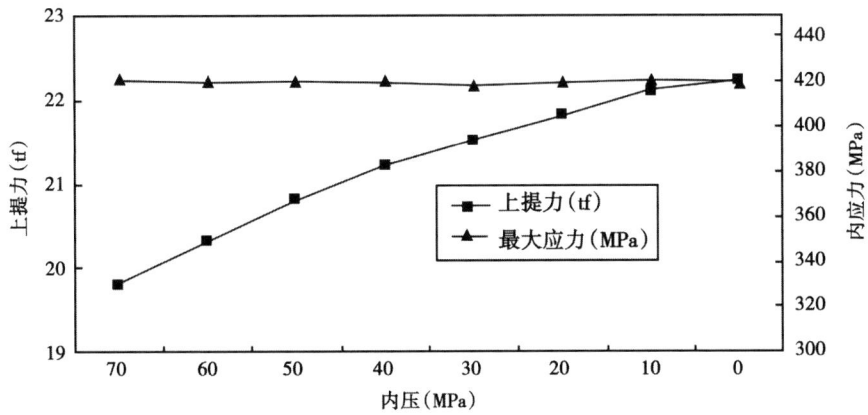

图 2-74　壁厚 5.2mm 的无支撑段上提过程内压与上提力的关系（安全系数 1.5、壁厚 5.2mm）

表 2-9 安全系数为 1.5 时无支撑段内压与极限注入力（上提力）的关系

上提/注入内部压力 (MPa)	无支撑段上提过程 (安全系数 1.5、壁厚 4mm)		无支撑段上提过程 (安全系数 1.5、壁厚 5.2mm)		无支撑段注入过程 (安全系数 1.5、壁厚 4mm)	
	上提力 (tf)	最大应力 (MPa)	上提力 (tf)	最大应力 (MPa)	注入力 (tf)	最大应力 (MPa)
70	13.7	419.4	19.8	420.9	12.2	419.4
60	15.0	419.4	20.3	419.7	13.7	419.1
50	15.8	418.8	20.8	419.9	14.9	419.1
40	16.4	418.8	21.2	419.6	15.8	418.1
30	16.9	419.3	21.5	418.7	16.5	417.4
20	17.3	420.1	21.8	419.0	17.0	416.5
10	17.5	418.8	22.1	420.6	17.5	419.7
0	17.7	419.9	22.2	419.6	17.7	419.9

（3）安全系数取 1.25。

安全系数为 1.25 时内压与极限注入力（上提力）的详细对应关系如图 2-75 至图 2-77、表 2-10 所示。

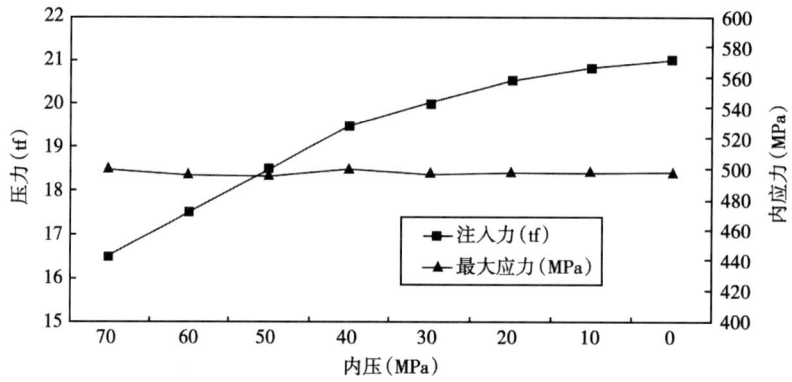

图 2-75 无支撑段注入过程内压与注入力的关系（安全系数 1.25、壁厚 4mm）

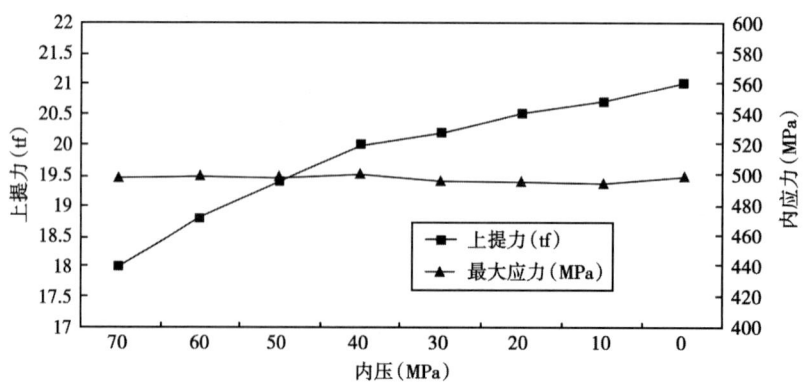

图 2-76 壁厚 4mm 的无支撑段上提过程内压与上提力的关系（安全系数 1.25、壁厚 4mm）

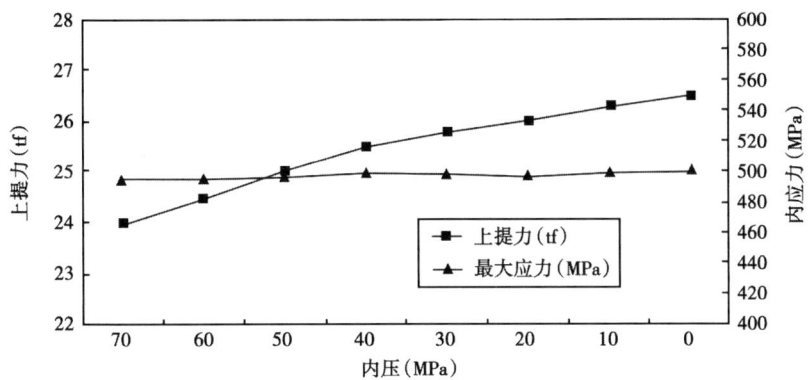

图 2-77 壁厚 5.2mm 的无支撑段上提过程内压与上提力的关系（安全系数 1.25、壁厚 5.2mm）

表 2-10 安全系数为 1.25 时无支撑段内压与极限注入力（上提力）的关系

上提/注入内部压力 (MPa)	无支撑段上提过程（安全系数 1.25、壁厚 4mm）		无支撑段上提过程（安全系数 1.25、壁厚 5.2mm）		无支撑段注入过程（安全系数 1.25、壁厚 4mm）	
	上提力 (tf)	最大应力 (MPa)	上提力 (tf)	最大应力 (MPa)	注入力 (tf)	最大应力 (MPa)
70	18	499	24	495.3	16.5	498.9
60	18.8	499.1	24.5	495.5	17.5	495.1
50	19.4	498.7	25	496.8	18.5	495.5
40	20	500.7	25.5	499.3	19.5	500.1
30	20.2	495.8	25.8	499	20	497.4
20	20.5	495.3	26	498	20.5	498.2
10	20.7	494.5	26.3	499.8	20.8	497.7
0	21	498.2	26.5	500.8	21	498.2

2.1.3.2 注入初始阶段井口段连续油管管壁应力分析

当连续油管开始进入井内时受到内外压力的综合作用。为了更好地服务于现场操作，对注入前期的井口段进行应力分析。

模型壁厚 4mm，连续油管内压 0~70MPa，外压 0~90MPa，温度 70℃。

经过分析计算，此时管壁应力随着内外压差的增大而增大，最大应力为 367.7MPa（压差 90MPa），最小应力为 0.0004949MPa（压差 0MPa）。应力图如图 2-78 至图 2-80 所示。

连续油管注入前期进口段内外压与管壁应

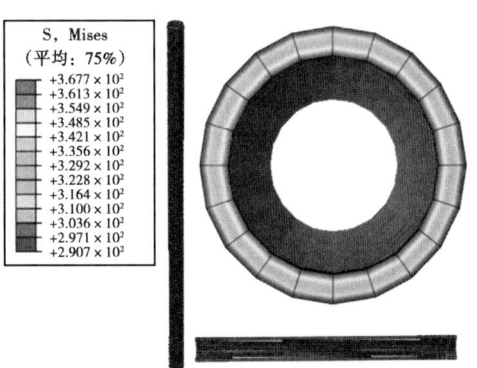

图 2-78 注入初始阶段井口段连续油管内压 0MPa、外压 90MPa 时内部应力图

力的详细关系如图2-81、图2-82、表2-11所示。

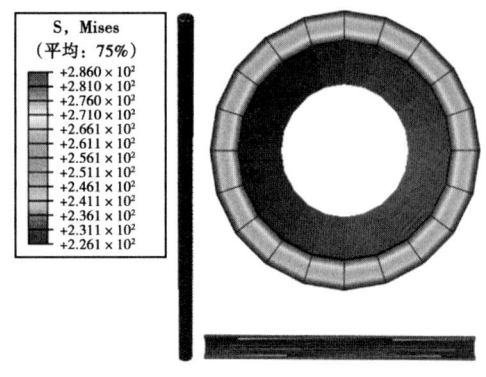 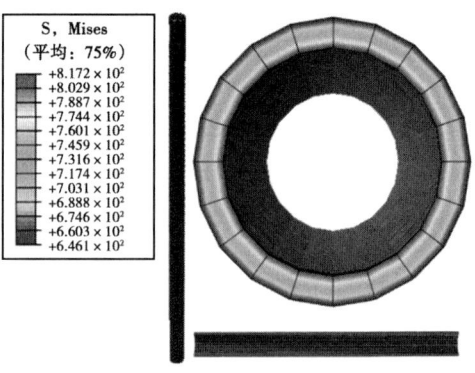

图2-79 注入初始阶段井口段连续油管内压70MPa、外压0MPa时内部应力图

图2-80 注入初始阶段井口段连续油管内压70MPa、外压90MPa时内部应力图

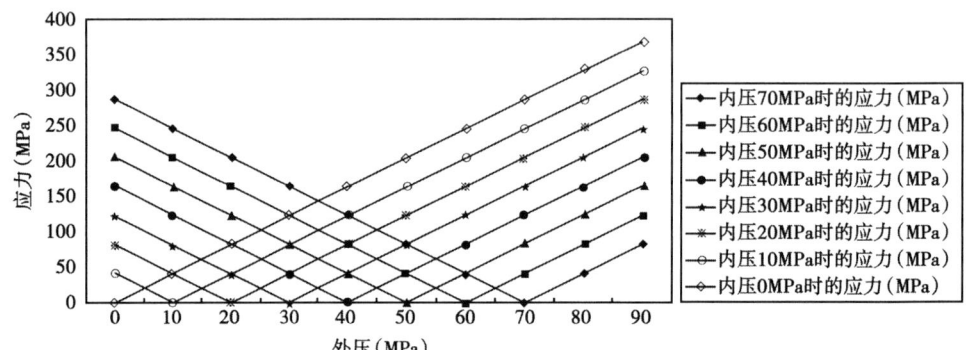

图2-81 注入初始阶段井口段连续油管内外压与管壁应力的关系（壁厚4mm）

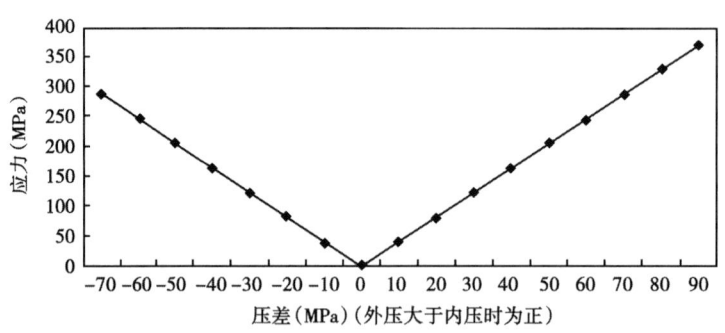

图2-82 连续油管注入初始阶段井口段内外压与管壁应力的关系（壁厚4mm）

表2-11 连续油管注入前期井口段内外压差与管壁应力关系

连续油管注入前期井口段内外压差对管壁应力影响（壁厚4mm）	
压差（MPa）（外压大于内压时为正）	应力（MPa）
−70	286
−60	245.2

续表

连续油管注入前期井口段内外压差对管壁应力影响（壁厚4mm）	
压差（MPa）（外压大于内压时为正）	应力（MPa）
-50	204.3
-40	163.4
-30	122.6
-20	81.72
-10	40.86
0	0.000495
10	40.86
20	81.72
30	122.6
40	163.4
50	204.3
60	245.2
70	286
80	326.9
90	367.7

2.1.3.3 上提时井口段连续油管极限上提力分析

选择模型壁厚5.2mm。连续油管内压0~70MPa，外压为0~90MPa，井口段温度为70℃。模型中以压力梯度10MPa对内外压进行递减分析。

（1）安全系数取2。

根据连续油管应力极限与安全系数进行了详细的使用情况评估，即：

①井口段连续油管所能承受的极限上提力随压差的减小而增大，最大为16tf。

②当连续油管外压为0MPa时，井口段连续油管所能承受的极限上提力随内压的减小而增大，内压70MPa时所承受极限上提力最小（为12.5tf），内压0MPa时所承受极限上提力最大（为16tf）；当连续油管外压为90MPa时，井口段连续油管所能承受的极限上提力随内压的减小而减小，内压0MPa时所承受极限上提力最小（为9.5tf），内压70MPa时所承受的极限上提力最大（为15.8tf）。

③随着外压的增加，井口段连续油管所能承受的极限上提力分布表现为先增大后减小。特别是当内压40MPa、外压在0~40MPa变化时，上提力随外压的增大而增大；当内压40MPa、外压在40~90MPa变化时，上提力随外压的增大而减小。部分应力分布图如图2-83至2-86所示。上提力与内外压差关系如图2-87、图2-88、表2-12所示。

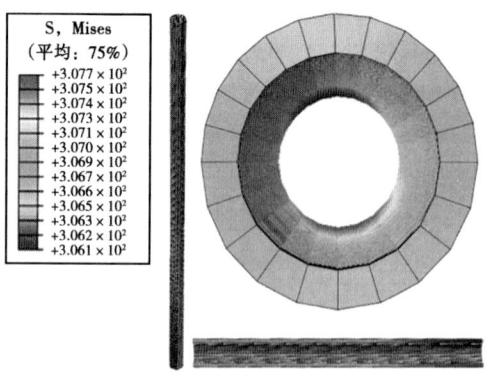

图 2-83 井口段上提过程内压 0MPa、外压 0MPa，上提力 16tf 时应力图

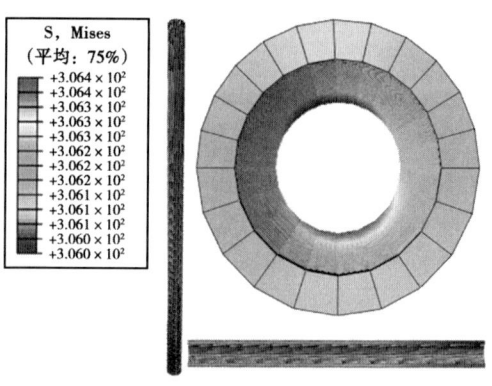

图 2-84 井口段上提过程内压 0MPa、外压 90MPa，上提力 9.5tf 时应力图

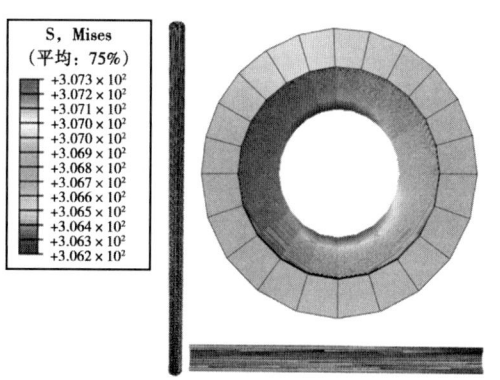

图 2-85 井口段上提过程内压 70MPa、外压 0MPa，上提力 12.5tf 时应力图

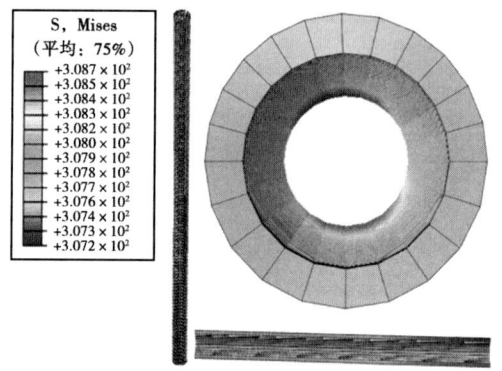

图 2-86 井口段上提过程内压 70MPa、外压 90MPa，上提力 15.8tf 时应力图

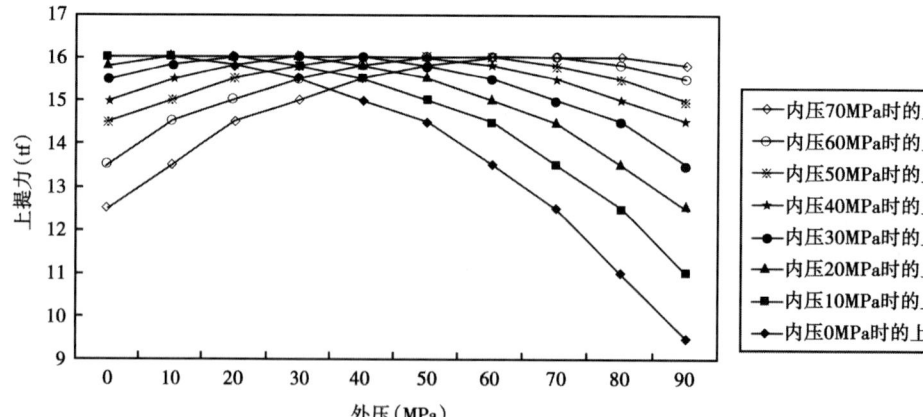

图 2-87 井口段连续油管的极限上提力和内外压的关系（安全系数 2、壁厚 5.2mm）

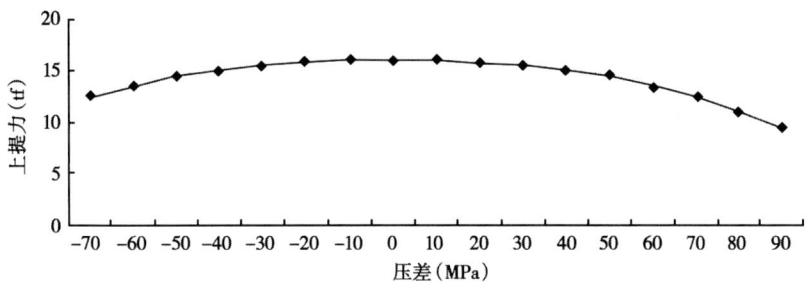

图 2-88 井口段上提过程压差对极限上提力的影响（规定外压大于内压时压差为正）
（安全系数 2、壁厚 5.2mm）

表 2-12 安全系数为 2 时井口段内外压差对极限上提力的影响

井口段极限上提力（安全系数 2、壁厚 5.2mm）	
压差（MPa）（外压大于内压时为正）	上提力（tf）
-70	12.5
-60	13.5
-50	14.5
-40	15.0
-30	15.5
-20	15.8
-10	16.0
0	16.0
10	16.0
20	15.8
30	15.5
40	15.0
50	14.5
60	13.5
70	12.5
80	11.0
90	9.5

（2）安全系数取 1.25。

对安全系数取值为 1.25 时的案例进行分析，可以获得以下结论：

井口段连续油管上提所能承受的极限上提力为 26.5tf（内外压差为 0MPa 时）。部分应力分布图如图 2-89 至 2-92 所示，上提力与内外压差的关系如图 2-93、图 2-94，表 2-13 所示。

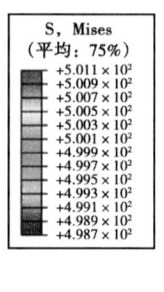 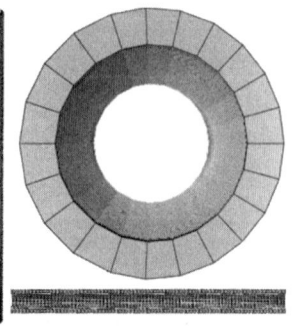 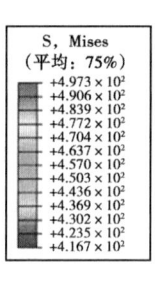 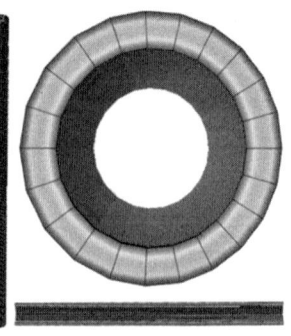

图 2-89 井口段上提过程内压 0MPa、外压 0MPa，上提力 26.5tf 时内部应力图

图 2-90 井口段上提过程内压 0MPa、外压 90MPa，上提力 20.5tf 时内部应力图

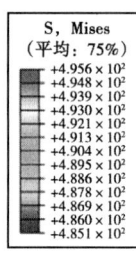 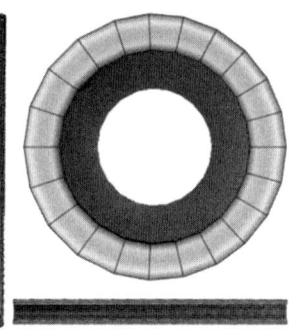 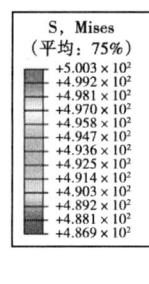 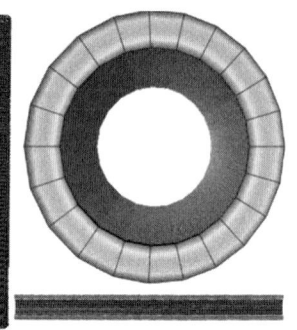

图 2-91 井口段上提过程内压 70MPa、外压 0MPa，上提力 24tf 时内部应力图

图 2-92 井口段上提过程内压 70MPa、外压 90MPa，上提力 26tf 时内部应力图

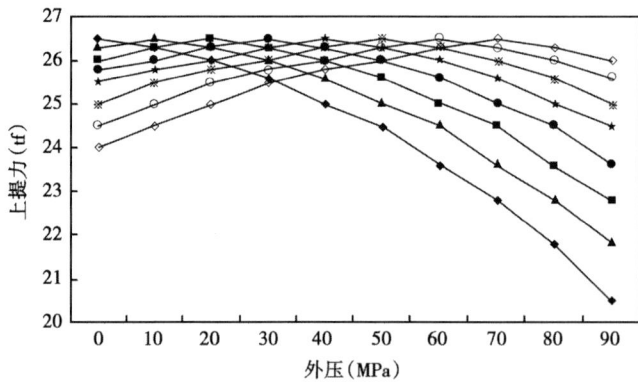

图 2-93 井口段上提过程连续油管的极限上提力和内外压的关系（安全系数 1.25，壁厚 5.2mm）

表 2-13 安全系数为 1.25 时井口段内外压差对极限上提力的影响

井口段连续油管极限上提力（壁厚 5.2mm）	
压差（MPa）（外压大于内压时为正）	上提力（tf）
−70	24.0
−60	24.5
−50	25.0

续表

井口段连续油管极限上提力（壁厚5.2mm）	
压差（MPa）（外压大于内压时为正）	上提力（tf）
−40	25.5
−30	25.8
−20	26.0
−10	26.3
0	26.5
10	26.3
20	26.0
30	25.6
40	25.0
50	24.5
60	23.6
70	22.8
80	21.8
90	20.5

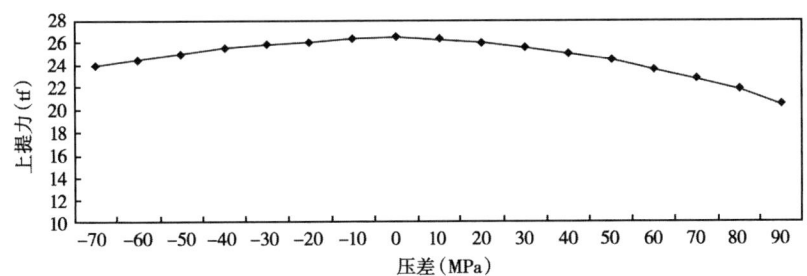

图2-94 井口段上提过程压差对上提力的影响（外压大于内压时，压差为正）
（安全系数1.25、壁厚5.2mm）

2.1.3.4 静止/停止注入时井口段连续油管管壁应力分析

在注入过程中，当连续油管下到井底的瞬间，将停止注入作业，此时部分连续油管柱将存在向下的加速度（加速度 $a=0.02\text{m/s}^2$），加速度的存在加剧了连续油管承载的危险性，由于该过程非常缓慢（注入时应避免急速停车），属于准静态行为，因此可以将静止状态时连续油管柱附加上一个额外力进行分析。另外，因为连续油管静止和注入到井底时均为井口段受力最大，所以有限元模型仍选取该段作为工程分析对象。首先分析静止状态然后施加一额外力进行停止注入瞬间的模拟。模型壁厚5.2mm。边界载荷条件：连续油管内压0~70MPa，外压为0~90MPa，井口段温度为70℃，7200m管道自重25tf，水柱4tf，上顶力12.2tf。

（1）静止状态连续油管管壁应力分析。

根据分析计算，在静止状态下可得到以下结论：

①管道静止状态下，连续油管内部的最小应力为317.7MPa（此时内外压差为0MPa）、最大应力为441.4MPa（此时外压大于内压90MPa）。

②压差越大，内部应力越大，当压差为0MPa时内部应力最小，为317.7MPa，在实际生产中可以根据实际对安全系数稍作调整。部分应力分析图如图2-95至2-98所示。

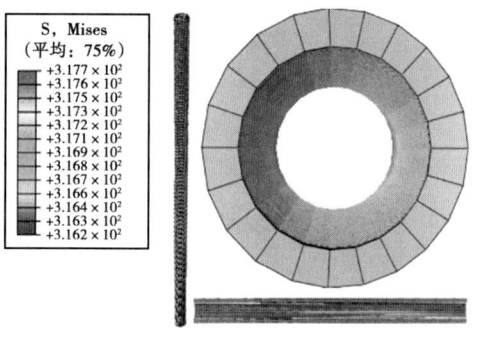 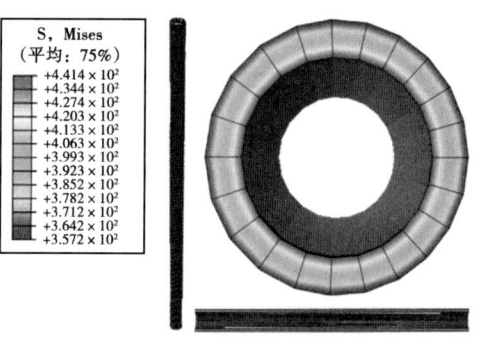

图2-95　井口段静止过程内压0MPa、外压0MPa时内部应力图　　　图2-96　井口段静止过程内压0MPa、外压90MPa时内部应力图

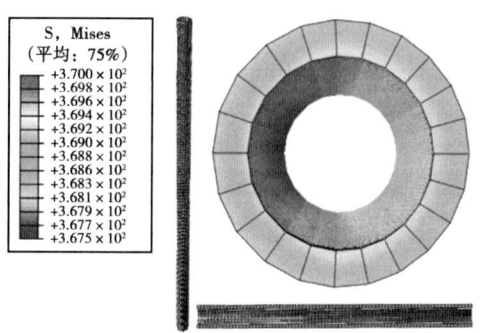 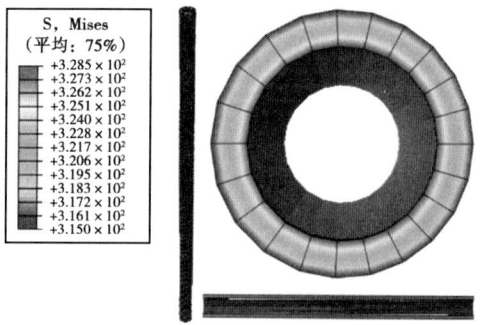

图2-97　井口段静止过程内压70MPa、外压0MPa时内部应力图　　　图2-98　井口段静止过程内压70MPa、外压90MPa时内部应力图

在实际生产实践中，在许可范围内可以根据井口外压灵活选择连续油管内压。详细参数如图2-99、图2-100、表2-14所示。

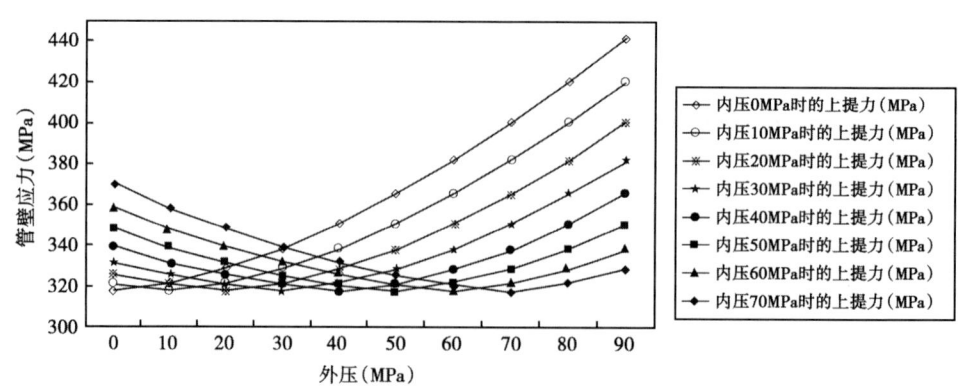

图2-99　静止状态井口段在不同内外压作用下的内部应力（壁厚5.2mm）

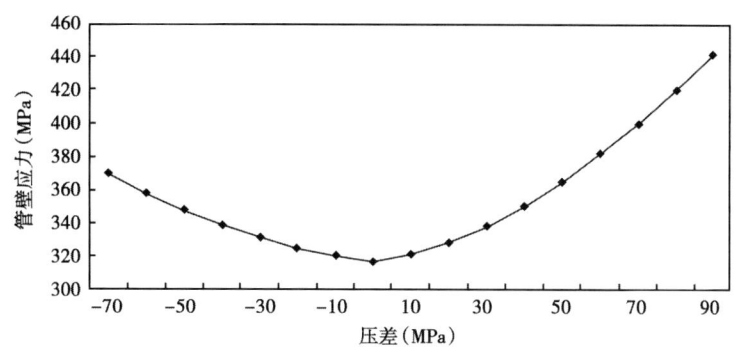

图2-100 静止状态井口段在不同压差下的内部应力（壁厚5.2mm）

表2-14 井口段静止状态内外压差对管壁应力的影响

井口段静止状态压差与管壁应力的关系（壁厚5.2mm）	
压差（MPa）（外压大于内压时为正）	应力（MPa）
−70	370.0
−60	357.9
−50	347.9
−40	339.0
−30	331.5
−20	325.4
−10	320.8
0	317.7
10	321.5
20	328.5
30	338.1
40	350.5
50	365.2
60	381.8
70	400.2
80	420.2
90	441.4

（2）注入状态连续油管管壁应力分析。

根据分析计算，在注入状态下可得到以下结论：

①管道注入状态下，当连续油管下到井底的瞬间连续油管内部的最小应力为327.2MPa（此时内外压差为0MPa）、最大应力为448.7MPa（此时外压大于内压90MPa）。

②同样，压差越大内部应力就越大，当压差为0MPa时内部应力最小，为327.2MPa。部分应力分析图如图2-101至图2-104所示。

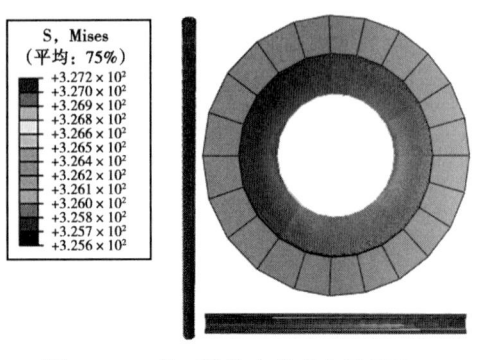

图 2-101 井口段注入状态内压 0MPa、外压 0MPa 时内部应力图

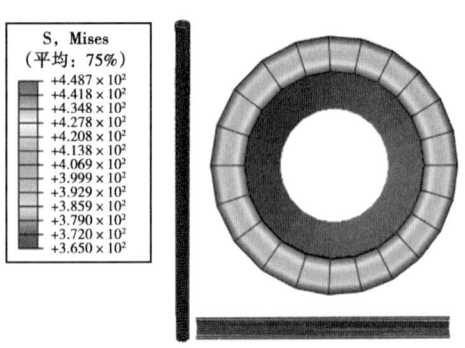

图 2-102 井口段注入状态内压 0MPa、外压 90MPa 时内部应力图

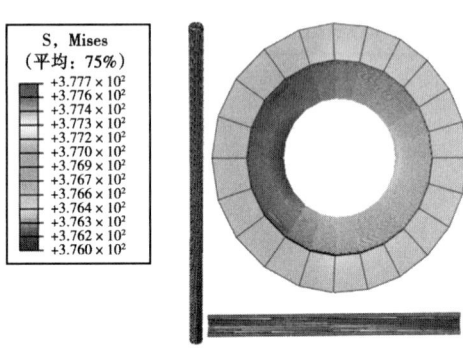

图 2-103 井口段注入状态内压 70MPa、外压 0MPa 时内部应力图

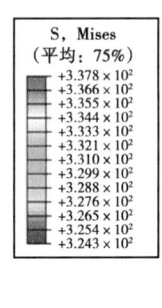
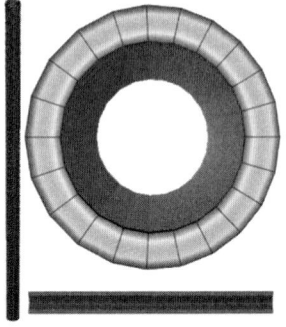

图 2-104 井口段注入状态内压 70MPa、外压 90MPa 时内部应力图

在许可范围内可以根据井口连续油管外压灵活选择连续油管内压和注入力,详细参数如图 2-105、图 2-106、表 2-15 所示。

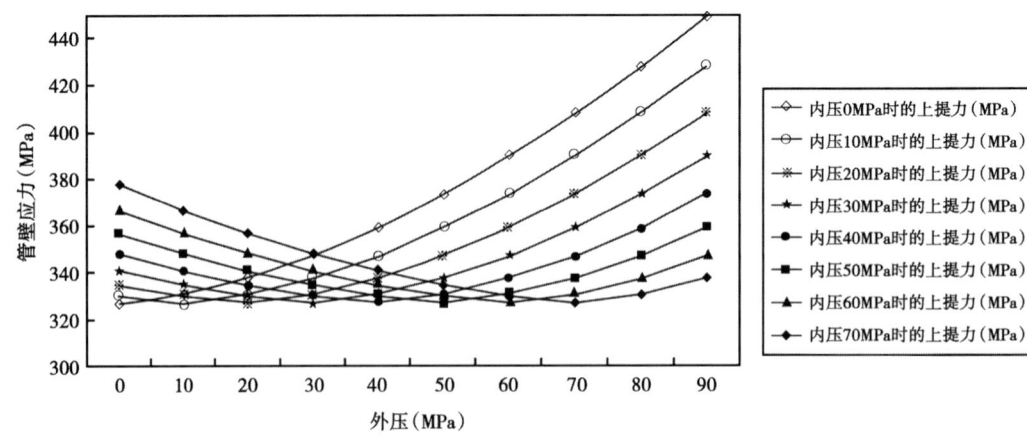

图 2-105 注入状态井口段在不同内外压作用下的内部应力（壁厚 5.2mm）

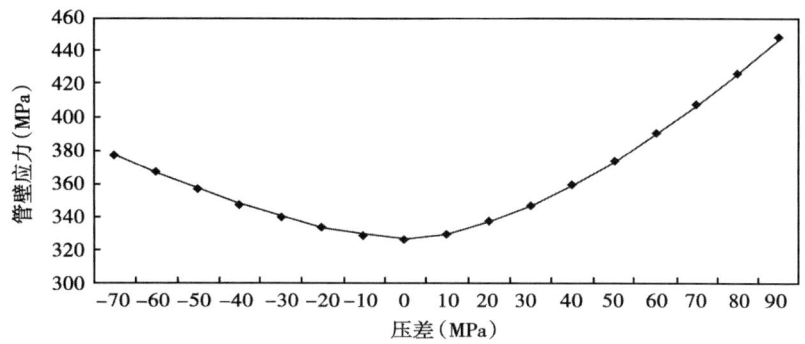

图 2-106 注入状态井口段在不同压差下的内部应力（壁厚 5.2mm）

表 2-15 井口段注入状态内外压差对管壁应力的影响

井口段注入状态压差与管壁应力的关系（壁厚 5.2mm）	
压差（MPa）（外压大于内压时为正）	应力（MPa）
-70	377.7
-60	366.7
-50	356.8
-40	348.2
-30	340.8
-20	334.8
-10	330.2
0	327.2
10	330.9
20	337.8
30	347.2
40	359.3
50	373.7
60	390.1
70	408.2
80	427.8
90	448.7

2.1.3.5 不同井深处内外压和上顶力对连续油管产生的应力

由于采取注水工艺后，连续油管内部受到静水柱压力和外部施加的氮气压力双重作用，内压极高；此时需要计算、检验连续油管是否能够承受如此大的压力。

随着井深的变化，各个参数都在发生变化。井深由 1000~7000m；连续油管的壁厚由 5.2~4mm，连续油管的内压由 80~140MPa、外压由 93.4~112.7MPa，井内温度由 90~200℃，上顶力由 4.0~1.5tf。计算分析结果如图 2-108、图 2-109、表 2-16 所示。

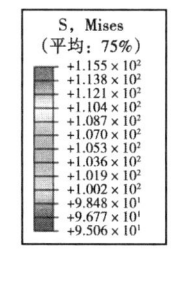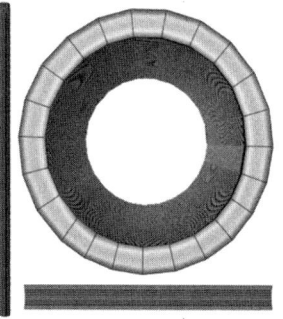

图 2-107 7000m 井深处的连续油管应力云图

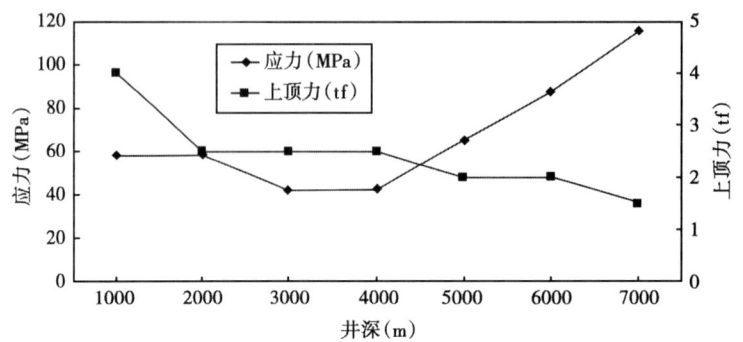

图2-108 不同井深处内外压和上顶力对连续油管产生的应力

表2-16 不同井深处内外压和上顶力对连续油管产生的应力

井深 (m)	内压 (MPa)	外压 (MPa)	温度 (℃)	上顶力 (tf)	壁厚 (mm)	应力 (MPa)
1000	80	93.4	90	4	5.2	58.21
2000	90	96.7	107	2.5	4	58.73
3000	100	100	125.7	2.5	4	41.96
4000	110	103.3	145	2.5	4	42.21
5000	120	106.5	160	2	4	65.03
6000	130	109.6	180	2	4	87.46
7000	140	112.7	200	1.5	4	115.5

由分析计算的结果可以看出：在连续油管内外压和上顶力作用下连续油管产生的最大应力发生在井深最大处（井底），最大应力为115.5MPa，低于安全系数为2时的许用应力（310MPa）。

2.1.3.6 温度对管壁应力的影响

在分析温度对连续油管承载能力的影响时，选取壁厚4mm和壁厚5.2mm两种类型，其中壁厚4mm的连续油管分析温度为70℃和200℃两种情况，5.2mm的连续油管只分析70℃的情况。

其中连续油管的热传导率为45.4W/(m·℃)，密度7.85g/cm³，杨氏模量206GPa、泊松比0.3，热膨胀系数1.16×10^{-5}℃$^{-1}$，比热480J/(kg·℃)，模型有效分析长度设定为1m。

（1）温度对应力的影响。

①壁厚4mm连续油管。

4mm壁厚的连续油管在70℃的温度作用下产生的最大应力为9.969×10^{-9}MPa，体内应力基本均匀分布（2×10^{-9}MPa）。应力图如图2-109所示。

4mm壁厚的连续油管在200℃的温度作用下产生的最大应力为2.088×10^{-8}MPa，体内应力基本均匀分布（4×10^{-9}MPa）。应力图如图2-110所示。

②壁厚5.2mm连续油管。

5.2mm壁厚的连续油管在70℃的温度作用下产生的最大应力为3.067×10^{-5}MPa。应力图如图2-111所示。

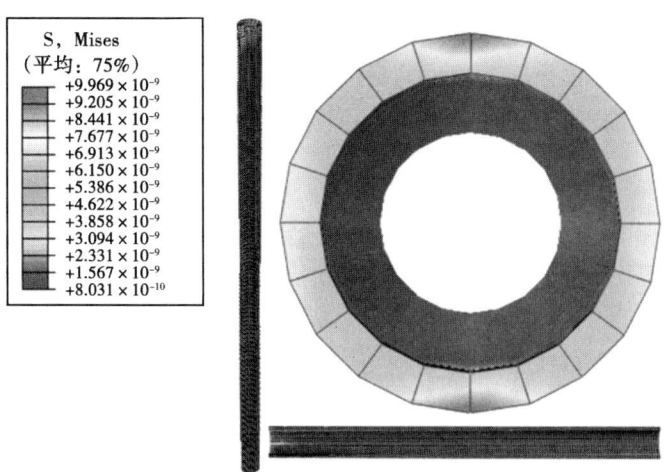

图 2-109 4mm 壁厚的连续油管在 70℃的温度作用下的应力分布

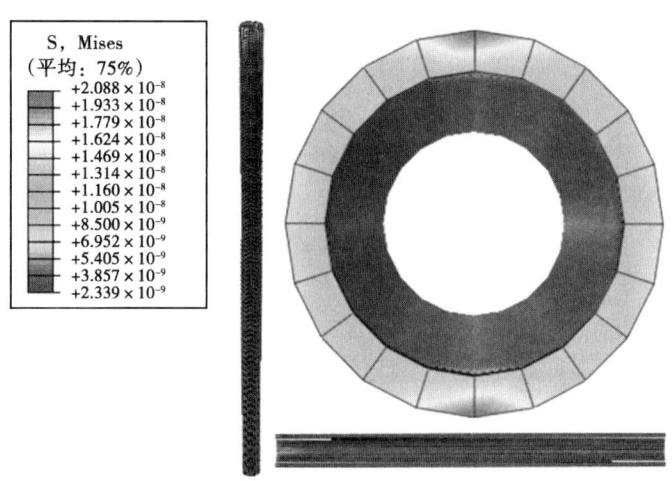

图 2-110 4mm 壁厚的连续油管在 200℃的温度作用下的应力分布

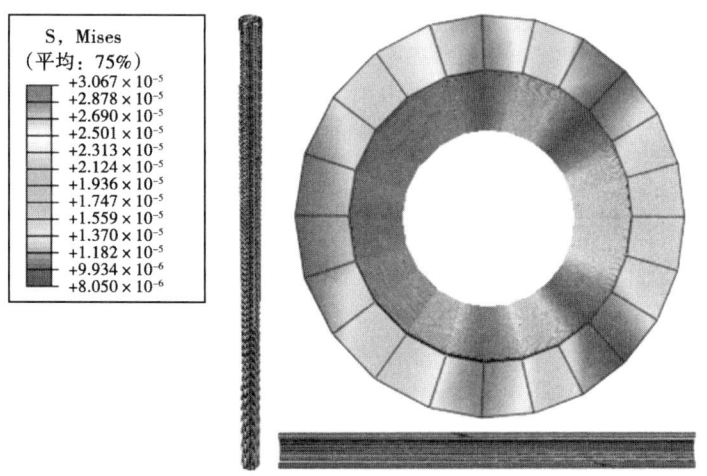

图 2-111 5.2mm 壁厚的连续油管在 70℃的温度作用下的应力分布

由上面分析可知由温度产生的影响相当小。

（2）温度对连续管变形量的影响。

①壁厚 4mm 连续油管。

4mm 壁厚的连续油管在 70℃ 的温度作用下：1m 长的有效分析模型轴向伸长 0.667mm（轴向变形 0.067%），径向变大 0.025mm（径向变形 0.066%）。变形图如图 2-112、图 2-113 所示。

图 2-112　4mm 壁厚的连续油管在 70℃ 的温度作用下的轴向变形图（图中单位 mm）

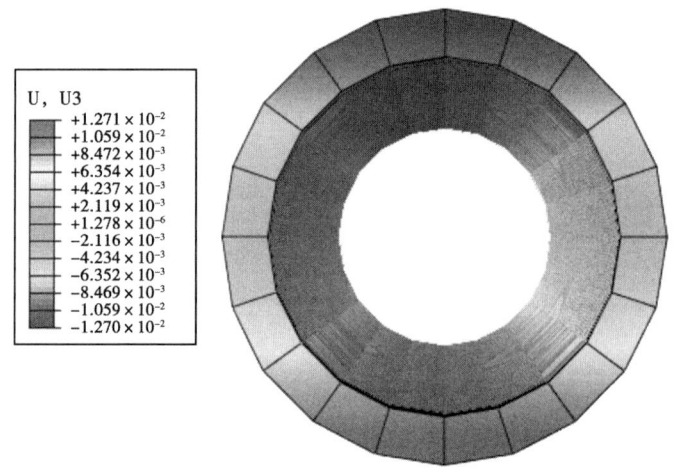

图 2-113　4mm 壁厚的连续油管在 70℃ 的温度作用下的径向变形图（图中单位 mm）

4mm 壁厚的连续油管在 200℃ 的温度作用下：1m 长的有效分析模型轴向伸长 2.03mm（轴向变形 0.203%），径向变大 0.077mm（径向变形 0.202%）。变形图如图 2-114、图 2-115 所示。

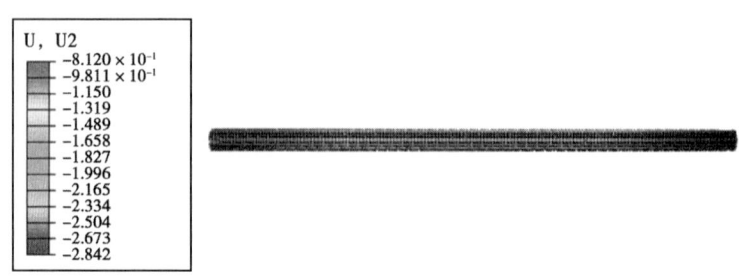

图 2-114　4mm 壁厚的连续油管在 200℃ 的温度作用下的轴向变形图（图中单位 mm）

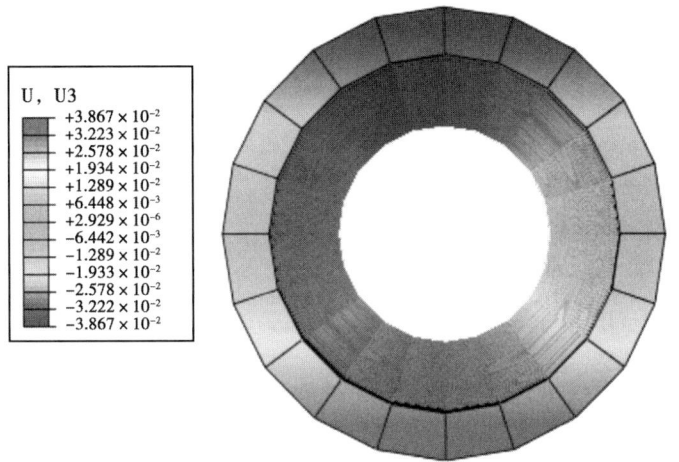

图 2-115　4mm 壁厚的连续油管在 200℃ 的温度作用下的径向变形图（图中单位 mm）

②壁厚 5.2mm 连续油管。

5.2mm 壁厚的连续油管在 70℃ 的温度作用下：1m 长的有效分析模型轴向伸长 0.667mm（轴向变形 0.067%），径向变大 0.026mm（径向变形 0.068%）。变形图如图 2-116、图 2-117 所示。

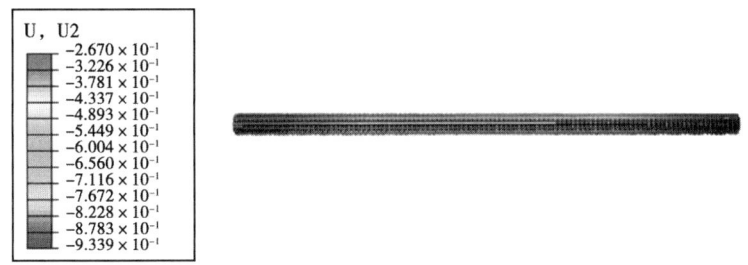

图 2-116　5.2mm 壁厚的连续油管在 70℃ 的温度作用下的轴向变形图（图中单位 mm）

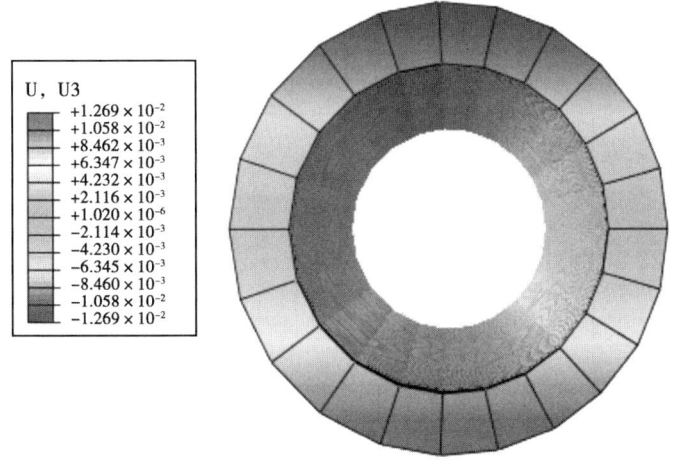

图 2-117　5.2mm 壁厚的连续油管在 70℃ 的温度作用下的径向变形图（图中单位 mm）

由上面的计算分析可知，外径 38.1mm、总长 7000m 的连续油管在井内温度 70~200℃时，轴向伸长量在 4.69~14.21m，径向膨胀量在 0.025~0.077m。整个连续油管管柱在温度作用下的总的伸长量在 10m 之内（约 9.45m）。可以看出，温度对连续油管的变形量影响并不大。

2.1.3.7 内外压对连续油管轴向变形量的影响

分析模型壁厚 5.2mm，连续油管最大内压 70MPa，最大连续油管外压选取为 90MPa。

（1）考察内压变化对连续油管轴向变形量的影响。

此时外压设定为 0MPa 不变，最大内压 70MPa，内压变化梯度取 10MPa。部分轴向变形图如图 2-118、图 2-119 所示。轴向变形影响如图 2-120、表 2-17 所示。

图 2-118　5.2mm 壁厚的连续油管在内压 10MPa 时的轴向伸缩变形图

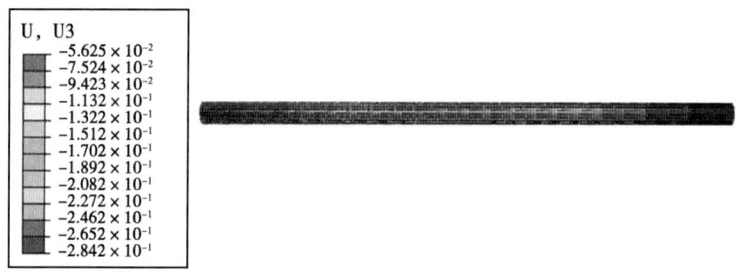

图 2-119　5.2mm 壁厚的连续油管在内压 70MPa 时的轴向伸缩变形图

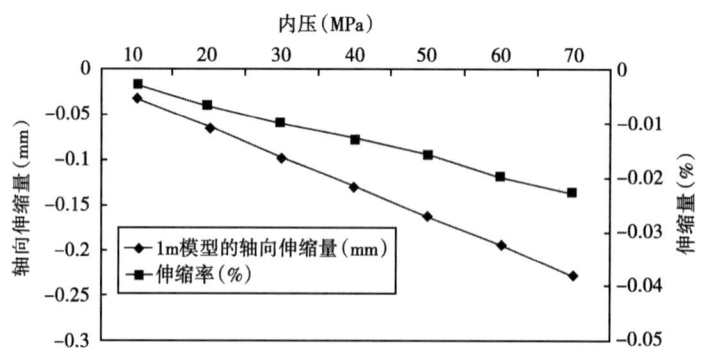

图 2-120　5.2mm 壁厚的连续油管内压变化对轴向伸缩量的影响（壁厚 5.2mm）

表 2-17 内压对连续油管轴向变形的影响

轴向伸缩量（外压固定为 0MPa、壁厚 5.2mm）		
内压（MPa）	1m 模型的轴向伸缩量（mm）	伸缩率（%）
10	-0.033	-0.003
20	-0.065	-0.007
30	-0.098	-0.010
40	-0.130	-0.013
50	-0.163	-0.016
60	-0.195	-0.020
70	-0.228	-0.023

由此可以看出连续油管轴向随内压的增大而缩短。

（2）考察外压变化对连续油管轴向伸缩量的影响。

此时固定内压为 0MPa 不变，最大外压 90MPa，外压变化梯度取 10MPa。部分轴向变形图如图 2-121、图 2-122 所示。轴向变形影响如图 2-123、表 2-18 所示。

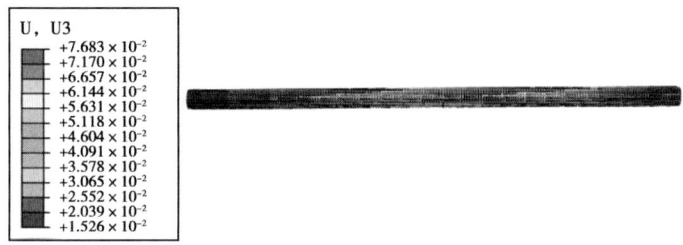

图 2-121　5.2mm 壁厚的连续油管在外压 10MPa 时的轴向伸缩变形图

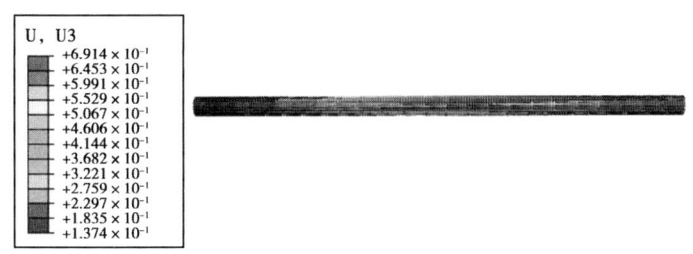

图 2-122　5.2mm 壁厚的连续油管在外压 90MPa 时的轴向伸缩变形图

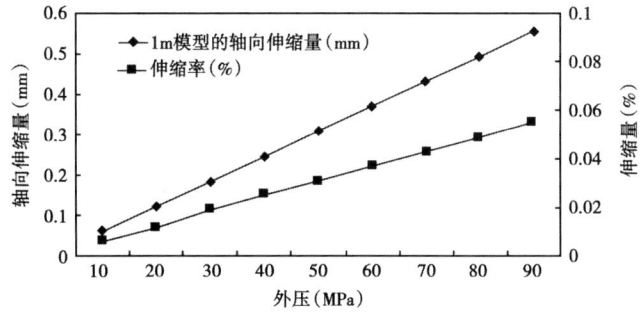

图 2-123　5.2mm 壁厚的连续油管外压变化对轴向伸缩量的影响（壁厚 5.2mm）

表 2-18 外压对连续油管轴向变形的影响

轴向伸缩量（内压固定为 0MPa、壁厚 5.2mm）		
外压（MPa）	1m 模型的轴向伸缩量（mm）	伸缩率（%）
10	0.062	0.006
20	0.123	0.012
30	0.185	0.019
40	0.246	0.025
50	0.308	0.031
60	0.369	0.037
70	0.431	0.043
80	0.493	0.049
90	0.554	0.055

由此可以看出连续油管轴向随外压的增大而伸长。

2.1.3.8 连续油管疲劳寿命评价

疲劳寿命是影响连续油管使用经济效益最直接的因素。根据连续油管的现场使用经验，可知其使用周期（成功作业次数）非常短，并且因为"超深井"测试施工的条件很苛刻，作业一次对连续油管的损伤非常大，造成极高的连续油管的经济成本和社会成本等。通过疲劳寿命分析评价得出一个初步的寿命规律，为以后现场施工验证作前期准备，而且也为施工后分析对比再重新修正预测规律等作准备，不断提高作业安全性、尽量提高连续油管使用次数降低作业成本。

利用应力—应变实验判断用后连续油管的屈服强度，并根据甲方提供疲劳度数据进行对比分析，从而获得屈服强度与剩余疲劳度的关系。应力—应变实验过程如图 2-124 所示。

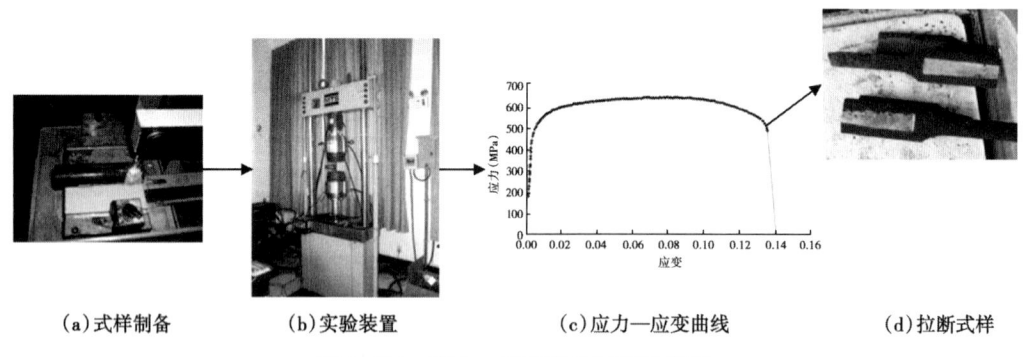

（a）式样制备　　（b）实验装置　　（c）应力—应变曲线　　（d）拉断式样

图 2-124　应力—应变实验过程示意图

以 QT900 系列连续油管为例，新出厂的连续油管新度 100%，疲劳度为 0，连续油管屈服极限为最大值 621MPa（连续油管工程技术手册查询）；随着疲劳度的增加，屈服强度会降低，在相同的工作载荷作用下寿命也会大幅降低，连续油管用后的疲劳度和剩余疲劳度与屈服强度的关系如图 2-125 和图 2-126 所示（疲劳度为 43.09% 和疲劳度为 52.64%）。

通过获得不同剩余疲劳度的连续油管屈服强度，可以评价出现役连续油管是否能够继续使用。

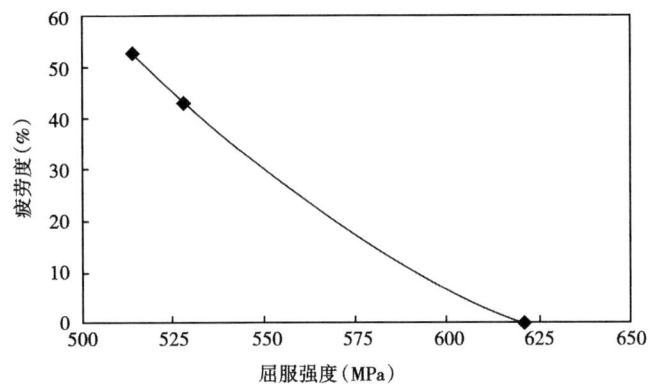

图 2-125 连续油管用后疲劳度与屈服强度关系

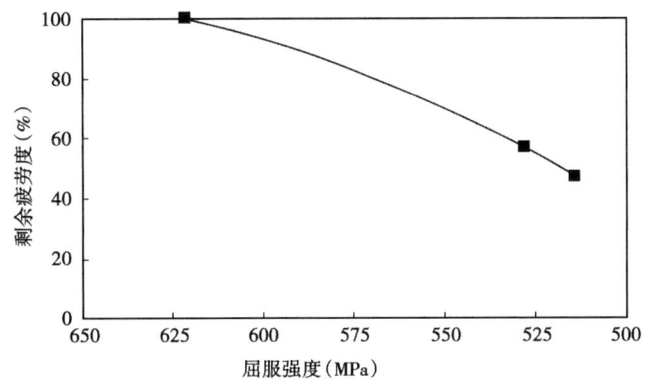

图 2-126 连续油管用后剩余疲劳度与屈服强度关系

2.1.4 结论

2.1.4.1 连续油管动力学特性分析

（1）通过利用数值求解和试验验证的方法对管柱的力学参数和边界条件进行了确定，使仿真结果更为真实可靠。

（2）直井井筒内连续油管使用注水工艺后成功注入。注水使连续油管产生一定的内压，再加上原有气压，基本可抵抗环空外压产生的上顶力。在该措施的指导下，连续油管的螺旋屈曲得到有效缓解，且其与油管的摩擦力大大降低，连续油管得以注入，从而能够顺利达到测试位置。

（3）实际井筒内由于受到井斜、方位影响，各段注入情况不同。平衡点附近和管柱注入到井底时为连续油管系统的两个"临界点"。这两处是连续油管柔性较大的位置，较易出现连续油管的失稳屈曲，因此要密切注意连续油管注入到相应位置的井口状态；另外，当连续油管注入到 6000m 和 7000m，最大工作应力达到 374MPa 和 416MPa，安全系数为 1.66 和 1.5。

（4）开始上提阶段产生加速度，将增加井口段连续油管受力。分析现场设备技术参数，该加速度可达 $0.133\sim0.15\text{m/s}^2$，产生惯性力最大值为 3600N，使井口段连续油管最大轴向力和最大工作应力分别提高到 24.6tf 和 492MPa，而采用开井上提时连续油管的最大工作应力能够得到有效降低,当产量为 $140×10^4m^3/d$ 时连续油管的最大工作应力为 325MPa。

2.1.4.2 连续油管极限承载能力研究

连续油管无支撑段和井口段在上提和注入过程中受到管柱自身重力、压差产生的上顶力以及摩擦力等的合力,为整个连续油管受力最为严重、最易失稳的部分,因此这两段管柱的承载能力校核尤为重要,是决定整个连续油管工作流程顺利进行的关键,以下为连续油管承载能力研究的部分结论:

(1) 压差的变化与管柱工作应力呈正比,而与极限承载呈反比。如管厚 4mm 的连续油管压差每升 10MPa,其工作应力升高约 41MPa;当外压 90MPa、内压 0 时压差达到最大,此时该段连续油管的工作应力达到最大值(367.7MPa)。

(2) 适当选取安全系数。安全系数为 2 时,极限注入力为 13tf,极限上提力为 16.4tf;当安全系数为 1.5 时,极限注入力提高到 17.7tf,极限上提力为 22.2tf。

(3) 温度对连续油管工作应力影响小,4mm 壁厚的连续油管在 200℃的温度作用下产生的最大应力为 $2.088×10^{-8}$MPa;但是温度对全井连续油管的轴向伸缩量影响较大,据分析,全井连续油管受温度影响可使轴向伸长约 10m。

(4) 内压具有使管柱伸长、刚度变大的作用,而外压相反;当外压固定为 90MPa 不变时,连续油管的轴向伸缩量随内压的增大而增大,内压 70MPa 时的轴向伸长率为 0.161%;当内压固定为 70MPa 不变时,连续油管的轴向伸长量随着外压的增大而减小,当外压为 0MPa 时的轴向伸长率为 0.198%。

(5) 连续油管用后剩余疲劳度评价。通过实验提取了用后连续油管的屈服强度,从而确定了疲劳度、剩余疲劳度与屈服强度的关系。

2.2 连续油管的初步选择

超深井测试作业过程中存在测试作业用的连续油管无法入井、下不到测试井深或在作业过程中发生挤毁、泄露、断裂的风险,由于在整个作业过程中连续油管均带高压,一旦出现挤毁、泄露、断裂的情况,将会导致灾难性的后果,因此项目所需管柱应具有以下基本性能:

(1) 连续油管的机械强度可满足测试要求,达到测试深度。
(2) 连续油管的最大外径应小于完井管柱结构中的最小内径。
(3) 连续油管的抗内、外压力的能力可满足测试要求,作业过程中不会发生管柱挤毁或爆裂现象。
(4) 连续油管的抗扭强度满足测试要求,作业过程中发生螺旋弯曲及锁定现象的可能性小。
(5) 连续油管的抗腐蚀能力满足测试要求,可以实现安全测试作业。

根据这些要求,对国内外各种连续油管及其生产厂家进行了大量的调研、研究,对连续油管材质进行选择并进行了力学分析、腐蚀和安全性评价,并在此基础上制定了最终的连续油管选型方案。

目前,世界各地使用的连续油管按材质划分,主要有以下几种。

2.2.1 复合材质的连续油管

复合材质的连续油管是一种将纤维置入树脂形成的复合材质的连续油管,具有抵抗疲劳能力高、不易被腐蚀、管身重量轻、管内可放置电导装置或光学纤维的优点。目前，Halliburton 公司是唯一的生产用于井下作业的复合型连续油管的厂家[3]。但是这种材质生产费用高、能承受的最高作业温度仅为121℃，强度明显偏低，不能满足南疆超深井测试的要求，因而不在油管选择范围内。

2.2.2 低碳微合金连续油管

低碳微合金连续油管是国内外目前使用最为广泛的一种产品，有将近70年的发展历史，具有产品种类多、型号齐全、应用广泛、技术成熟、性能可靠、国内外生产厂家多、货源广泛、生产成本较低的优点，该材质油管抗腐蚀性能略差，油田上主要用做连续油管工作管柱，属于超深井测试可选连续油管。

目前，国内的生产厂家是宝鸡石油钢管有限责任公司，国外的厂家是国民油井华高质量油管公司、环球连续油管公司和特纳瑞斯连续油管公司。调研得到各厂家主要产品系列和产品型号见表2-19。

表2-19 低碳微合金连续油管生产厂家主要产品系列和产品型号

生产厂家	产品系列	产品型号
宝鸡石油钢管有限责任公司	CT70、CT80	1in 到 3½in
国民油井华高质量油管公司（QT公司）	QT800、QT900、QT1000、QT1100	⅝in 到 3½in
环球连续油管公司（GT公司）	GT70、GT80、GT90、GT100、GT110	⅝in 到 3½in
特纳瑞斯连续油管公司	HS70、HS80、HS90、HS110	⅝in 到 3½in

2.2.3 不锈钢材质的连续油管

不锈钢材质的连续油管有两种，一种是钛材料的连续油管，另一种是铬材料的连续油管。其中钛材料焊接困难，价格是普通碳钢的10倍，而且只生产过3根连续油管，因此不在测试连续油管选择范围内。

铬材料的连续油管具有良好的抗腐蚀性，被设计用于长时间在湿式 CO_2 环境中作业，可用于气井、注水井和其他标准油管不能使用的腐蚀环境中，也可以用于速度管柱和其他永久性安装的环境。目前，国际上使用的铬材料的连续油管是国民油井华高质量油管公司生产的 QT-16Cr 连续油管和 Tenaris 跨国公司生产的 HS-80CRA 连续油管，见表2-20。

表2-20 不锈钢材质连续油管生产厂家主要产品系列和产品型号

生产厂家	产品系列	产品型号
Tenaris 公司	HS-80CRA	1¼in 到 2in
国民油井华高质量油管公司（QT公司）	QT-16Cr	1in 到 2⅞in

2.2.4 连续油管性能分析

国内、外低碳微合金及不锈钢连续油管生产厂家及其产品见表2-21。

表 2-21 各材质连续油管产品分类和用途

材质屈服强度	型号	特点及用途
材质最小屈服强度为 70000psi 的管柱	CT70	抗腐蚀性能良好,但强度低,目前油田上主要用做气井的速度管柱,不适合超深井测试作业要求
材质最小屈服强度为 80000psi 的管柱	CT80 QT800	QT-16Cr 强度高、抗腐蚀性能良好,可作为超深井测试连续油管。其他材质管材强度高、塑性好,具有一定的抗腐蚀能力,但与 CT70 系列相比,抗腐蚀性能略差,目前油田上主要用做连续油管工作管柱
材质最小屈服强度为 90000psi 的管柱	QT900 QT-16Cr	
材质最小屈服强度 ≥ 100000psi 的管柱	QT1000 QT1100	强度高但抗腐蚀性能较差,目前油田上主要用做对抗腐蚀要求较低的工作环境

各类连续油管最大可悬挂长度(安全系数为1)如图 2-127 所示。

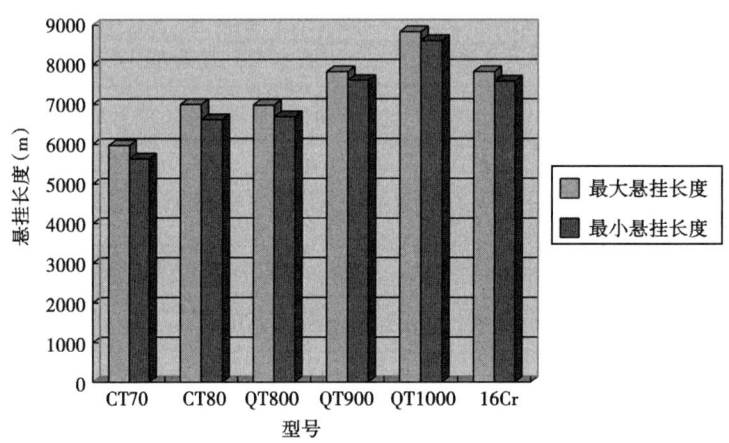

图 2-127 各类连续油管可悬挂长度对比

由表 2-21 可知,各种材质的连续油管产品中,QT-16Cr 和 CT70 材质的油管抗腐蚀性能最好,但 CT70 材质油管的强度最低;QT1000、QT1100 材质的油管强度最高,但抗腐蚀性能较差,不适合于腐蚀要求较高的工作环境。

由图 2-126 可知,CT70、CT80、QT800 系列管柱最大可悬挂长度均无法达到 7000m,QT900、QT-16Cr 系列连续油管最大可悬挂长度在 7000m 以上,满足超深气井测试作业关于测试深度的要求,余量较小,抗腐蚀性能也许进一步提高。QT1000、QT1100 系列连续油管最大可悬挂长度在 8000m 以上,但抗腐蚀性能较差。

考虑到该区块井内 CO_2 等腐蚀介质对油管的影响,作为测试可选连续油管 QT-16Cr、QT900、QT1100、QT1000 系列材质的油管需采取措施有效解决管柱腐蚀问题。而作为测试可选连续油管 QT-16Cr、QT900、QT800、CT80 材质的油管还需采取措施提高列管柱最大可悬挂长度。

2.3 连续油管防腐研究

高压气井地层流体产出物中含有 CO_2、高矿化度地层水及凝析油,这些物质对高温、高压下更易对油管造成腐蚀,降低油管强度。为便于试验工作的开展,连续油管防腐研究模拟国内超深井区块大北环境和克深环境进行。

2.3.1 腐蚀指标

油管材质中碳含量越高,碳化物就越多,碳化物与基体构成的腐蚀电池就越多,腐蚀速度就越快。因此,选用QT900、QT-16Cr在室内实验室进行了腐蚀测试,模拟低碳微合金和铬材料不锈钢材质的油管在湿式二氧化碳环境中的腐蚀试验。

模拟条件:93℃盐水环境,5%二氧化碳含量湿式环境中,336h腐蚀测试。测试结果如图2-128所示[4]。

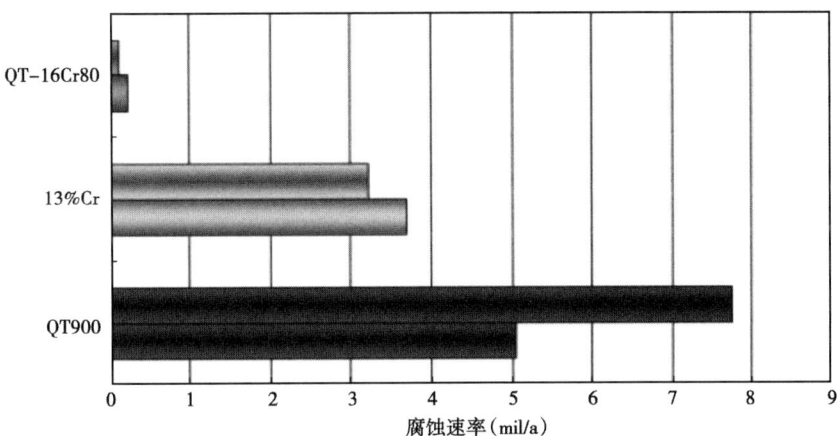

图2-128 QT900、QT-16Cr材质连续油管腐蚀测试结果图

由图可以看出,相同腐蚀条件下,QT-16Cr材质的连续油管抵抗腐蚀的能力远大于QT900材质。

2.3.2 腐蚀试验

针对超深井连续油管测试作业中存在的腐蚀问题,截取QT900材质的连续油管样品,对油管进行了腐蚀试验。实验内容包括:连续油管腐蚀速率试验、连续油管材料和HP2-13Cr油管材料的电偶腐蚀试验、连续油管腐蚀剩余寿命预测。

2.3.2.1 腐蚀试验情况

(1)油管材质腐蚀实。

在实验中模拟不受力和受最大拉伸应力两种情况,测量局部腐蚀坑深度,计算局部腐蚀速率。

均匀腐蚀速率的计算方法为:

$$v_{corr} = \frac{365000\Delta g}{\gamma t S} \qquad (2-25)$$

式中 v_{corr}——均匀腐蚀速率;
Δg——试样失重;
γ——材料相对密度;

t——试验时间；

S——试样表面积。

局部腐蚀速率的计算方法为：

$$v'_{corr} = \frac{\Delta h}{t} \tag{2-26}$$

式中 v'_{corr}——局部腐蚀速率；

Δh——腐蚀坑深度；

t——试验时间。

试验得到，QT900材料表面腐蚀产物为$FeCO_3$以及沉积物$CaCO_3$，以及大北环境和克深环境油管腐蚀产物情况。具体实验结果如下。

①模拟在大北环境下QT900油管的腐蚀情况。

图2-129和表2-22为模拟大北环境不同条件下QT900连续管的均匀腐蚀速率和局部腐蚀速率变化趋势，由图可见，随着温度和CO_2分压的升高，QT900的均匀腐蚀速率和局部腐蚀速率先减小后增大、再减小，分别在40℃和100℃时出现极大值。在100℃，CO_2为0.9 MPa环境中模拟二次入井后，均匀腐蚀速率和局部腐蚀速率均增大。模拟承受最大拉伸应力时，与未受力时相比，腐蚀速率同样增大。

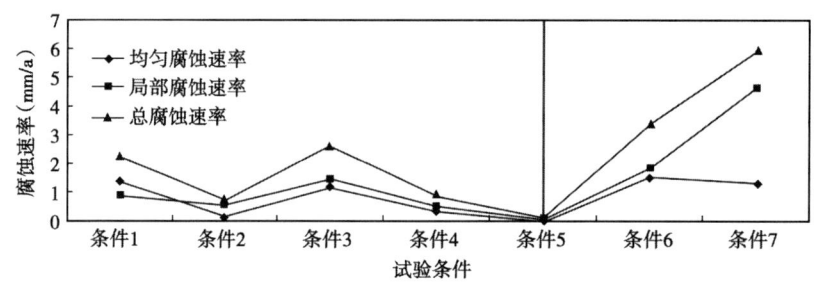

图2-129 QT900大北环境腐蚀速率折线图

表2-22 QT900大北环境腐蚀速率计算结果表

模拟条件	条件1	条件2	条件3	条件4	条件5	条件6	条件7
温度（℃）	40	70	100	130	150	100（二次入井）	100（受最大拉伸应力）
CO_2分压（MPA）	0.8	0.85	0.9	0.95	0.955	0.9	0.9
均匀腐蚀速率（mm/a）	1.3785	0.1476	1.1722	0.3653	0.0373	1.5667	1.2981
局部腐蚀速率（mm/a）	0.876	0.584	1.46	0.5475	0.1095	1.85	4.6355
总腐蚀速率（mm/a）	2.2545	0.7316	2.6322	0.9128	0.1468	3.4167	5.9336

②模拟在克深环境下QT900油管的腐蚀情况。

图2-130、表2-23为模拟克深环境不同条件下QT900连续管的均匀腐蚀速率和局部腐蚀速率变化趋势，由图可见，随着温度的升高，QT900的均匀腐蚀速率和局部腐蚀速率先增大后减小，在100℃时出现极大值。二次入井后，均匀腐蚀速率和局部腐蚀速率均增大，承受最大拉伸应力与未受力时相比，腐蚀速率同样增大。

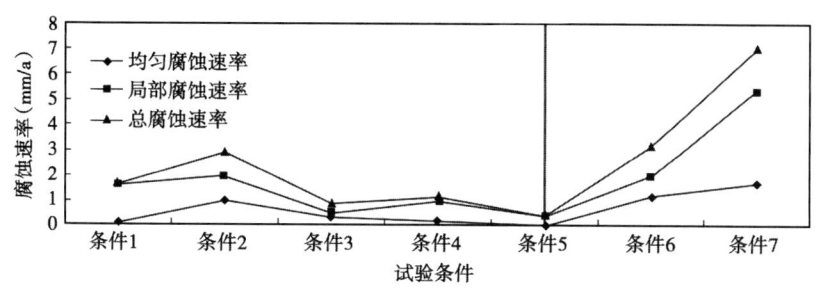

图 2-130 QT900 克深环境腐蚀速率折线图

表 2-23 QT900 克深环境腐蚀速率计算结果表

	条件 1	条件 2	条件 3	条件 4	条件 5	条件 6	条件 7
温度℃	40	70	100	130	150	100（二次入井）	100（受最大拉伸应力）
CO_2 分压（MPA）	0.83	0.83	0.83	0.83	0.83	0.83	4.0
均匀腐蚀速率（mm/a）	0.1545	0.9560	0.3224	0.1831	0.0365	1.1467	1.6624
局部腐蚀速率（mm/a）	1.5695	1.9345	0.511	0.9855	0.365	2.0072	5.2925
总腐蚀速率（mm/a）	1.7243	2.8905	0.8334	1.1686	0.4015	3.1542	6.9545

（2）与 HP2-13Cr 油管材料的电偶腐蚀情况。

连续油管测试作业是在井内生产管柱中进行，连续油管材料在弯曲时与井内 HP2-13Cr 油管材料生产管柱发生接触，会出现电偶腐蚀。因此，需要模拟大北和克深区块腐蚀环境，研究连续油管材料与 HP2-13Cr 油管材料接触时的电偶腐蚀情况。

根据实验，得到表 2-24。

表 2-24 电偶腐蚀实验结果表

材料	长（mm）	宽（mm）	表面积（mm²）	前重（g）	后重（g）	失重（g）	腐蚀速率（mm/a）	平均腐蚀速率（mm/a）
大北环境 温度：100℃ CO_2 分压：0.99MPa	64.95	15.27	2076.1397	60.1439	59.4882	0.6557	1.6213	1.7990
	64.88	14.78	2007.3526	62.8228	62.0499	0.7729	1.9766	
克深环境 温度：100℃ CO_2 分压：4.0MPa	65.20	15.08	2058.1988	59.4555	58.3613	1.0942	2.7292	2.6952
	64.93	15.15	2059.1900	64.6566	63.5891	1.0675	2.6613	

由以上实验结果表可知，QT900 材料在大北和克深环境中均为极严重腐蚀，并且连续油管材料在电偶处腐蚀比未接触处严重。

（3）入井寿命。

针对高压气井测试需求，本实验仅从工作条件影响这方面，研究连续油管的腐蚀寿命。根据 API 579-1/ASME FFS-1 2007《适用性评价》标准规定，管壁剩余厚度为原壁厚的 20%时，必须进行维修或换管。考虑连续油管在未采取任何防腐措施情况下，结合腐蚀实验得到的油管腐蚀速率结果，用腐蚀公式计算得到油管的剩余寿命。

剩余寿命计算公式：

$$T=\frac{H_{\max}-H_0}{v_{c2}}\qquad(2-27)$$

式中　v_{c2}——管道腐蚀速率；
　　　$H_{\max}$——管道允许腐蚀的极限深度；
　　　H_0——管道腐蚀的初始深度。

计算得到以下结果：

①模拟在大北环境下剩余寿命的入井次数，见表2-25。

表2-25　大北环境油管剩余寿命入井次数表

剩余寿命（次）	一次入井后	二次入井后	受最大拉伸应力时	发生电偶腐蚀时
持续工作1天	576	444	255	445
持续工作3天	192	148	85	162
持续工作5天	131	88	51	85
持续工作7天	94	63	36	63
持续工作10天	65	44	25	44
持续工作15天	43	29	17	29

②模拟在克深环境下剩余寿命的入井次数，见表2-26。

表2-26　克深环境油管剩余寿命入井次数表

持续工作时间（d）	剩余寿命的入井次数（次）			
	一次入井后	二次入井后	受最大拉伸应力时	发生电偶腐蚀时
1	525	481	218	266
3	175	260	72	88
5	105	96	43	53
7	75	68	31	38
10	52	48	21	26
15	35	32	14	17

由表可见，不论是在大北还是克深区块的腐蚀环境下，连续油管在受到最大拉伸应力时的腐蚀最严重，剩余寿命最少。同时，连续油管入井时间越长，剩余腐蚀寿命越短。

2.3.2.2　腐蚀试验结论

（1）在模拟大北环境腐蚀试验中，随着温度和CO_2分压的升高，QT900的均匀腐蚀速率和局部腐蚀速率先减小后增大、再减小，分别在40℃和100℃时出现极大值。在模拟克深环境腐蚀试验中，随着温度的升高，QT900的均匀腐蚀速率和局部腐蚀速率先增大后减小，在100℃时出现极大值。因此，在该温度条件下测试的工作时间受限于QT900油管的腐蚀速率。

（2）在模拟大北环境和克深环境管柱承受最大拉伸应力时的腐蚀试验中，QT900的均匀腐蚀速率和局部腐蚀速率与不受力时相比均明显增加。因此，需要对管柱优化，可采用锥形管设计，减少油管轴向力的影响。

（3）在电偶腐蚀实物实验中，QT900 在电偶处腐蚀比未接触处严重，与未接触处相比，电偶处发生严重的局部腐蚀。因此，应尽量避免连续油管发生螺旋弯曲，减少与 13Cr 油管的接触面积，减轻电偶腐蚀作用。

（4）不论是在大北还是克深区块的腐蚀环境下，连续油管入井时间越长，剩余腐蚀寿命越短。因此，应优化测试工艺方案，在满足测试需求的情况下，尽量减少油管入井时间。

2.3.3 腐蚀结论

根据腐蚀试验结果可知，QT-16CR 油管的抗腐蚀性能大于 QT900 油管。此外，QT900 与 QT1000 油管都属于低碳微合金钢油管，QT1000 中的 C 和 Mn 含量大于 QT900，而随着合金钢材中含 C 量升高，碳化物就越多，碳化物与基体构成的腐蚀电池就越多，就更易造成腐蚀。含 Mn 量升高，易对合金钢造成点腐蚀。因此，就抗腐蚀性能方面而言，QT-16CR>QT900>QT1000。

2.4 选择方案确定

综合上述研究可以看出，超深井连续油管测试管柱的选择处于一个两难的境地：可以满足测试深度连续油管的抗腐蚀性能较差，而抗腐蚀性能较好连续油管机械性能无法满足测试深度要求，常规连续油管（统一内径）管柱很难同时满足以上要求。

为保持管柱抗腐蚀能力的情况下有效延长管柱的最大可悬挂长度，从而满足超深井作业要求，选用在大壁厚连续油管下连接小壁厚的连续油管的方式即内变径连续油管作为超深井测试管柱。

由于在 QT-16Cr、QT900、QT1000、QT1100 四种油管中：QT-16Cr 不能进行锥形壁厚设计，不能满足超深井测试作业要求；QT1100 系列连续油管尚未完全成熟，多项性能有待进一步验证，因此超深井测试连续油管应在 QT900、QT1000 中选择。

由于使用内变径技术后，管柱的最大可悬挂长度可增加 30%[6]，在安全系数为 1 的情况下 QT900 的最大悬挂深度可达 9500m，QT1000 的最大悬挂深度可达 11000m，因此如果按照 1.5 的作业安全系数考虑：

（1）对于 6300m 左右的测试的作业的首选 QT900 型内变径连续油管。

（2）对于 7300m 以上的测试的作业的首选 QT1000 型内变径连续油管。

考虑腐蚀的影响，超深井测试时应对作业管柱外表面进行防腐处理或使用具有良好缓蚀效果的井筒保护液；在腐蚀问题得到解决的前提下，建议选择 QT1000 型内变径连续油管进行超深井测试作业。

3 超深井测试井控技术

3.1 超深井（高温高压气井）井筒压力温度分布规律

我国超深井（高温高压气井）主要集中在塔里木油田，此次超深井（高温高压气井）井筒压力温度分布规律研究主要以大北区块为主要研究对象。通过对该区块的 7 口井共 48 层次进行测试、分析，其中 20 个井段静温、静压分布规律如下：

大北 1 气藏压力—深度、温度—深度关系（图 3-1、图 3-2）：

$$p_g = -0.00285H + 77.88 \tag{3-1}$$

式中 p_g——气层压力，MPa；
H——海拔，m。

$$T = 0.022D - 0.45 \tag{3-2}$$

式中 T——地层温度，℃；
D——深度，m。

该区块各气层测试中深 5458.0~7074.4m，地层压力 86.9~119.12MPa，压力系数为 1.53~1.72；地层温度 118.9~145.22℃，地温梯度 2.2℃/100m。

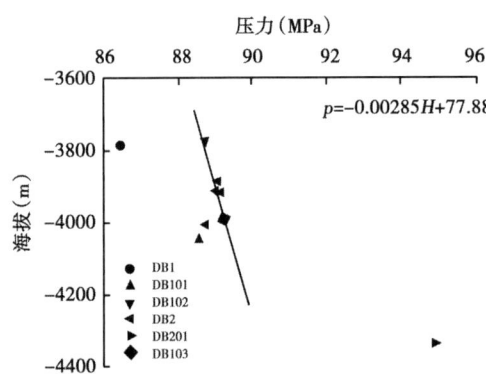

图 3-1 大北 1 气藏压力—深度关系图

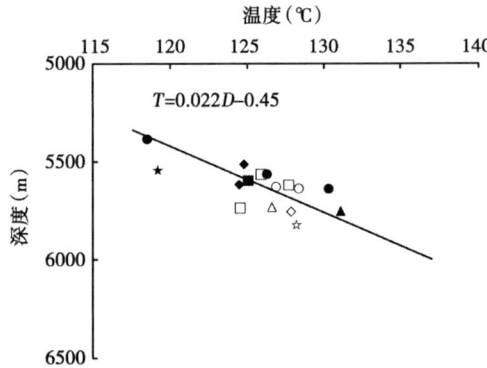

图 3-2 大北 1 气藏温度—深度关系图

3.2 井口防喷及地面降压

本书研究的边界条件如下：
井口压力：80~100MPa；

井底压力：90~140MPa；
井口温度：70~80℃；
井底温度：120~180℃；
CO_2 浓度：0.77%；

3.2.1 现场准备

现场井口防喷装置按照图3-3所示准备。

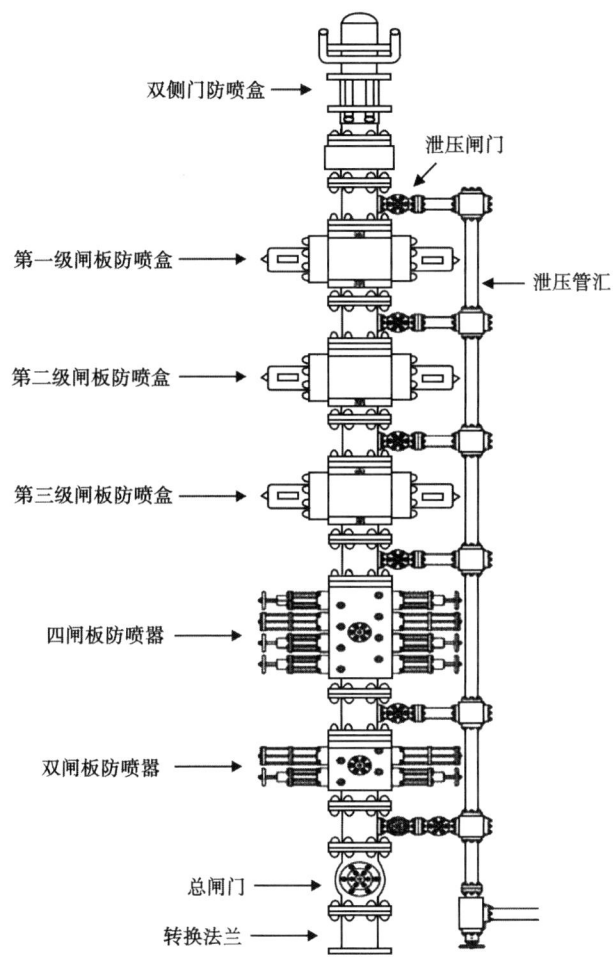

图3-3 井口防喷装置布置结构图

防喷器闸板由上到下依次为：第一级、第二级、第三级闸板防喷盒的半封闸板，四闸板防喷器的全封、剪切、卡瓦、半封闸板，双闸板防喷器的剪切/全封闸板、半封/卡瓦闸板。闸阀包括7个平衡（泄压）闸阀和1个井口总闸阀。

3.2.2 防喷系统测试

（1）防喷系统液控台摆放至连续油管车控制室上下通道一侧，距离连续油管车8~10m并与操作室平齐。

（2）完成防喷系统液压管线的连接后，对液压控制管线试压。
（3）由上至下依次对防喷系统各闸板和闸阀进行开关测试。
（4）测试完成后，打开防喷系统各闸板，然后卸掉防喷系统液压管线内的压力。

3.2.3 防喷系统的安装

（1）将防喷系统与井口采气树上端法兰用螺栓连接固定。
（2）安装锁紧装置，将防喷系统固定在支架内部。
（3）在井口支架的最上层间隔架上安装顶部平车。

3.2.4 接头拉力和压力测试

1. 接头拉力测试

（1）在连续油管尾部安装插镶联结器并做好标记，螺钉连接器下部连接电缆接头以及拉力（压力）测试接头。
（2）对连续油管尾部连接器及电缆接头进行拉力测试。

2. 接头压力测试

（1）电缆头安装连接丢手接头总成，连接拉力（压力）测试接头。
（2）对插镶联结器、电缆头和丢手接头总成的连接处试压，试压压力小于丢手接头总成额定工作压差 5MPa。
（3）试压完成后，泄掉管线及连续油管内压力，拆卸拉力（压力）测试接头，升起注入头。

3.2.5 注入头安装

（1）把注入头吊至离地面 2m 的高度，连接测井仪器并进行地面调试。
（2）地面调试正常后，将注入头与井口支架上端的顶部平车连接并固定。
（3）将采气树生产闸门与防喷系统平衡（泄压）管汇连接。
（4）连续油管和测井仪器深度计数器归零。

3.2.6 井口试压

3.2.6.1 防喷器全封闸板试压

（1）防喷系统做好试压准备后，关闭四闸板防喷器和双闸板防喷器全封闸板。
（2）打开井口，利用井内气体对防喷器全封闸板试压，试压过程中关闭井口。
（3）先对四闸板防喷器全封闸板试压，再对双闸板防喷器全封闸板试压，试压压力与井口压力一致。
（4）试压合格后，卸掉防喷系统内压力，确保全封闸板上下压差为零后，打开全封闸板。

3.2.6.2 防喷器半封闸板试压

（1）缓慢下放连续油管，将插镶联结器下至双闸板防喷器半封闸板以下。
（2）关闭四闸板防喷器和双闸板防喷器的半封闸板。根据接头试压压力向连续油管内泵注压力。

（3）打开井口，利用井内气体对防喷器半封闸板试压，试压过程中关闭井口。
（4）先对四闸板防喷器半封闸板试压，再对双闸板防喷器半封闸板试压，试压压力与井口压力一致。
（5）试压合格后，打开平衡（泄压）管汇闸门平衡半封闸板上下压力后，打开半封闸板。

3.2.6.3 防喷盒试压

（1）打开井口利用井内气体对侧门防喷盒、第一级闸板防喷盒、第二级闸板防喷盒进行动密封和静密封试压。
（2）防喷盒静密封试压压力与井口压力一致，试压过程中关闭井口。
（3）防喷盒动密封试压采用逐级降压方式进行试压，防喷盒压差由井口压力确定，见表3-1。
（4）试压合格后，准备连续油管入井。

表 3-1 防喷盒试压表　　　　　　　　　　　单位：MPa

井口压力	侧门防喷盒压力	第一级闸板防喷盒压力	第二级闸板防喷盒压力
50	10	30	50
60	20	40	60
70	20	45	70
80	20	50	80
90	30	60	90

3.2.7 防喷系统的拆卸

（1）连续油管底部工具提至防喷系统内以后，关闭井口，防喷系统泄压。
（2）井口泄压完成后打开防喷系统的各个防喷盒以及平衡（泄压）管汇的其他液动平板阀。
（3）拆卸注入头并将注入头吊至地面，拆卸连续油管底部测试仪器。
（4）将注入头吊至拖车底座上，同时收回注入头液压管线。
（5）用连续油管专用卡子卡紧连续油管端部，锁紧注入头上两个指重传感器的固定螺帽。
（6）拆卸顶部平车并将顶部平车吊至地面。
（7）在防喷系统顶部安装吊装钢丝绳套，吊车上提5tf后，拆卸井口支架内的防喷系统锁定装置，拆卸防喷系统与井口采气树的连接处。
（8）由支架内吊出防喷系统，同时回收系统液压管线。
（9）吊车将防喷系统装车后，拆卸系统液压管线并回收。

3.3 井筒压力平衡

本方案制定用于三超井测试过程中注氮平衡及泄压工作的操作方法、参数限定及其他技术要求。井筒压力平衡流程图如图3-4所示。

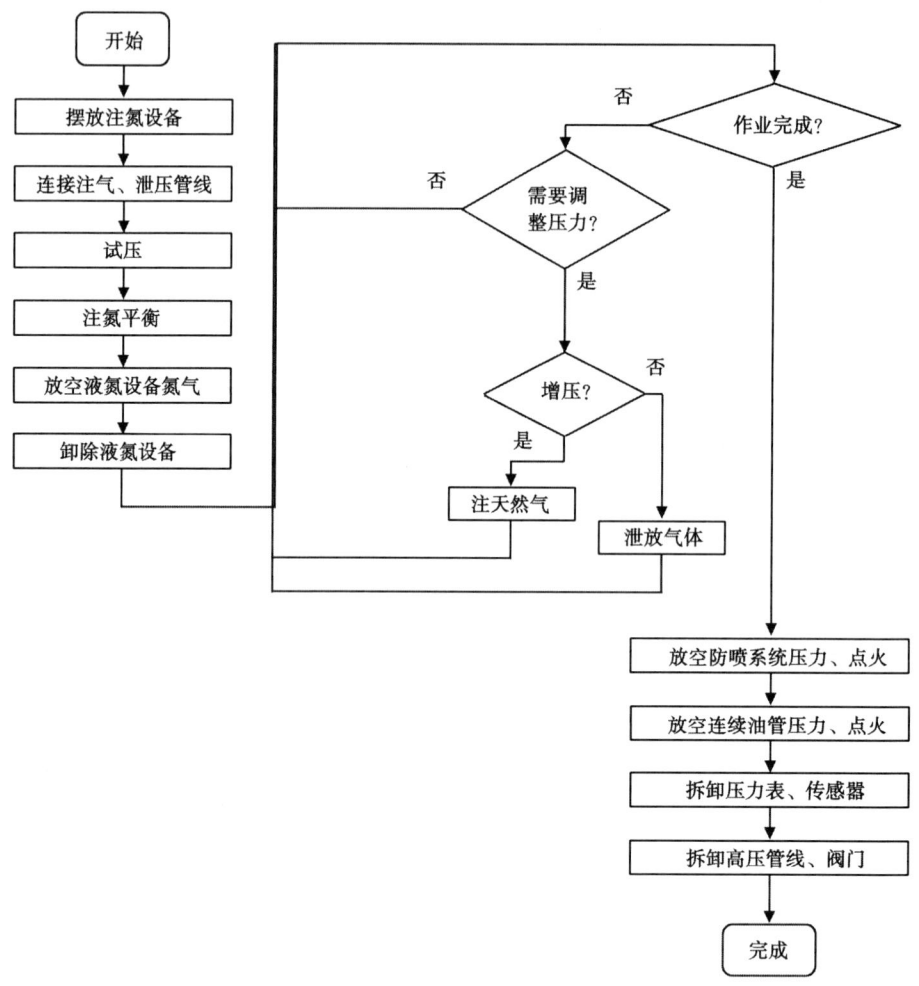

图 3-4 井筒压力平衡流程图

3.4 实施过程与控制

3.4.1 井口防喷系统的选择

井口防喷系统是连续油管带压测试作业的主要组成部分之一。防喷系统耐压等级的选取和安装测试是保障测试工艺顺利实施的重要手段。根据所选边界条件，井口防喷系统选择 105MPa 的耐压等级，井口防喷系统满足以下基本要求：

(1) 井口防喷装置压力等级：105MPa。
(2) 井口防喷装置具备一定的抗腐蚀性（CO_2）。
(3) 井口防喷装置具备在 80℃井口温度环境下安全作业的能力。
(4) 井口防喷装置具有逐级泄压平衡功能，实现对压力的安全平稳控制。
(5) 采用液压远程控制，施工操作安全可靠。
(6) 可以在带压作业过程中对损坏的密封件进行更换。

3.4.2 井口防喷装置安装的过程与控制

由于在井口压力高达 100MPa 的情况下，简单地进行单级或双级密封无法实现项目所需安全作业的目的。为满足超深井测试作业需要，保证密封的可靠性，井口防喷装置计划采取图 3-3 组合结构，通过这种组合结构，实现分级降压、安全控制的目的。

（1）采用五级动密封结构。

双侧门防喷盒有两级动密封。

三个闸板防喷器各有一级动密封。

（2）采用两级静密封结构。

四闸板防喷器有一级静密封。

双闸板防喷器有一级静密封。

（3）在各级防喷器之间加装液控阀件和泄压平衡管线。

（4）防喷盒处于防喷器和注入头之间，用于在井筒中下入和起出连续油管的过程中，封闭连续油管与井筒的环形空间，为处于压力情况下的井内液体和地面设备提供初级作业密封。防喷盒在起下钻过程中环绕连续油管形成一个动态密封，同时在静止状态下，环绕连续油管形成一个静态密封。通常使用的是单侧门防喷盒，双侧门防喷盒被设计用于高压井作业。

（5）液压连接器用于在安装压力控制设备过程中，在连续油管防喷器和防喷盒之间建立的安全连接。

（6）四闸板防喷器按照从上到下的排列，以及它们的功能是：

全封闸板：当连续油管不在防喷器内时，用于密封井筒。

剪切闸板：剪切连续油管。

承载闸板：用于承载悬挂在它下面的连续油管的重量（一些是双向的，同时可以防止连续油管向上运动）。

半封防喷器：密封悬挂的连续油管外径。

（7）组合式双闸板防喷器：将全封闸板和剪切/密封闸板组合为一个闸板，同时将半封闸板和承载闸板组合成第二个闸板，具备四闸板防喷器的功能，但尺寸得到了大幅度减小。

（8）液动平板阀、泄压三通、平衡三通及泄压管汇组件进行有效组合，实现逐级平衡、泄压，安全作业的目的。

（9）为了实现对压力的安全平稳控制，上述所有控制阀件均采用液压远程控制，确保施工操作安全可靠。

（10）实现井口防喷装置逐级泄压平衡，可以在带压作业过程中对损坏的密封件进行更换，同时使井口控制装置具有多重保险功能，能够应对紧急、意外情况的发生。设计防喷系统泄压闸门处安装压力表和压力传感器。压力表精确度 1.6MPa，测量范围由井口压力确定，具体情况见表 3-2。

表 3-2 压力表测量范围　　　　　　　　　　　　单位：MPa

井口压力	50~60	60~80	80~100
测量范围	0~75	0~100	0~150

在正常施工状态下，组合式双闸板防喷器和四闸板防喷器作为安全防喷器，处于全开状态，第三级侧翼式防喷器与第二级侧翼式防喷器，第二级侧翼式防喷器与第一级侧翼式防喷

器，第一级侧翼式防喷器与双侧门防喷盒之间通过液动平板阀的控制，充填适当压力，确保侧翼式防喷器和双侧门防喷盒承受的上下压差处在一个较为安全地范围之内，具体情况见表3-3。

表3-3 压力分配表　　　　　　　　　　　单位：MPa

井口压力	第三级侧翼式防喷器		第二级侧翼式防喷器		第三级侧翼式防喷器		双侧门防喷盒	
	下部压力	上部压力	下部压力	上部压力	下部压力	上部压力	下部压力	上部压力
50	50	37.5	37.5	25	25	12.5	12.5	0
60	60	45	45	30	30	15	15	0
70	70	52.5	52.5	35	35	17.5	17.5	0
80	80	60	60	40	40	20	20	0
90	90	67.5	67.5	45	45	22.5	22.5	0
100	100	75	75	50	50	25	25	0
110	110	82.5	82.5	55	55	27.5	27.5	0
120	120	90	90	60	60	30	30	0

表中侧翼式防喷器上部的压力为参考的充填压力值。当侧翼式防喷器上部压力大于设定的充填压力值时，表明有泄漏现象发生，可以通过液动平板阀的控制进行泄压。

3.4.3 防喷系统测试的过程与控制

（1）试压过程中，若管线及各个接头有液压油泄露情况，必须对管线泄压后进行整改并再次试压，直到试压合格。

（2）由上至下依次对防喷系统各闸板和闸阀进行开关测试，确保防喷系统工作正常。

（3）在防喷系统泄压闸门处安装压力表和压力传感器，测量范围由井口压力确定。

3.4.4 防喷系统安装的过程与控制

（1）吊车将防喷系统吊至井口支架内，使防喷系统底部法兰与井口采气树上端法兰对正并坐放在采气树上，紧固连接处，确认井口无倾斜。

（2）安装锁紧装置，将防喷系统固定在支架内部。

（3）在井口支架的最上层间隔架上安装顶部平车。

3.4.5 接头拉力和压力测试的过程与控制

（1）测试完成后，检查连接器与连续油管连接处标记是否有位移。若没有位移表示连接合格；若发现位移，则检紧固连接器后继续测试，直到测试合格为止。

（2）接头连接处不刺、不漏试压合格，否则泄掉管线及连续油管内压力，更换密封件，重新试压，直到合格为止。

3.4.6 井口试压的过程与控制

（1）利用井内气体对防喷系统充压过程中，若有需要必须及时向连续油管内补充压力，确保管内外压差不超过连续油管底部接头的额定工作压力。

（2）整个试压过程中，井口用采气树生产闸门进行开关控制，井内气体必须由泄压管汇进入防喷系统内。

3.4.7 井筒压力平衡的过程与控制

（1）液氮罐车装液氮容量 $5m^3$ 以上，液氮泵车保证施工压力大于 90MPa 持续工作 72h 以上无故障，液氮罐车现在存储液氮保证 100h 以上。

（2）所有注氮高压阀件及管线要求承压 105MPa 及以上。

（3）油嘴起到缓慢泄压防止冻堵，每个油嘴泄放气体速度要求在 $5\sim40m^3/min$ 内可调。

（4）极限保险阀可根据不同需要设定在 75MPa、85MPa、95MPa 三种保护级别上。

（5）点火装置要求为远程遥控点火方式，可在点火口 20m 以外位置控制点火。

3.4.8 管线连接的过程与控制

（1）摆放连接注氮平衡设备及管线等作业时，先连接紧固注氮高压管线、闸阀、保险阀、节流管汇和单向阀等至连续油管入口处，再将液氮泵车根据高压管线端口位置摆放到合适位置连接紧固，最后将液氮罐车摆放到液氮泵车左侧并连接两车间过流管线在注氮放空高压管路上各个闸门、保险阀位置放置提示牌，标示出相应的工作状态防止误操作。

（2）氮气放空出口安放点火装置，发生井下测试连接工具与连续油管间密封不严导致天然气窜入连续油管引起连续油管入口压力升高时，可通过停注氮气并缓慢放压方式保持连续油管内压不超过设定值，此时放空出口点燃排放的天然气液氮车、注氮放空高压管路设置低温、高压、窒息风险标示牌，并用警戒线隔离禁止非注氮操作人员进入。

3.4.9 注氮试压的过程与控制

（1）管线连接、试压、注氮、泄压等过程中调节注氮放空高压管路时，严格按照一人操作一人验证的方法，保证操作位置及操作方法正确且到位，验证符合要求后再进行下一步操作和作业内容。

（2）注氮试压同时进行防喷系统补压，保证连续油管内压力与防喷系统内压力差小于±20MPa，最好防喷系统内压力高于连续油管内压力，防止过大压差导致工具串异常或损坏。试压过程从低压开始分阶段压力试压，当达到阶段试压压力后观察 5min 注氮压力表下降小于 0.7MPa 后，人员方可靠近高压管线、闸阀进行确认有无刺漏。

（3）试压过程发现存在泄露时应及时停注氮气，确认泄漏不会导致连接部位飞脱伤人等危险后，打开放空阀泄除管内氮气后再进行紧固工作，试压不达标整改前的泄压过程必须保证连续油管内压力与防喷系统内压力差不大于20MPa，且防喷系统内压力高于连续油管内压力，在满足压差范围内循环泄压，直至连续油管内压力和防喷系统内压力均为0MPa。

（4）跟踪调整注气压力。

连续油管进入防喷系统未下入阶段，注氮压力及气量范围依照表3-4（气量为理论计算值，与实际有偏差，但处于同向偏差可通过现场施工经验校正），各个井口压力对应的注氮压力中优先选取注氮压力值较低的（表3-5）。

表 3-4　井口压力与注氮压力范围及注氮量匹配表

注氮压力 (MPa)	不同井口压力注氮量 (m³)				
	50MPa	60MPa	70MPa	80MPa	90MPa
20	1055.67				
30	1471.94	1471.94			
40	1803.69	1803.69	1803.69		
50	2070.51	2070.51	2070.51	2070.51	
60	2289.43	2289.43	2289.43	2289.43	2289.43
70	2472.71	2472.71	2472.71	2472.71	2472.71

表 3-5　注氮压力各阶段每变化 1MPa 对应的气量变化表

注氮压力（MPa）	20	30	40	50	60	70
压力变化 1MPa 氮气变化量（m³）	45.84	36.67	29.28	23.81	19.76	16.72

注氮压力越高则压力升高越快，要求随着压力升高不断降低注氮速度。连续油管下入过程中各阶段氮气量及压力曲线关系见表 3-6、表 3-7、图 3-5、图 3-6。

表 3-6　注气压力与氮气气量关系参照表（气温 21℃，井口温度 70℃）

深度 (m)	不同连续油管内压力下的管内标况氮气量 (m³)					
	20MPa	30MPa	40MPa	50MPa	60MPa	70MPa
0	1055.67	1471.97	1803.72	2070.54	2289.46	2472.74
1000	1023.13	1427.88	1752.07	2013.98	2229.6	2410.61
2000	993.3	1386.24	1702.22	1958.47	2170.13	2348.26
3000	966.03	1346.87	1654.02	1903.94	2111	2285.73
4000	941.19	1309.64	1607.4	1850.36	2052.26	2223.07
5000	918.66	1274.44	1562.24	1797.7	1993.88	2160.31
6000	898.36	1241.16	1518.52	1745.92	1935.92	2097.54
7000	880.18	1209.73	1476.15	1695	1878.35	2034.75
7406	873.38	1197.48	1459.32	1674.57	1855.1	2009.27

表 3-7　注氮压力情况下不同深度阶段每改变 1MPa 时氮气量变化情况表

深度 (m)	不同连续油管内压力变化 1MPa 时的管内标况氮气变化量 (m³)					
	20MPa	30MPa	40MPa	50MPa	60MPa	70MPa
0	45.85	36.64	29.26	23.78	19.74	16.69
1000	44.48	35.74	28.68	23.38	19.48	16.5
2000	43.12	34.77	28.02	22.94	19.15	16.28
3000	41.75	33.75	27.28	22.41	18.76	15.98
4000	40.39	32.68	26.49	21.84	18.33	15.65
5000	39.02	31.56	25.64	21.18	17.85	15.27

续表

深度 (m)	不同连续油管内压力变化1MPa时的管内标况氮气变化量（m³）					
	20MPa	30MPa	40MPa	50MPa	60MPa	70MPa
6000	37.65	30.42	24.74	20.5	17.32	14.85
7000	36.26	29.21	23.79	19.77	16.75	14.41
7406	35.7	28.7	23.39	19.46	16.49	14.21

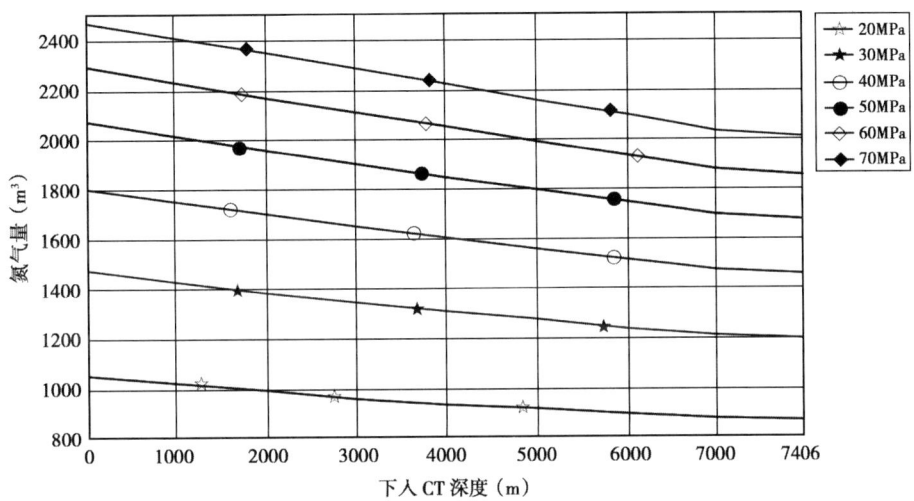

图 3-5 注氮量与连续油管深度对应关系图

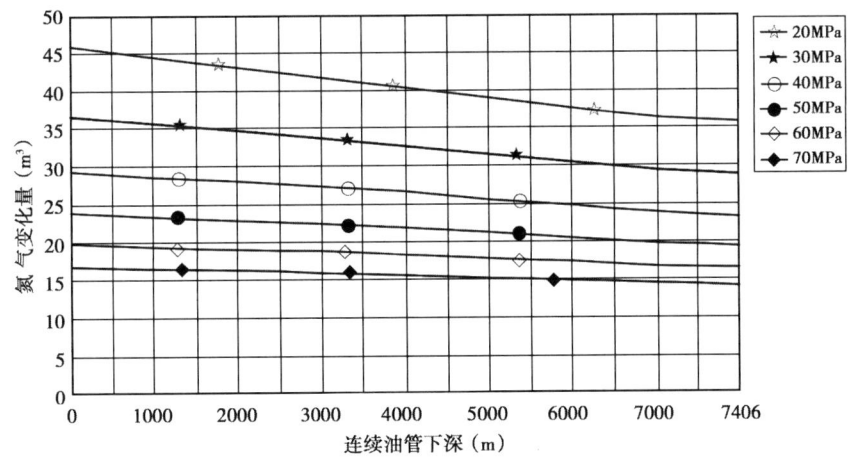

图 3-6 注氮压力情况下深度与氮气量变化对应关系图

连续油管注氮压力调节阶段实际采用井内天然气补充至连续油管内进行，同等压力温度条件下等体积内天然气用量为氮气用量1.04~1.25倍，调节阶段必须控制油嘴排量在5~15m³/min内选取，基本保证（每2MPa）调节时间控制在3~8min/2MPa，注氮压力高时需要油嘴排量低，注氮压力低时可适当提高油嘴排量。

下放连续油管过程中压力会缓慢升高，在与设定压力值偏差约2MPa时缓慢泄放一次；

上提连续油管过程中压力会缓慢下降，在与设定压力值偏差约 2MPa 时缓慢注入天然气一次。

下入预定定点测试深度时，开井后井筒各点温度升高，连续油管内氮气膨胀导致注入压力升高，在与设定压力值偏差约 2MPa 时缓慢泄放氮气一次。

出现极限保险阀动作时必须立即切换到节流管汇控制泄压状态，压力泄放到正常范围后降低泄放排量并留人观察控制，同时必须在低排量泄放时 10min 内完成极限保险阀（或保险销）的更换。

3.4.10 泄压放喷的过程与控制

（1）连续油管测试完成并将连续油管及测试仪器提至防喷系统内关井后，先将压力高的一侧（连续油管内或者防喷系统内）压力泄放到连续油管内外压压差在±2MPa 内，然后泄放连续油管内压力低于防喷系统内压力 20MPa，再泄放防喷系统内压力与连续油管内压，压差控制在±2MPa 内，保持以上压差方式循环泄压直至连续油管内压力和防喷系统内压力均为 0。

（2）泄放防喷系统内天然气压力时，调节 3 个油嘴排量范围在 $5\sim15m^3/min$ 内，泄放至防喷系统内压力读数为 0 且出口着火熄灭 5min 以上为泄放完成。

（3）泄放连续油管内气体时，调节通路两个油嘴排量范围在 $5\sim15m^3/min$ 内，泄放至连续油管内压力读数为 0 且出口熄火 5min 以上为泄放完成。

3.4.11 拆卸管线的过程与控制

（1）高压管线拆卸前必须保证各阀全部处于开启状态，压力显示为大气压力情况后方可进行拆卸；拆卸过程中有打榔头等易产生火花的动作进行前，必须使用四合一检测仪检测可燃气体含量小于 2%（甲烷爆炸下限 5%）。

（2）拆卸管线首先必须拆卸机械仪表、传感器等，避免因震动、碰撞损坏精密设备。拆卸管线后要及时对螺纹、法兰面及接触易腐蚀物部位进行清洗、抹黄油等方式防腐。

4 超深井连续油管测试关键装备

超深井连续油管测试所需关键装备主要包括：连续油管、测试电缆、测试滚筒、注入头塔式支撑架、注入头、滚筒液压管线、连续油管检测装置和测试井下工具。根据超深井测试的环境工况结合调研结果，经过分析计算确定了超深井测试所需内变径连续油管的规格参数和长度；优选出符合作业需求的电缆并对电缆作业的可靠性做出了评价；确定了预先将测试电缆预制在连续油管内部的测试滚筒方案。根据现场作业需求结合实际调研结果对注入头塔式支撑架进行结构设计并对设计结果进行校核优化，所设计的塔式支撑架作业能力满足超深井测试作业的需求。优选出了测试作业所需连续油管注入头、滚筒液压管线、连续油管实时检测装置。最后根据超深井测试环境对测试工具的要求，结合调研情况优选出了符合测试作业需求的井下工具。

4.1 内变径连续油管及测试电缆

4.1.1 超深井测试作业连续油管及测试电缆基本要求

（1）连续油管及测试电缆强度可满足测试深度要求。
（2）连续油管及测试电缆抗内压、抗外压能力可满足测试要求。
（3）连续油管的抗腐蚀能力满足测试要求，可以实现安全测试作业。

4.1.2 内变径连续油管优化方案

（1）根据施工作业的井口压力和井底压力确定连续油管的最小壁厚和钢级。以井口压力 80MPa，压底 140MPa 的气井为例，连续油管壁厚不应小于 0.156in，钢级不低于 QT1000，见表 4-1 至表 4-3。

表 4-1 连续油管抗挤毁能力

壁厚（in）	QT1000 抗挤毁压力（MPa）	井口压力（MPa）	井底压力（MPa）
0.156	140.91	80	140
0.175	158.69	80	140
0.188	170.8	80	140
0.203	184.8	80	140

表 4-2 QT900 不同壁厚管柱悬挂长度表

壁厚（mm）	单位长度质量（lb/ft）	屈服载荷（lb）	80%屈服载荷（lb）	悬挂 0.156in 壁厚管柱（m）	悬挂 0.175in 壁厚管柱（m）	悬挂 0.188in 壁厚管柱（m）	悬挂 0.203in 壁厚管柱（m）
0.156	2.241	57170	45736	6220.58581			
0.175	2.479	63450	50760	6903.903614	6241.084308		

续表

壁厚 (mm)	单位长度质量 (lb/ft)	屈服载荷 (lb)	80%屈服载荷 (lb)	悬挂0.156in壁厚管柱 (m)	悬挂0.175in壁厚管柱 (m)	悬挂0.188in壁厚管柱 (m)	悬挂0.203in壁厚管柱 (m)
0.188	2.637	67630	54104	7358.723427	6652.238483	6253.659158	
0.203	2.815	72330	57864	7870.123695	7114.541025	6688.262116	6265.345364

表4-3 QT1000不同壁厚管柱悬挂长度表

壁厚 (mm)	单位长质量 (lb/ft)	屈服载荷 (lb)	80%屈服载荷 (lb)	悬挂0.156in壁厚管柱 (m)	悬挂0.175in壁厚管柱 (m)	悬挂0.188in壁厚管柱 (m)	悬挂0.203in壁厚管柱 (m)
0.156	2.241	65870	52696	7167.220348			
0.175	2.479	72850	58280	7926.70415	7165.689391		
0.188	2.637	77490	61992	8431.575904	7622.090198	7165.40068	
0.203	2.815	82720	66176	9000.644712	8136.524728	7649.01206	7165.34451

（2）根据所需的下入深度和管柱的最大可悬挂长度确定不同壁厚管柱段的具体长度，见表4-4、表4-5。

表4-4 7000m内变径连续油管优化参数表

外径 (in)	壁厚 (mm)	内径 (mm)	单位长度质量 (kg/m)	段长 (m)	分段质量 (kg)	80%屈服载荷 (kgf)
1½	4	30.2	3.33	4876.8	16252	23888
	4.0~4.4	30.2~29.2	3.33~3.68	610.2	2141	26421
	4.4	29.2	3.68	609.6	2245	26421
	4.4~4.8	29.2~28.6	3.68~3.92	248.7	1356	27978
	4.8	28.6	3.92	185.9	2390	28105
	4.8~5.2	28.6~27.8	3.92~4.18	297.2	1216	29999
	5.2	27.8	4.18	152.4	640	29999
合计				6980.8	26240	

表4-5 8140m内变径连续油管优化参数表

外径 (in)	壁厚 (mm)	内径 (mm)	单位长度质量 (kg/m)	段长 (m)	分段质量 (kg)	80%屈服载荷 (kgf)
1½	4	30.2	3.33	4633	15427.89	23888
	4.0~4.4	30.2~29.2	3.33~3.68	491	1718.5	26421
	4.4	29.2	3.68	1306	4806.08	26421
	4.4~4.8	29.2~28.6	3.68~3.92	193	723.75	27978
	4.8	28.6	3.92	626	2453.92	28105
	4.8~5.2	28.6~27.8	3.92~4.18	226	915.3	29999
	5.2	27.8	4.18	665	2779.7	29999
合计				8140	28825.14	

（3）过渡段的长度确定在尽可能地保证平滑过渡的基础上，综合考虑上部管柱的屈服强度和涉及的加工工艺、制造难度等问题。

（4）根据井内压力与管柱的抗挤毁能力，具体情况如图4-1所示，优化各壁厚管柱的管柱段长度。

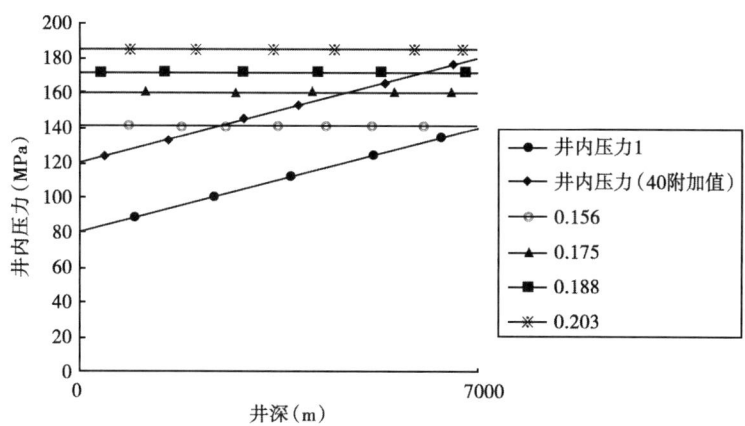

图4-1 井内压力与管柱的抗挤毁能力对照表

如图4-1所示：井内压力（以40MPa附加值为例）曲线与各壁厚抗挤毁能力曲线的交点处的长度既是该管柱的理论最大下入深度（表4-6、图4-2）。

表4-6 内变径连续油管优化参数样表

外径 （in）	壁厚 （mm）	内径 （mm）	单位长度质量 （kg/m）	段长 （m）	分段质量 （kg）	80%屈服载荷 （kgf）
1½	4.0	30.2	3.33	4876.8	16252	23888
	4.0~4.4	30.2~29.2	3.33~3.68	610.2	2141	26421
	4.4	29.2	3.68	609.6	2245	26421
	4.4~4.8	29.2~28.6	3.68~3.92	248.7	1356	27978
	4.8	28.6	3.92	185.9	2390	28105
	4.8~5.2	28.6~27.8	3.92~4.18	297.2	1216	29999
	5.2	27.8	4.18	152.4	640	29999

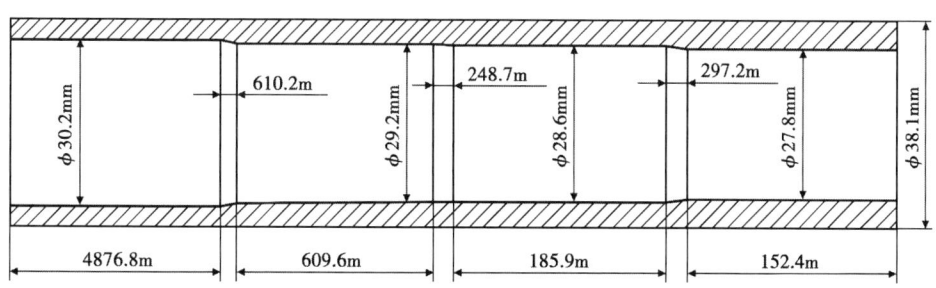

图4-2 内变径连续油管优化样图

4.1.3 电缆选型

通过调研得知：目前国内外生产和销售测试电缆厂家很多，但是生产和销售耐高温、高压电缆的并不多，许多仅仅是代理国外产品，也有一些新研发出来的国内产品，但是工作的可靠性还有待进一步验证。

目前国内外各测试单位（如西部钻探测试公司、长城钻探公司等）广泛使用的测试电缆主要为美国维尔卡（WireCo）公司生产的卡梅萨（Camesa）品牌测试电缆。卡梅萨电缆属于成熟型产品，性能可靠。通常分为单芯电缆、三芯电缆、四芯电缆、五芯电缆、七芯电缆5种。其中：

三芯电缆技术方面不成熟，故障率高。

四芯电缆最高工作温度为149℃，不符合最高工作温度大于185℃的要求。

五芯电缆、六芯电缆在卡梅萨品牌电缆中没有相关的产品。

七芯电缆多用于裸眼井测试中，适用于需要测量井下参数较多的井况，并且直径较大，无法穿入内变径连续油管。因此应在单芯电缆系列中选取适用于超深井测试作业的电缆，见表4-7。

表4-7 卡梅萨单芯电缆目录

序号	型号	外径（mm）	耐腐蚀情况	最高工作温度（℃）	推荐最大悬挂长度（m）
1	1K22PXZ0.909	5.69	不耐腐蚀	216	8562
2	1K22PZ	5.69	不耐腐蚀	260	—
3	1K22PTZ	5.69	不耐腐蚀	260	—
4	1N22PXZ0.787	5.69	不耐腐蚀	216	9046
5	1N22PZ	5.69	不耐腐蚀	260	—
6	1N22PTZ	5.69	不耐腐蚀	260	—
7	1N25PXZ	6.55	不耐腐蚀	216	—
8	1N25PTZ	6.55	不耐腐蚀	260	—
9	1N29PTZ-EHS	7.32	不耐腐蚀	260	—
10	1N32PXZ	8.18	不耐腐蚀	216	8803
11	1N32PTZ	8.18	不耐腐蚀	260	—
12	1N38PXZ	9.65	不耐腐蚀	216	—
13	1N38PTZ	9.65	不耐腐蚀	260	—

综合考虑最大悬挂长度、在连续油管（外径1½in，壁厚3.96~5.16mm变化的内变径）内的安装难度以及使用寿命的因素，选择第1项，型号为1K22PXZ的电缆比较合适，其具体参数见表4-8。

表4-8 单芯电缆参数

电缆外径（mm）	5.56	铠装厚度（mm）	1.526mm	电缆线密度（kg/m）	0.143
7000m电缆质量（t）	1.001	规定最高工作温度（℉/℃）	420/215.56	拉伸强度 lb/MPa	5600/1314.08
铠装层弹性模量（10^4MPa）	7.41	热膨胀系数（℃$^{-1}$）	1.2×10^{-5}	密度 g/cm³	7.85
热导率 W/(m·℃)	45.4	比热 J/(kg·℃)	480	—	—

4.1.4 电缆可靠性评价

在实际应用中电缆受拉时主要靠电缆铠装层承受载荷，所以在分析中只对电缆铠装层进行受力分析。

由于电缆铠装层属于编织层，所以环空高压气体产生的压力不能完全作用在铠装层上。受力分析时分两种情况考虑：

(1) 不加连续油管内压。
(2) 加连续油管内压。

如图4-3所示，不加连续油管内压时，电缆铠装在仅受自重和温度70℃时，最大应力560.3MPa，低于建议工作载荷657.04MPa（安全系数为2，极限载荷1314.08MPa）。

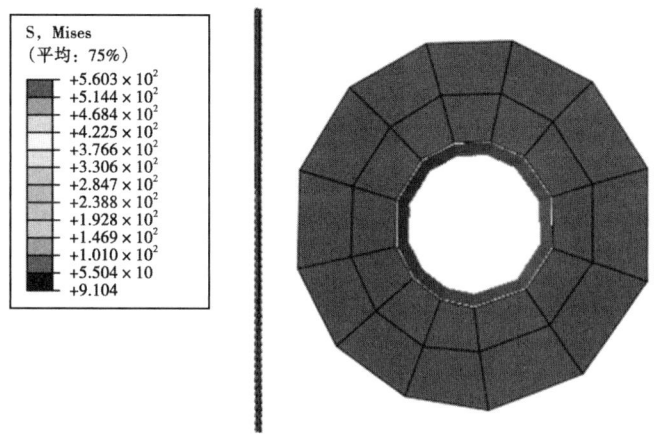

图4-3 不加连续油管内压时受力情况

如图4-4所示，加连续油管内压时，电缆铠装在受到70MPa压力、自重和温度70℃时，内部最大应力733.6MPa，远低于极限载荷1314.08MPa，安全系数为1.8。

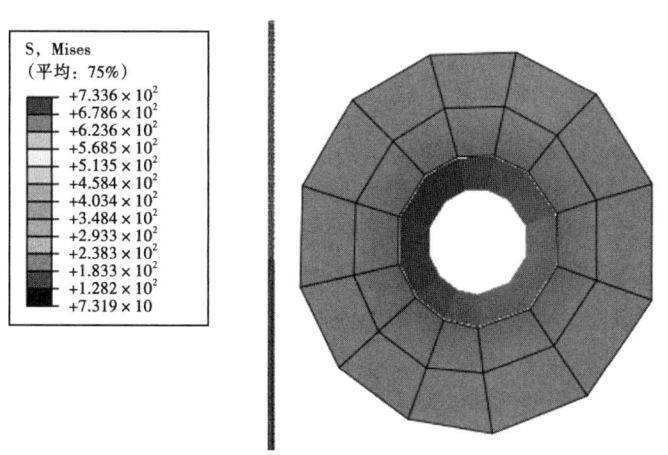

图4-4 加连续油管内压时受力情况

由以上分析可见：型号为1K22PXZ的单芯电缆最长可悬挂8562m，最高工作温度为216℃，不耐腐蚀，可以满足超深井测试的需要。

根据电缆厂家技术人员提供的信息,当电缆承受的拉伸载荷超过其自身抗拉强度的 70% 时,电缆即判废。型号为 1K22PXZ 的电缆,在其悬挂至推荐最大悬挂长度 8.562km 时,电缆自身承受的拉伸载荷为 1.22tf,而电缆自身抗拉强度为 2.44tf。可见此电缆在长度为 8.562km 时,自身承受的拉伸载荷仅为其自身抗拉强度的 50%。同时在使用中注意电缆不出现机械性损坏,则该电缆可长期使用。

综上所述:选择的型号为 1K22PXZ 的单芯电缆安全系数较高,最长可悬挂 8562m,最高工作温度为 216℃,不耐腐蚀,可以满足超深井测试的需要。

4.2 测试滚筒

目前在用连续油管滚筒内部管汇、外部管汇、阀件及连接件额定工作压力为 70MPa,不能满足高压气井(105MPa)测试作业要求。同时由于测试井深度较大,测试用连续油管内径较小,测试电缆的传输技术也面临极大挑战。为了解决这些难题,设计出压力级别 105MPa,电缆提前预制在连续油管内的可以进行超深井连续油管测试作业的一体化测试滚筒。

具体实施方式:

(1)高压管汇、旋塞阀、电缆密封短节、测试用电缆旋转滑环及密封接头等滚筒附件的压力等级配套为 105MPa。

(2)注入头夹持块、鹅颈架滚轮等连续油管转换件与连续油管外径相匹配。

(3)配备配套的连续油管安全检测装置。

(4)使用连续油管穿电缆装置对内部电缆进行传输。

4.3 注入头塔式支撑架

4.3.1 概述

目前在国内进行连续油管作业施工时,注入头都是采用吊车悬挂,如图 4-5 所示。这种注入头固定方式具有机动性强、安装简单方便等优点,但同时也存在稳定性较差的缺点。

图 4-5 连续油管注入头现场安装图

可能因为风力、压力波动等原因导致连续油管折断，发生较大工程事故，主要适用于短期、井深较浅的修井作业施工。

超深井、超高压井单井价值较高，作业施工时对安全可靠性要求较高。在进行测试作业时，由于井深在6000m以上，因此提下连续油管作业时间较长。井内管柱重量较大时，如果使用吊车悬挂注入头进行作业，由于管内注氮时存在的高压、风力及其他因素导致的注入头晃动可能引起连续油管折断，造成较大的工程事故。因此，需要根据测试要求，设计一套专用于注入头固定的井口支撑架，确保测试作业时注入头及管柱的稳定性，消除可能发生的事故隐患。

4.3.2 注入头支撑架调研

根据测试需要，对国内外连续油管作业市场进行了调研，调研情况如下：

4.3.2.1 国内注入头支撑架使用调研

目前国内各大油田都有连续油管作业设备，主要用于修井、测试作业，施工井深多在4000m以内，注入头固定多采用吊车悬挂方式，稳定性较差。

在连续油管钻井作业方面，目前国内有四川宏华公司制造的连续油管钻机可实现注入头的固定。因钻井作业周期较长，管柱内钻井液循环对注入头稳定性影响较大，因此对注入头稳定性要求较高。

宏华公司制造的连续油管钻机主要由底盘、动力系统、起升液缸、井架、滚筒、注入头、注入头支座、作业平台等组成。动力系统为整套钻机台上作业及底盘行驶提供动力；底盘用于安装井架、平台、滚筒等其他设备；井架用于支撑固定注入头支座；注入头支座用于固定安装注入头，可沿井架上下移动；滚筒、注入头、作业平台等用于实现连续油管的提下作业。整套钻机结构如图4-6所示。

图4-6 连续油管钻机

4.3.2.2 国外注入头支撑架使用调研

国外各种注入头支撑架应用较为广泛,按结构形式主要分为塔式、门吊式及钻机式3种。

(1)塔式支撑架采用积木式结构,主要分为基座、间隔架及液压调节架三部分。基座用于支撑和固定整个塔式支撑架并保持稳定;间隔架可通过变更数量调整注入头平台高度;液压调节架可以实现注入头垂直、前后、左右移动;安装在注入头支座下的推力轴承还可实现注入头的360°旋转。国外 Hydra Rig、Devin、BJ 等公司都在使用,具体结构如图4-7所示。

(a) (b)

图4-7 塔式支撑架

(2)门吊式支撑架采用门架结构,主要分为门架、注入头支座、提升吊钩、门架稳定装置等4部分。注入头支座用于安装固定注入头;门架用于固定注入头支座,注入头支座可在沿门架上下移动;提升吊钩用于提升注入头到注入头支座;门架稳定性保障或由固定拉筋连接门架与井口,或由其他设施吊钩拉住。主要为 Devin 公司使用,具体结构如图4-8所示。

(3)钻机式支撑架采用井架结构,主要包括底盘、井架、井架起升系统、注入头固定支座等。底盘用于安装井架及其他设备;井架用于固定注入头支座;注入头支座用于固定注入头;注入头支座可沿井架上下移动,国外双 S、Xtreme、Formost、Hydrarig 等公司都在使用,主要用于连续油管钻井,具体结构如图4-9、图4-10所示。

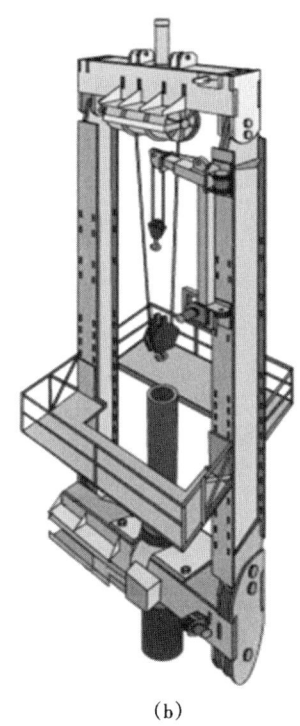

(a) (b)

图 4-8 门吊式支撑架

图 4-9 钻机式支撑架 1

图 4-10 钻机式支撑架 2

4.3.3 支撑架结构选择

4.3.3.1 支撑架优缺点分析

通过调研分析,3 种注入头支架优缺点如下:

(1) 钻机式支撑架:

优点:结构稳定可靠,安装简单、快捷。

缺点:结构复杂、造价太高。

(2) 塔式支撑架:

优点:结构稳定可靠,安装简单。

缺点:安装、拆卸、转运时较为费时。

(3) 门吊式支撑架:

优点:造价较低、转运、安装方便快捷。

缺点:结构稳定性相对较差、安装时需要 2 部吊车配合。

4.3.3.2 结构形式选择

(1) 鉴于门吊式支撑架稳定性较差,故此,本项目首先排除此种结构。

(2) 由于钻机式支撑架稳定性和机动性最好,首先提出在公司现有修井机基础上进行改造,参考钻机式注入头支撑架,提出了修井机式注入头支撑架的构思:利用修井机游车大钩提下注入头到位后,将注入头与井架固定,从而实现注入头支撑架的功能,如图 4-11 所示。

现场试验时发现,由于井架倾斜角度较大,井口防喷装置组合过高,导致注入头与井架发生干涉,无法正常提下。因此,修井机不能作为注入头支撑架使用。

(3) 综上所述,选择塔式支撑架作为测试用注入头支撑架,并将其间隔架设计成积木

图 4-11　修井机配合连续油管作业现场施工图

式结构，这样既便于运输，也便于安装和拆卸。即便每口井所需高度不同，也只需要减少或增加间隔架数量即可。

4.3.4　塔式支撑架设计

4.3.4.1　塔式支撑架的功能及特点

如上文所述，要满足连续油管作业的要求，塔式支撑架必须具备如下功能和特点：
（1）支撑和固定注入头。
（2）有足够的强度和刚度以支撑油管及注入头自身的重量。
（3）高度可调，以适应不同高度的井口和工具串组合。
（4）注入头可在其工作平面内前后、左右移动，以实现与井口的对中。
（5）注入头可沿其中心 360°旋转以使鹅颈管能对准油管滚筒。

4.3.4.2　注入头高度调节及移动方案的选择

国外塔式支撑架的高度调节方案是用多个高度相同的间隔架和一个高度无级可调的液压调节架来实现高度调节，注入头移动方案是在液压调节架顶部设计有两组相互垂直的液压缸推动注入头底座来实现的（图 4-12）。综合考虑了西北地区风沙大可能对液压系统可靠性的不利影响以及制造成本高、结构复杂等方面的因素，决定不采用液压系统，因此注入头高度调节及平面移动都由纯机械机构来实现。

4.3.4.3　结构设计

（1）间隔架。

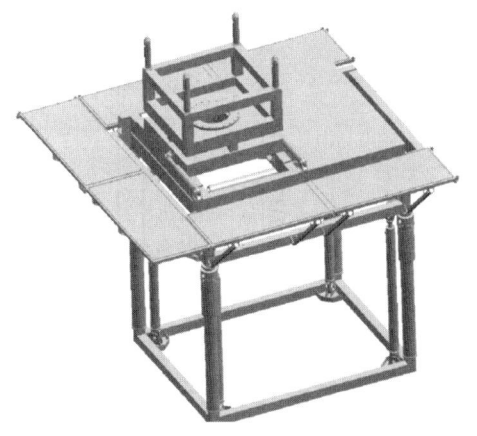

图 4-12　注入头移动方案示意图

间隔架是塔架机构的主体,为了便于运输和安装采用了模块式结构,即所有间隔架有相同的截面尺寸;为了实现高度调节功能,设计了一系列高度不同的间隔架。另在顶部滑车的注入头底座下设计有丝杆调节机构,只要使丝杆调节的高度大于等于最小的间隔架高度就可实现注入头高度无级可调。根据人机工程原理将间隔架的基本高度定为 2.3m(共 5 件),其他高度的还有 0.3m、0.5×2m、1.0m,共 4 种规格,与 0.3m 的丝杆调节高度相结合就可将注入头举升到任意高度。间隔架的详细结构如图 4-13 所示,间隔架的每根立柱顶部设计有导向头,内部有操作平台、爬梯等结构便于现场安装并能有效保护操作人员的安全。

图 4-13 间隔架

(2) 底座。

底座是整个塔架的基石,必须有足够的刚度和强度。因此选用了 34 号工字钢为主体材料。如图 4-14 所示,根据最大的井口尺寸确定了底座的内部尺寸 3.6m×2.5m;其外形设计成为"U"形开口状是考虑井口上有较高防喷器和工具时不便从上往下套,而是从侧面拖到

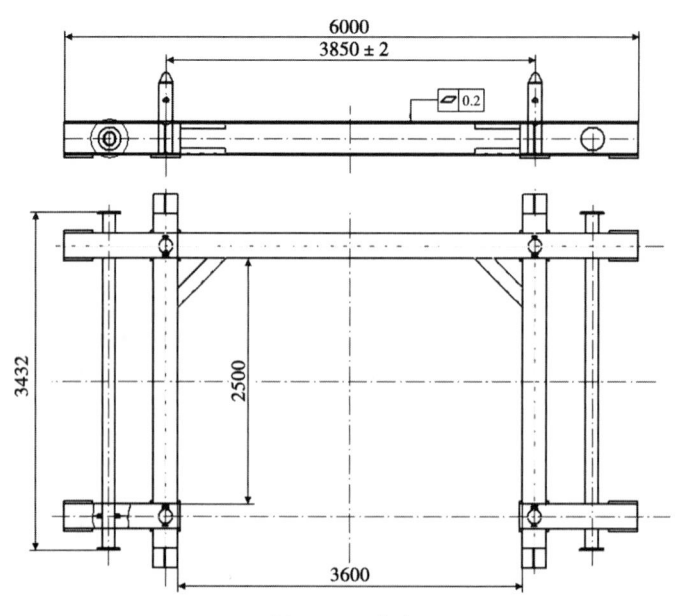

图 4-14 底座

工作位置；其 4 根向上突出的连接榫可直接插入间隔架立柱（空心方钢）孔内，使底座与间隔架的连接牢固、快捷。

（3）滑车。

滑车在支撑架的顶部，如图 4-15 所示，它不仅是注入头的工作平台，还是调整注入头位置的工作机构。滑车包括以下几个主要功能部件：注入头底座、旋转台、上层滑车、下层滑车。

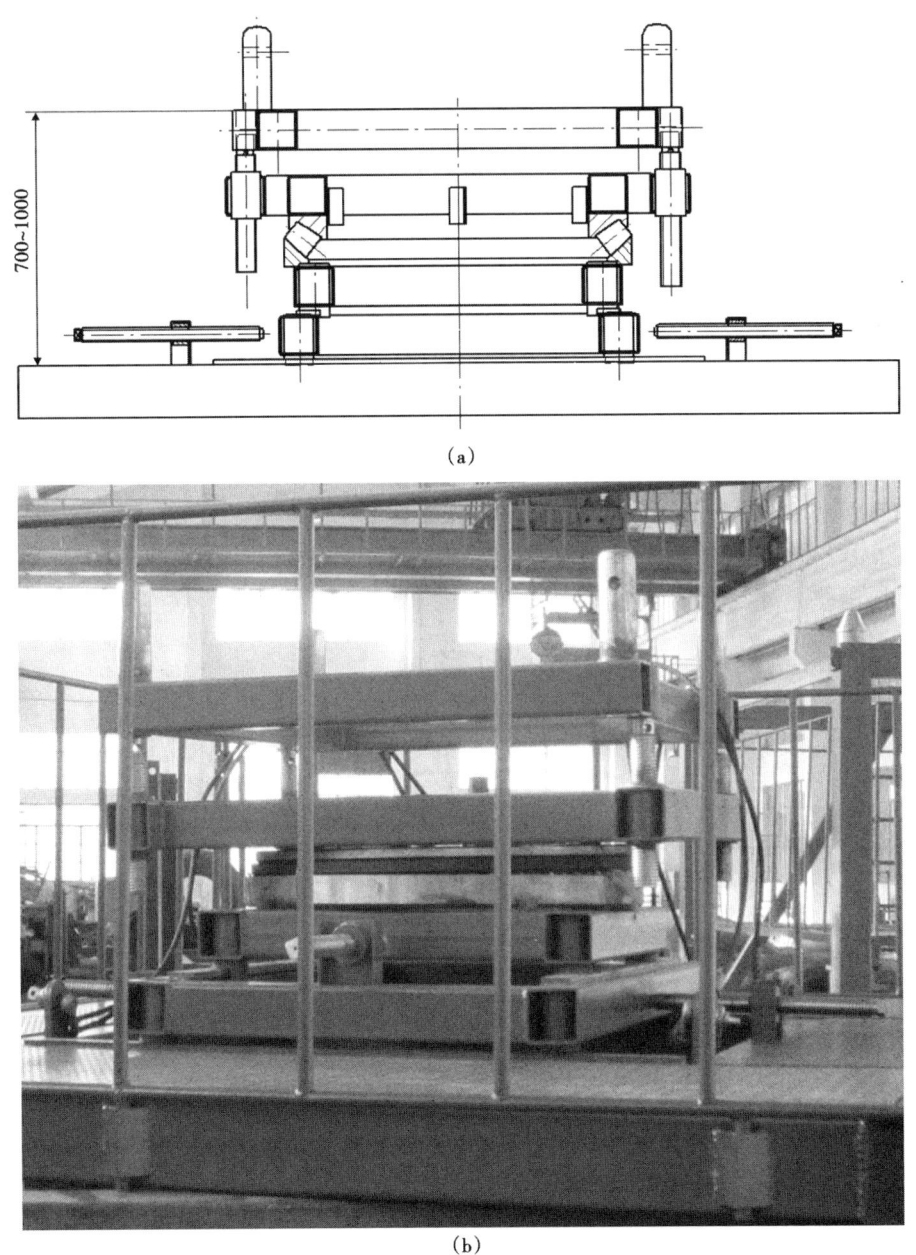

图 4-15 滑车

①注入头底座及旋转台。

如图 4-16 所示，注入头底座在滑车的最顶端，4 个定位销与注入头上定位管相配合达到固定注入头的目的;4个支撑套与其下方旋转台上调节丝杆对接。旋转台安装在推力轴承上,使注入头能够旋转;4根调节丝杆通过支撑套支撑注入头底座,可微调注入头的高度,丝杆长350mm,与系列间隔架配合达到无级调节注入头高度的目的。

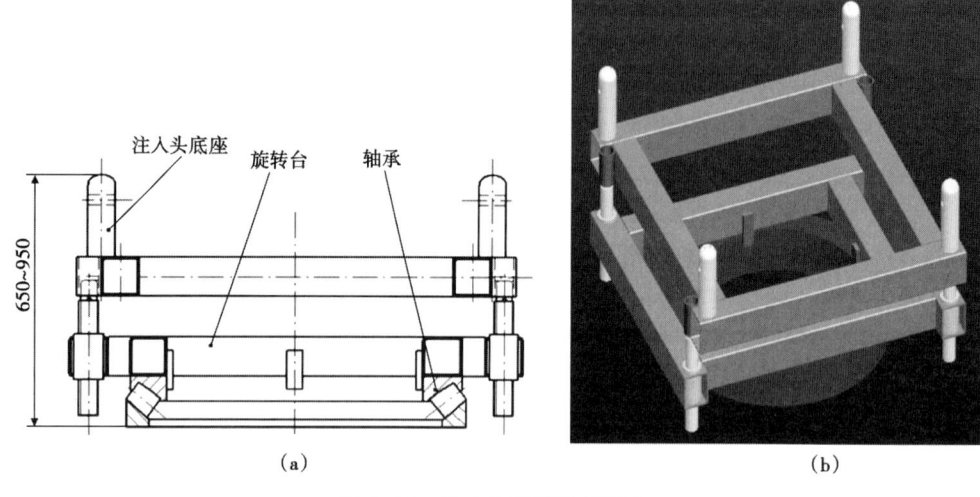

图 4-16 注入头底座及旋转台

②滑车及底座。

如图4-17所示的滑车及底座包括上层滑车、下层滑车、滑车底座及顶丝、顶丝座等零部件。上层滑车通过4个滑腿支撑在下层滑车的滑轨上,可在滑轨上左、右移动,其上表面

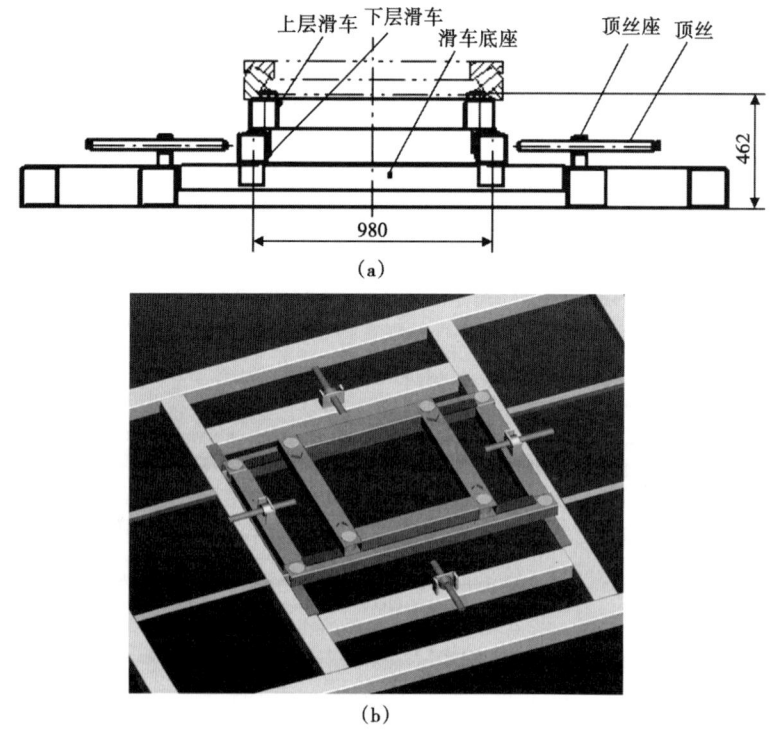

图 4-17 滑车及底座

上有4个轴承定位桩，以支撑固定推力轴承；下层滑车通过4个滑腿支撑在滑车底座的滑轨上，可在滑轨上前、后移动；滑车底座的外廓尺寸与间隔架的相同。因此可安装在支撑架顶部；在滑车底座及下层滑车的滑轨方向分别焊接有顶丝座，并安装有顶丝，转动顶丝可推动滑车、带着注入头移动，实现与井口的对中。

③总装。

如图4-18所示为底座、间隔架、滑车总装起来的效果图。间隔架之间采用4条M24的"U"形螺栓进行连接；顶层间隔架与滑车底座之间采用同样的连接方式；间隔架4根立柱的顶部各焊接一个绷绳座，以备需要时打绷绳用。

4.3.5 塔式支撑架的校核计算

4.3.5.1 目的

塔式支撑架是用来支撑注入头进行连续油管作业的，其可靠性关系到作业的成败及设备、人员的安全。因此需要对塔式支撑架在作业过程中承受极限载荷时的强度和刚度进行校核计算，以保证安全可靠地完成作业。

4.3.5.2 主要任务

利用有限元软件分析塔式支撑架在极限工况下的强度和刚度，包括由间隔架组装成的支撑架体及滑车上多个受力部件，算出各部件在极限工况下的应力和变形情况，与材料的屈服极限相比较以确定其是否满足安全生产的要求。

图4-18 注入头支撑架总装效果图

塔式注入头支撑架采用Q235-B钢材，弹性模量为$2.1×10^5$GPa，泊松比为0.3，密度为$7.85×10^3$kg/m³，钢材屈服应力为235MPa，力学性能见表4-9。

表4-9 支撑架钢材力学性能

材料名称	力学性能				
	抗拉强度（N/mm²）	屈服强度（N/mm²）	弹性模量（N/mm²）	伸长率（%）	泊松比 μ
Q235-B	370~500	235	$2.1×10^5$	22	0.3

4.3.5.3 支架体的校核计算

（1）建立模型。

为提高分析效率，将支架模型进行必要的简化处理。支架模型如图4-19（a）所示。以支架各杆件的自然焊点作为有限元分析模型的节点。底座、顶层平车等附件对支架的刚度影响较小，可在简化时全部忽略。简化后各部分之间可视为可靠链接，在强度上各部分为一体结构。支架属于空间结构，各段间设立节点，所有的单元都连接在节点上，支架力也要简化到各个节点上。简化后的支架模型如图4-19（b）所示，共有67个节点。

（2）定义单元。

桁架结构单元类型定义为 beam189。弹性模量、泊松比及材料密度均按照 Q235-B 钢材材料参数进行选取。钢材截面形状有两种，支架主体杆件均为空心方钢，除顶层面以下部分选用方钢尺寸为 $w_1=w_2=0.16\mathrm{m}$，$t_1=t_2=t_3=t_4=0.006\mathrm{m}$，最顶层实际就是滑车底座，其方钢由于受载情况更为恶劣，所选材料为：$w_1=0.3\mathrm{m}$，$w_2=0.2\mathrm{m}$，$t_1=t_2=t_3=t_4=0.008\mathrm{m}$。斜撑杆均为矩形空心钢，尺寸为 $w_1=0.09\mathrm{m}$，$w_2=0.05\mathrm{m}$，$t_1=t_2=t_3=t_4=0.005\mathrm{m}$。

（3）网格划分。

将支架简化模型进行网格划分，共离散为 3630 个单元。有限元模型如图 4-19 所示。

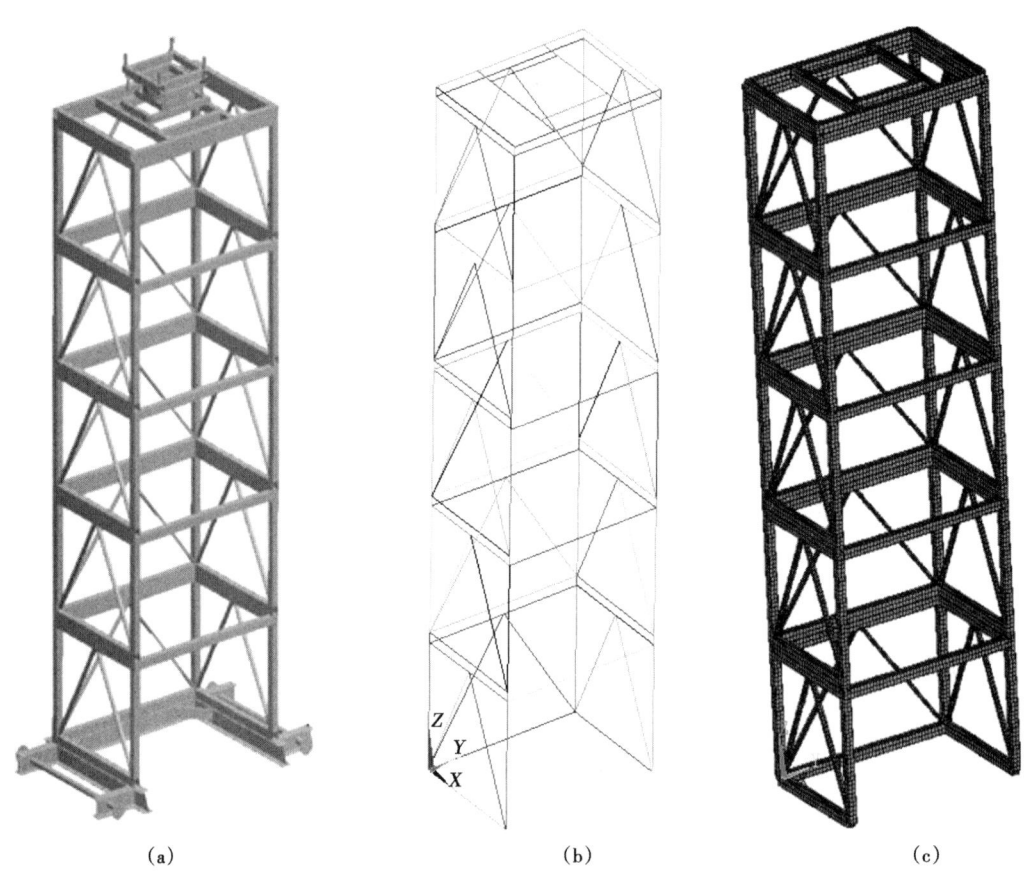

图 4-19 注入头支架有限元模型

（4）约束边界条件。

边界条件的施加对分析结果的正确性影响很大，为使模型约束符合实际，需准确施加位移约束。塔式支架的实际约束边界条件是底座与地面为全约束；第一层间隔架与底座固定；其余的间隔架之间由柱销定位，且每边有两个"U"形螺栓固定上下两个间隔架，"U"形螺栓离立柱中心的距离约为 220mm。故此可将支架有限元模型底部与底座相连接的 4 个节点进行位移全约束，间隔架之间做刚性连接处理。

（5）分析工况。

下注工况时，滚筒由注入头拉着转动。因此滚筒与注入头间的连续管始终处于张紧状态，转动的速度由注入头决定；上提工况时，由于滚筒的额定转速总是比注入头的上提速度快，因此滚筒与注入头间的连续管始终处于张紧状态，转动的速度由注入头决定。

以下为几个主要阶段的作业工况，其中列出了认为可能会使塔式支架出现不稳定情况的工况条件。

①下注前：连续管由现场工人绕进注入头内，穿过夹持块组合，此时夹持块未施加夹持力。

②开始下注。

a. 夹持块夹紧连续管，然后启动一定注入力将连续管从防喷盒压入井内。此时，井口压力为70MPa，井口温度为70℃。

其力学状态为：滚筒对连续管的拉力由0陡增至F，连续管下入速度为0。此时注入头下注力$F_{注1}$较大（防喷盒摩擦力和井内压力引起的上顶力之和），支架承受与注入力大小相等、方向向上的拉力作用。

b. 在相同注入力$F_{注1}$下，下入速度由0以一定加速度a增加到v_1。

③注入头按照一定速度将连续管下入到井内，注入力逐渐变小（因连续管重力在增加），超过临界点时注入头下注力变为上提力$F_{提1}$，上提力不断增加。当连续管到达7406m井底时注入头上提力达到最大。

其力学状态为：滚筒对连续管有拉力，以及支架承受与上提力大小相等、方向向下的压力作用。

④测井作业完成后，上提连续管工况没有下注工况恶劣，可以不予考虑。

4.3.5.4 风载情况

考虑在整个下注和上提的过程中，塔式支架以及注入头均受到外在风载的情况。风载对井架的作用包括稳定风载引起的静力作用和脉动风载引起的动力作用，在这里不予考虑脉动风速的情况，只考虑为稳定风载的情况。

查阅资料可得基本风压设计值应为$W_0 = 0.8 \text{kN/m}^2$（即设计级数为12级大风），或由伯努利公式计算可得：

$$W_0 = \frac{1}{2}\rho v^2$$

式中 ρ——空气密度，kg/m³，通常情况下20℃时，取1.205kg/m³；

v——空气速度，m/s。

支架所受的风载应选择对结构最不利的风向（第一风向）。根据实际情况，选择背风向为第一风向，因该风向加剧了支架的侧斜，且背面迎风面积大，风载对支架的影响也相对较大。

4.3.5.5 其他情况

在连续管开始下注以及上提时，滚筒对连续管的拉力为$F = 5000\text{N}$；同时，由于考虑支架高度较高以及风载对支架的作用，在支架顶层间隔架的4个角处设置绷绳拉紧，其拉力为F_0，方向为斜向下45°。

综上所述，塔式支架所受各种载荷情况如图4-20所示：

（1）重力作用：包括塔式支架五层间隔架自重G_0（密度为$7.85 \times 10^3 \text{kg/m}^3$）；顶层平车总重力约为$G_1 = 20850\text{N}$；注入头及鹅颈架重力约为$G_2 = 34470\text{N}$。

（2）注入头最大上提力，则作用在支架上的力大小相等、方向相反，为F_1。注入头最大上提力为360kN，以集中力形式作用在支架顶部。

(3) 在作业过程中滚筒对连续管的拉力约为 $F_2 = 5000$N,保持连续管处于张紧状态。该拉力作用在鹅颈处,与水平方向夹角为 θ,将该拉力通过平移加载到顶层平车上,受力情况如图 4-20 所示,垂直分力 $F_z = F_2 \sin\theta$,水平分力 $F_x = F_2 \cos\theta$,弯矩 $M = F_x l_1 + F_z l_x$。表 4-10 为滚筒拉力分量随夹角 θ 的变化值。

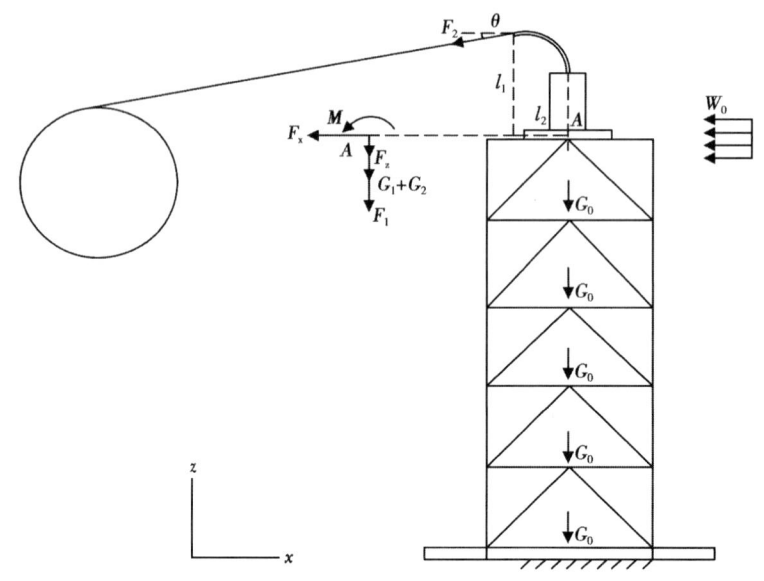

图 4-20 支架载荷示意图

表 4-10 滚筒拉力分量随夹角 θ 的变化值

夹角 θ (°)	$F_z = F_2 \sin\theta$ (N)	$F_x = F_2 \cos\theta$ (N)	$M = F_x l_1 + F_z l_2$ (N·m)
30	2500	4330	14361
35	2868	4096	14881
40	3214	3830	15285
45	3536	3536	155761

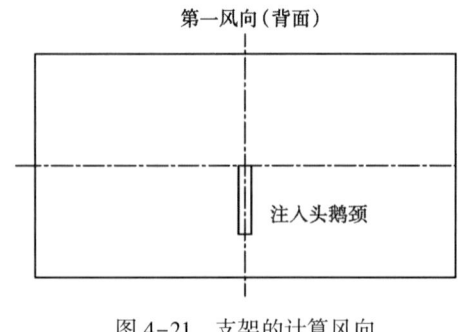

图 4-21 支架的计算风向

(4) 风载:由前面对风载的分析,选定背面风向即注入头鹅颈所偏向的方向为第一风向,作为最恶劣工况进行分析。支架的计算风载如图 4-21 所示。

注入头及防喷器受第一风向风载计算:

注入头受风面积 $S_{3注} = 2.78$m^2,防喷器受风面积 $S_{3防} = 7.1745$m^2,则 $F_{31} = S_{3注} \cdot W_0 + S_{3防} \cdot W_0 = 7.964$kN,并以集中力形式加载于支架顶部中心处。

支架受第一风向风载计算:

前侧面受风面积 $S_{3支} = 7.2416$m^3,后侧面受风面积 $S_{3支}' = 11.6254$m^2,则前侧面 $F_{32} = S_{3支} \cdot W_0 = 7.2416 \times 800 = 5.79$kN,后侧面 $F_{32}' = S_{3支}' \cdot W_0 = 11.6254 \times 800 = 9.3$kN。

注：因防喷器组合遮挡了后侧面支架杆件的部分受风面积，此处仍按照后侧面全面积进行计算，留出部分裕度。

（5）绷绳对顶层间隔架4个角施加的绷紧力为集中力，由于绷绳对支架的变形起到了缓解作用，可以先不予考虑。

4.3.6 分析结果及评价

4.3.6.1 支架体

选定最恶劣工况作为分析工况，即注入头施加最大上提力且受到背面风载。表4-11为载荷列表。对支架进行有限元分析，如图4-22所示为支架顶部的应力云图和位移图。

表4-11 载荷列表

重力作用 ($-z$方向)	注入头最大上提力 （支架受力$-z$方向）	滚筒拉力	第一风向风载（12级大风）（x方向）
$G_0+G_1+G_2$	$F_1=360\text{kN}$	$F_2(\theta)$，$\theta=30°$	$F_{31}=7.964\text{kN}$；$F_{32}=5.79\text{kN}$；$F_{32}'=9.3\text{kN}$

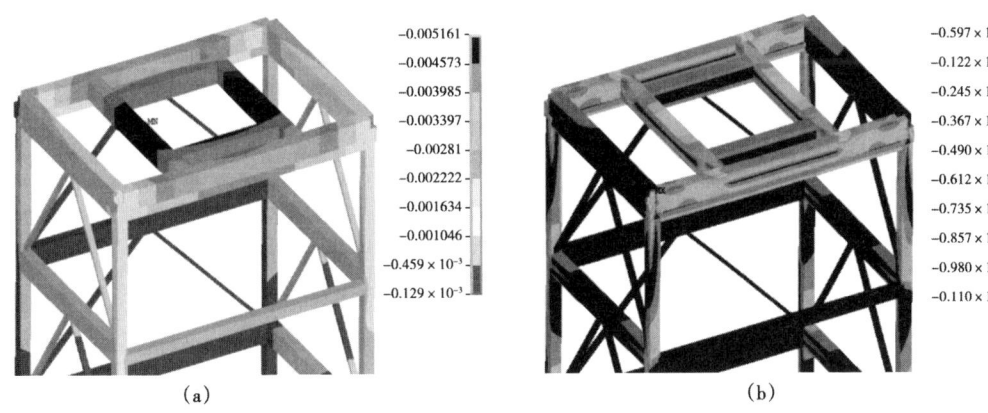

图4-22 支架顶部的应力云图和位移图

由应力云图可以看出，在最恶劣工况下，顶部应力最大的两根钢材的应力为93MPa，安全系数为2.5，说明支架顶部结构的强度能够满足作业要求；由位移图可以看出，顶层变形最大两根钢材的z向变形量为5.16mm，在可接受的范围内。

此外，支架整体x向位移云图（因x向为支架的倾覆方向）如图4-23所示。由图可以看出，在极限工况下支架顶部间隔架x向位移最大，约为17.8mm，从上往下位移量逐渐减小。在未考虑绷绳作用的情况下，其位移量与支架整体尺寸相比并不大，支架刚度也能够满足最恶劣工况下的作业要求。

综上所述，由间隔架及滑车底座组装成的支架体的强度和刚度能够满足最恶劣工况要求。因此，间隔架及滑车底座的结构设计及材料的选择达到设计要求。

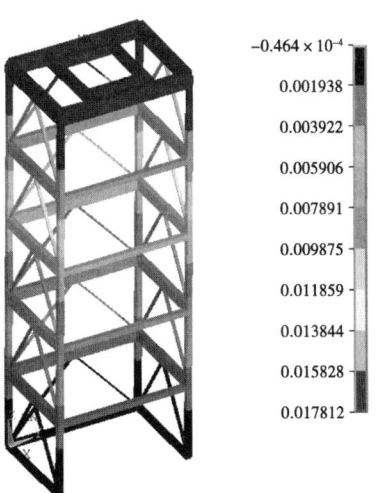

图4-23 支架整体x向位移云图

4.3.6.2 滑车

滑车零部件结构简单，受力情况也不复杂，因此不详细介绍其计算过程和方法，只列出计算结果。

（1）注入头底座。

注入头底座如图 4-24 所示。

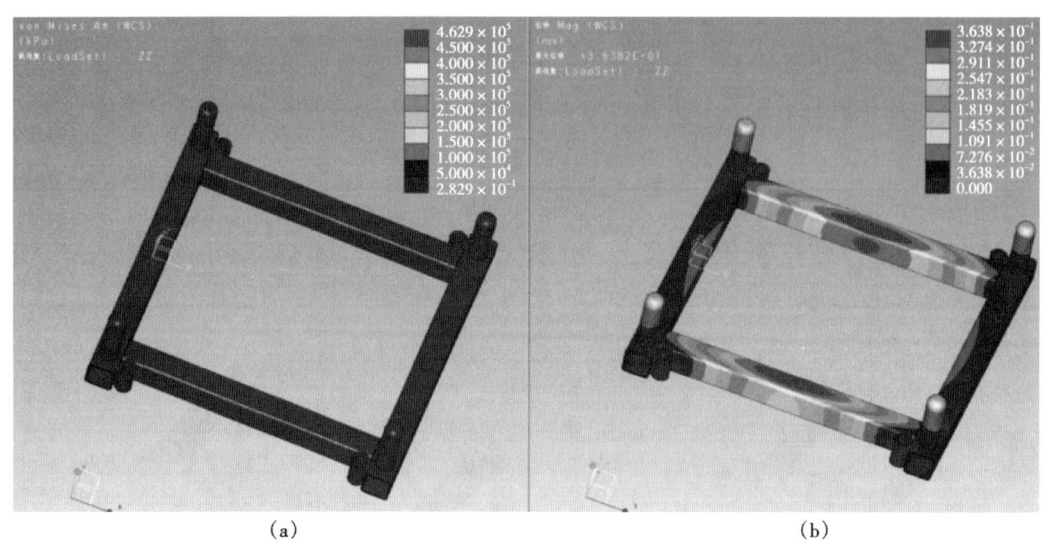

图 4-24 注入头底座

绝大部分结构的应力在 50MPa 以下，因支撑套与边框的焊缝在三维图中处理得不够理想，出现了应力集中的情况，实际制造过程中只要焊缝质量达到设计要求就可克服该问题；最大变形量为 0.36mm。

（2）旋转台。

旋转台如图 4-25 所示。

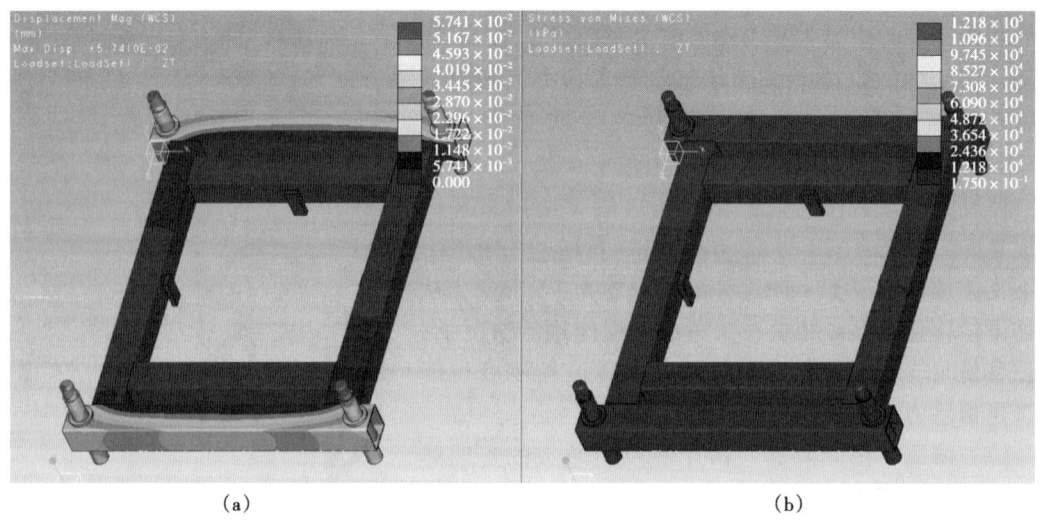

图 4-25 旋转台

绝大部分结构的应力在40MPa以下，最大应力出现在丝杆螺母与边框的焊接处，其值为102MPa；最大变形量为0.057mm。

（3）上层滑车。

上层滑车如图4-26所示。

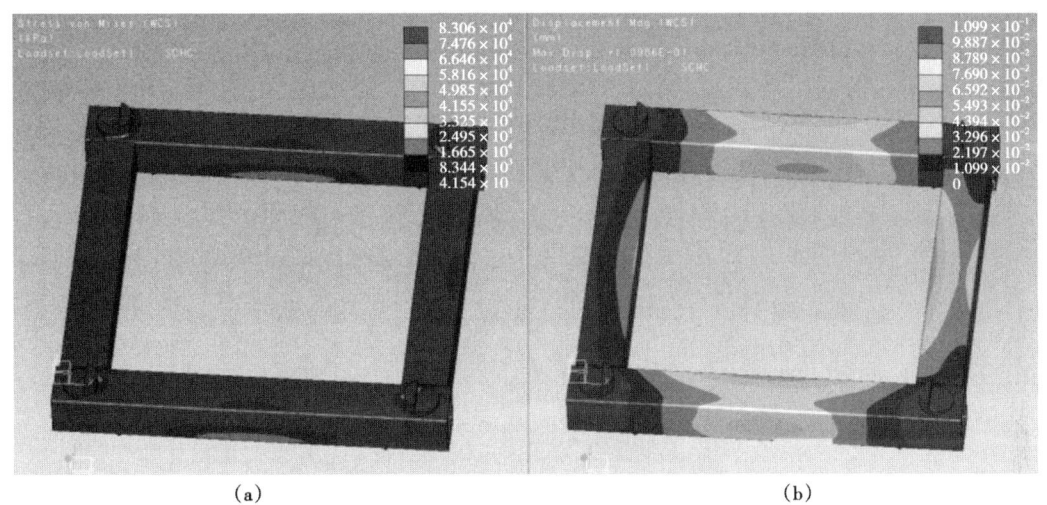

图4-26 上层滑车

最大应力出现在滑腿与边框的焊接处，其值为83MPa；最大变形量为0.109mm。

（4）下层滑车。

下层滑车如图4-27所示。

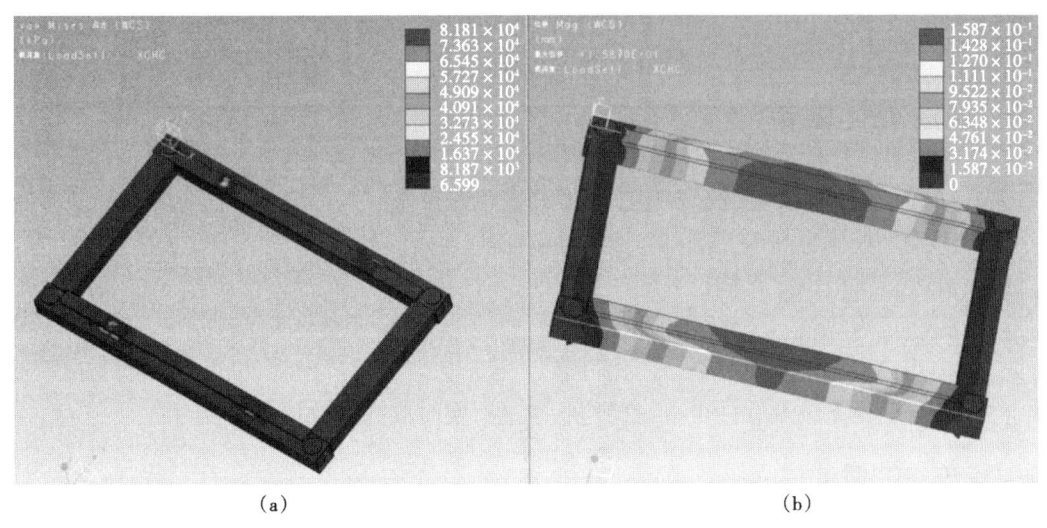

图4-27 下层滑车

最大应力出现为81MPa；最大变形量为0.158mm。

可见，滑车各部件在最恶劣工况下的安全系数都在2.0以上。因此，滑车各部件的结构设计及材料的选择达到设计要求。

(5) 样机及技术参数。

图 4-28 所示为塔式支架样机 TSJZ15-40（因展示现场不具备打绷绳条件，故只安装了一个间隔架）。经型式试验验证，各项性能达到预期要求，整机技术参数如下：

①额定承载能力：400kN；

②底座内部空间尺寸：3.6m×2.5m；

③支架高度：2.3~15m。

图 4-28　塔式支架

4.4　其他关键设备

超深井测试对作业设备的综合作业能力和性能的要求：

(1) 移动性能满足超深井测试作业所需要求。

(2) 作业能力可以满足测试井深的要求。

(3) 设备压力等级：105MPa。

(4) 操作控制系统功能齐全、工作可靠。

(5) 数据采集系统及软件可以对工作状态进行实时监控和数据分析。

4.4.1　连续油管的注入头

连续油管的注入头是连续油管装置最基本，也是最主要的运动件，它主要提供以下功能：

(1) 对连续油管施加动态轴向力，控制其进出井筒的运动。

(2) 施加足够的牵引力，避免其在连续油管上滑动。

(3) 停止时施加静态力，固定连续油管。

(4）作为重量和深度传感器的平台。

HR-680 连续油管注入头，配备有高精度的重量和深度传感器及专门的滚筒刹车装置，其相关参数如下：

最大连续上提力：36.4t/80000 lb；

最大连续下压力：18.2t/40000 lb；

最高起下速度：61m/min（最小排量时）200 ft/min，
　　　　　　　33m/min（最大排量时）108 ft/min；

最低起下速度：0.075m/min；

通过对管柱入井时受力情况的分析，HR680 型注入头可以满足超深井测试作业的要求。

4.4.2 液压管线

液压管线配置要求：

（1）一个液压动力软管滚筒配有 2 根 1½in、50m 长的注入头动力软管；另一个液压动力软管滚筒配有 1 根 50m 长的注入头控制软管束和防喷器控制软管束。

（2）两个控制软管滚筒均配多端口液压旋转接头，用于将软管连接到软管连接板；控制软管配备 AEROQUIP 快速接头液压件。

（3）软管束由耐油材料护套加以保护。防喷器控制软管接头具有不同的规格，用以避免同防喷器上的接口接错。

4.4.3 连续油管检测装置

考虑到超深井测试作业过程中，连续油管受力情况非常复杂，并且在整个作业过程中连续油管均带高压，作业风险极高，一旦出现挤毁、泄露、断裂的情况，将会导致灾难性的后果，但目前常规的检测手段无法对该部位进行检测。为保证深井高压测试作业的安全运行，必须配备连续油管检测仪，可实时检测管柱内壁和外壁上的裂缝、坑洞和椭圆度等物理特性，也可以指示出管柱给定位置的钢材厚度。为此在制订配套升级方案时专门配套了连续油管实时检测工具（图 4-29）以便于在作业过程中实时监测、记录连续油管的情况，从而切实提高超深井连续油管测试作业的可靠性。

图 4-29　电磁流量漏失检测仪

4.5 测试工具

4.5.1 测试环境对测试工具的基本要求

(1) 必须能在 140MPa 环境中安全、稳定作业。
(2) 必须能在 180℃ 的环境中安全、稳定作业。
(3) 必须能在 140MPa 压力和 180℃ 温度情况下保持良好的密封性。
(4) 应设计有一定数目承受深井高压的自动保险装置,可确保数据的有效采集。
(5) 设计有丢受保护装置及管柱内防喷装置,可进行应急处理。
(6) 仪器的抗拉、抗压的各项机械性能必须能满足测试作业的要求。

4.5.2 常规测试工具存在的问题

常规测试工具耐压 100MPa,耐温 150℃,如进行超深井测试主要有以下问题:
(1) 存在因工具承压能力不足,在高压下被挤毁,导致井内高压气体窜入连续油管内,发生井喷的风险。
(2) 测试工具工作可靠性变差、传输信号的漂移,造成测试数据失真。
(3) 测试工具的有效作业时间短,无法满足测试作业要求。

4.5.3 项目主要研究内容

4.5.3.1 国内外测试仪器调研

根据油田提供的数据资料,对连续油管测试作业所需的测试工具进行了调研。
(1) 国内测试仪器调研。
国内目前销售测试工具的厂家能够满足超深井测试作业要求的很少。仅有的几家如北京美高公司,也只是作为国外厂家的代理商,仅能提供测试工具,而无法提供相关的配套工具及工艺设施,无法满足项目要求。
(2) 国外测试仪器调研。
国际上对于温度和压力分别超过 177℃ 和 137.9MPa 的测试作业,即定义为 HPHT 测试作业,也就是通常所说的高温高压测试作业。目前高温高压测试仪器的研究仍是一个尚处于研发阶段的国际性的项目。美国能源部(DOE)、DeepTrek 公司、Honeywell 公司、E-Spectrum 技术有限公司与德州大学空间研究中心都正在研发可靠的井下数据传输系统及相关设备设施。

国外的一些公司,如哈里伯顿、威德福、贝克休斯、桑戴克斯、斯伦贝谢、Aker Kvaerner 等几家大公司,目前只生产耐温 177℃、耐压 103.4MPa 的测井仪器。通过与贝克休斯、斯伦贝谢公司的沟通与技术交流,这两家公司表示具备生产满足项目及所需的测井仪器的能力,但是由于在国际上尚无在此类环境下进行成功测试的先例,作业风险相对较高,他们不建议在此环境下进行测试作业,即使条件成熟,他们也仅能提供技术服务,而不提供相关工具的销售。

目前,只有英国、美国、加拿大的几家小公司如 Probe1、Omega 及 Guardian 等,能够生产并销售耐温 180℃、耐压 140MPa 高温高压生产测井仪器。通过与厂家联系交流,只有

Guardian 公司愿意承担本项目测试仪器的制作。

4.5.3.2 测试工具组合方案

经过与 Guardian 公司多次的技术交流，制定出如下测试工具组合形式并确定了井下测井仪器相关参数，具体情况如下：

（1）测试工具组合形式（图4-30）。

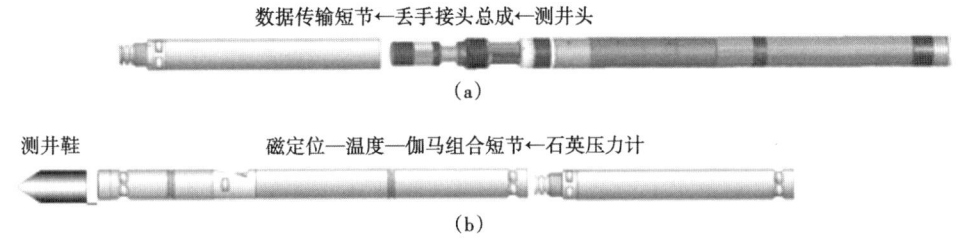

图 4-30　测试工具组合

测井头+丢手接头总成+数据传输短节+石英压力计+磁定位-温度-伽马组合短节+测井鞋。

（2）测试工具组合整体参数。

耐温：180℃；

耐压：140MPa；

长度：3.8m。

4.5.3.3 主要部件技术参数

（1）测井头（图4-31）。

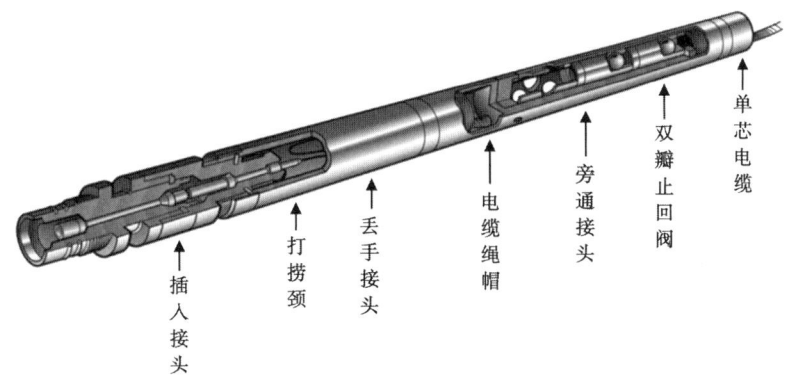

图 4-31　测井头

该测井头主要用于连接连续油管与测井仪器，其上部通过连接器与连续油管及电缆相连；下部连接测试仪器，它主要由以下几部分组成：

①双瓣止回阀。

双瓣止回阀是标准的连续油管串组件。它提供了一个当连续油管串或地面设备发生损坏时防止井内流体回流的办法。双瓣止回阀在每一瓣上都设置的双级密封，以增加其安全性能。一个聚四氟乙烯阀瓣座可以提供初级的低压密封，当压力较高时，阀瓣就需要进行金属对金属的密封，安全性能可靠。

双瓣止回阀系统用于防止无用的流体回流进入连续油管管柱。直接串联的双瓣止回阀具有多种功用。内部全通径（接近全通径）的特点允许使用更多组合式的连续油管工具、液体，以及通过连续油管管柱进行作业的球阀和桥塞顺利通过。

②旁通接头：属于一种应急作业装置，在紧急情况下，通过旁通接头可以实现连续油管内外压平衡操作。

③电缆绳帽：属于电缆与测试仪器的连接保护装置。

④丢手接头：电控丢手装置可以保证测试仪器遇卡时，可将释放短节与被卡仪器脱开，从而消除因为强行拉电缆导致的电缆损坏或断裂的危险，便于下一步被卡仪器的打捞作业。

⑤打捞颈：打捞颈的设计可以便于意外发生的打捞作业中进行抓住和释放落鱼的操作。

⑥插入式接头：便于与测试仪器进行安全可靠地连接。

相关参数如下：

外径：54mm；

长度：1270 mm；

耐压：140MPa；

内外压差：105MPa；

耐温：180℃。

（2）数据传输短节（图4-32）。

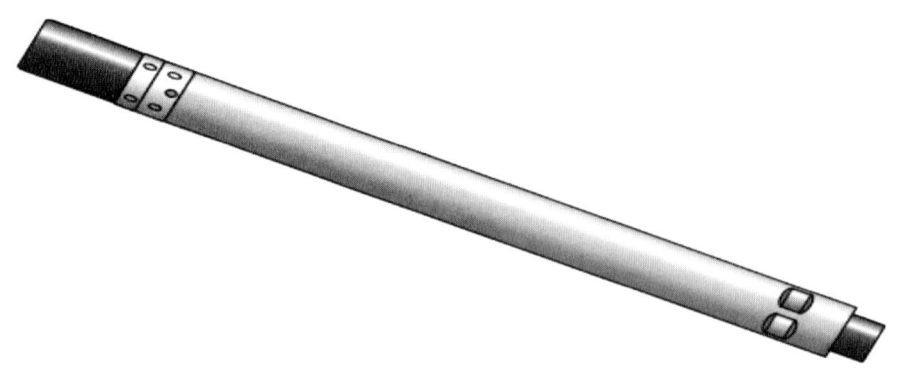

图4-32 传输短接

Guardian公司所选数据传输短节主要用于测试工具的安装、拆卸及安全展开作业，相关参数如下：

外径：43mm；

长度：41mm；

耐压：140MPa；

耐温：180℃。

（3）石英压力计（图4-33）。

所选压力测试仪器电子压力计主要由容纳高温高压石英晶体探头的压力计托筒及地面装置的直读接口箱、直读软件和解释软件组成。石英晶体探头的压力计是目前精度和分辨率最高的井下压力计。它利用石英晶体的压电效应来检测井下压力及其变化，可对井底压力进行精确测试，获取测试项目所需的数据，但在实际测试过程中仍会受到温度和压力急剧变化的影响。压力计托筒的主要作用就是容纳并保护石英晶体探头的压力计，石英压力计相关参数

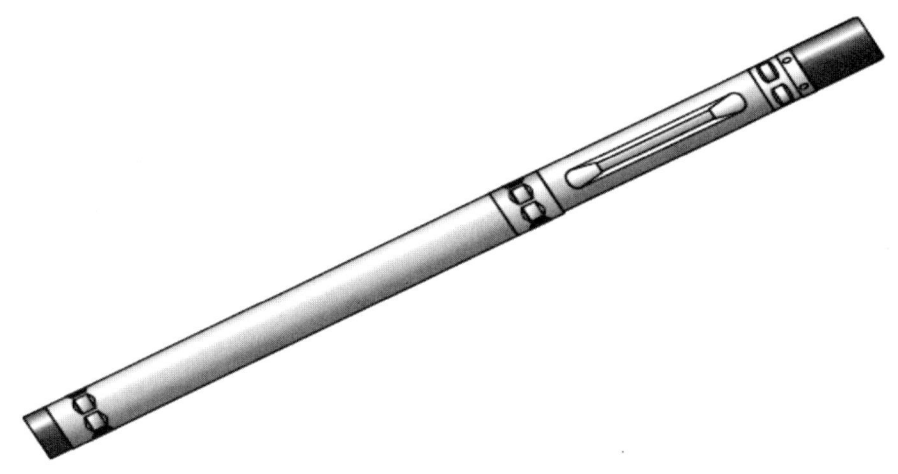

图 4-33 压力计

如下：

外径：43mm；

长度：0.95m；

耐压：140MPa；

耐温：180℃。

（4）磁定位-温度-伽马短节（图 4-34）。

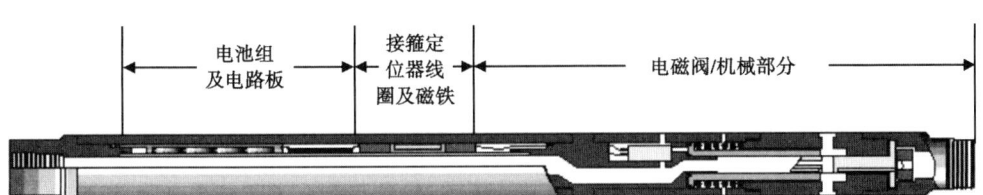

图 4-34 磁定位—温度—伽马短节

超深井测试环境恶劣，井底温度预计达 140~180℃。井下工具在高温情况下的工作可靠性和使用寿命，包含有电力组件和合成树脂密封件特别容易由于温度的升高而发生损坏。因此测试仪器的可靠性显得格外关键。

所选磁定位-温度-伽马短节可以确定井下工具组合的准确位置并对井底温度进行测试，获取测试项目所需的数据，其中：磁性定位测井是根据井壁磁通量变化，利用磁性定位器测井下工具深度的测井方法；伽马射线可通过地层岩性识别和校对提供深度信息，测试数据准确度高。在部分作业井伽马无法测到井口位置的情况下，磁定位装置也可以对深度进行校对，从而使其具备双重保险功能，其相关参数如下：

外径：43mm；

长度：1.07m；

耐压：140MPa；

耐温：180℃。

（5）地面采集系统数据采集装置（图 4-35）。

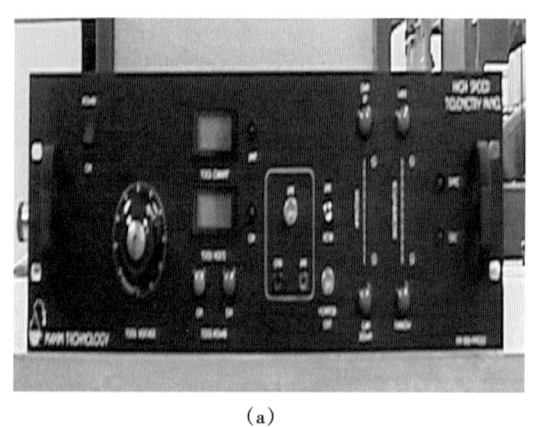 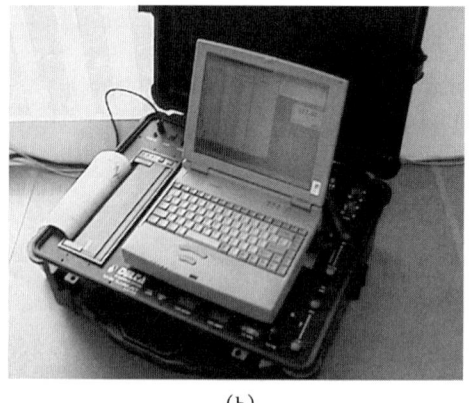

(a) (b)

图 4-35 地面采集系统数据采集装置

所选地面数据采集装置包括台式数据采集箱及便携式数据采集箱，可与井下测试仪器相配套，并预留其他仪器、参数采集、处理接口。

MPP 多功能面板是一款宽范围保护的安全产品，通过 PC 软件和 MMP 面板实现多项控制功能。电脑 PC 和 MPP 之间用 USB 接口，配置了安全失效保障机制。MPP 面板和其软件保留了很多操作方式，配置了户要求的技术特性，使用方便。

具有以下功能：

①可以连续智能监测下井仪的周期和工作状态，实现测试数据的实时显示、收集、监控管理，工作性能稳定可靠。

②可以输出文件以便后期绘图和查看，并基于 DSP 的数据恢复功能，实现数据的高可靠性通信。

③可编程开关模式，以便准确进行电源控制。

④可通过钥匙开关启动和关断面板，配置了紧急跨接功能。

⑤显示电流，电压和面板状态。

⑥智能电流控制以实现 GBS 和 IDC 的全自动控制。

⑦存储下井仪数据，可以随时调出。

⑧接口灵活，以便未来升级。

4.5.3.4 连接及密封工艺评价

Guardian 公司在承担目测试仪器制作的同时也承担着所选井下测井仪器连接及密封工艺的研究。目前连接及密封工艺已经在国内外油田成功应用，技术成熟，连接及密封工艺的可靠性已经在实际作业中得到多方验证。

4.5.3.5 测试工具可靠性评价

（1）所选测试工具组合及相关参数可以满足超深井测试作业的要求。但由于在这类高温高压的环境条件下进行"科学试验"的机会极少，没有成功经验可供参考，因此在正式施工作业之前，测试作业的可靠性仅能来源于参数对比、数据计算和计算机模拟演练的结果，无法得到实际验证。

（2）如图 4-36 所示，井下测试仪器在高温情况下的有效工作时间较短：在 180℃环境下约为 16h。

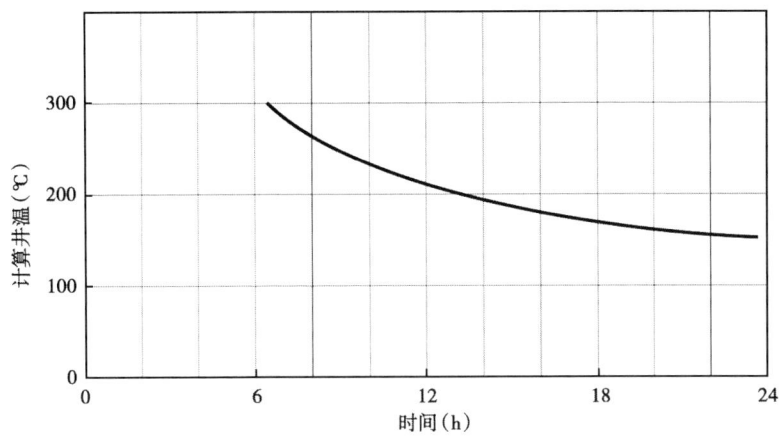

图 4-36 不同温度下井下测试仪器工作时间图

4.5.3.6 安全作业保障措施

（1）在正式施工作业之前确定详细可靠的测试方案，进行不同工况下的模拟演练，确保测试作业的安全进行。

（2）在确保安全的前提下，对操作程序进行合理优化，尽量减短起下钻时间，确保测试仪器的有效测试时间。

（3）由于井底温度接近测试工具的极限作业范围，计划在工具串中安装两套以上磁定位-温度-伽马短节和石英压力计，在其中一套的意外损坏的情况下，其余测试工具仍可以进行正常的测试作业。

5 超深井连续油管测试方案

5.1 连续油管总体测试方案设计

5.1.1 国内外气井监测工艺现状和发展方向

目前，绳缆传输监测工艺仍然是国内外油藏动态监测主流工艺，按照数据采集方式可分为电缆直读式和钢丝存储式两种。由于注采剖面、剩余饱和度等测井项目均需在仪器上下运动条件下完成，故测井仪器传输方式别无选择；但井底压裂检测可在仪器定位静置条件下完成资料材料，永置式监测工艺得到了快速发展。目前国外永置式监测主要有毛细管压力监测系统、永置式电子压力计监测系统、温度和压力光纤传感监测系统3种，其中前两种工艺应用较为广泛，温度和压力光纤传感监测系统是近两年发展起来的新型监测工艺，但该项技术目前仅适用于深度小于3000m的井况条件，有待进一步完善。

5.1.2 国内外永置式压力监测系统调研成果

目前，应用较为广泛的永置式压力监测系统主要有毛细管压力监测系统、永置式电子压力计监测系统、温度和压力光纤传感监测系统3种，在仪器适应性和应用效果方面各具优势和不足。

5.1.2.1 毛细管压力监测系统

毛细管压力监测系统具有井下设备简单、耐高温、无易损件、使用寿命长、测压精度高以及地面设备便于维修调试等特点，其最为突出的特点是可以在极度恶劣的高温环境下对井内压力进行长期连续的监测。目前国外生产厂家有哈里伯顿、美国岩心公司（Corelab）等，无论是那一家生产的仪器，其工作原理和构成基本类似。

毛细管井下压力监测系统主要由地面部分（氮气源、氮气增压泵、空气压缩机、安全吹扫系统、压力变送器、计算机、数据采集控制系统等）和井下部分（井口穿越器、过电缆封隔器穿越器、毛细钢管、传压筒、毛细钢管保护器等）组成，其中数据采集控制系统由数据处理单元、控制单元、自动控制和显示器组成，自动控制又包括继电器和电磁阀；安全吹扫系统包括单流阀、高压针阀、定压溢流阀组成。地面部分可以装在一个橇装箱内，也可以分装在几个橇装箱内。工作原理如下。

（1）压力数据采集工作原理。

毛细钢管和传压筒中均充满氮气（或氦气），气源由在井口的普通工业气瓶提供，必要时使用高压介质压缩机将介质气吹扫至毛细钢管及井下传压筒中。传压筒底端开孔与井筒连通，其内容积比毛钢管内容积大几十倍，为系统提供驱气容积，使之在井下压力变化时，保持传压筒内气—液两相界面深度的基本稳定。该系统的工作原理是：井下测压点处的压力作用在传压筒内的气柱上，由气体传递压力至井口，由压力变送器测得地面一端毛细钢管内的氮气压力后,将信号传送到数据采集器,数据采集器将压力数据显示并储存起来。记录下来的井口实测压力数据由计算机回放后处理,根据测压深度和井筒温度完成由井口压力向井下压力的计算。

(2) 自动控制系统工作原理。

自动控制系统包括三个方面的内容,一是压力数据自动采集系统,二是井下泵自动控制系统,三是氮气自动增压系统。

数据自动采集系统:数据采集器根据用户设定的压力数据采集间隔自动实现对压力数据的采集和存储。

井下泵自动控制系统:系统根据用户的要求实现对环空动液面的自动监测,当动液面高度低于给定值并达到持续时间时,控制系统即输出一个信号将井下泵总电源切断。

介质气自动增压系统:系统根据用户的设定,实现定期定时对井下毛细钢管及传压筒内介质气的自动补充。当需要增压时,系统首先打开需增压气路的电磁阀,然后启动介质气增压泵,将介质气瓶中的介质气吹入井下毛细钢管中。

(3) 技术参数。

测压范围:0~100MPa(可根据用户需要改变测压范围);

测压精度:0.02%~0.01%FS(石英传感器);

分辨率:0.01psi;

氮气泵增压能力:10000~15000psi;

数据采集间隔:理论20次/s(最大),现场1次/s;

采集器存储能力:16道,240000个数据;

数据掉电保护:省电模式下24~48h;

重复性检验能力:0.005%。

(4) 井下工艺配套。

井下压力监测系统可广泛应用于油井、气井、注入井、观察井;直井、斜井;机采井、自喷井。在机采井中既可监测泵吸入口压力(地层压力),也能监测泵出口压力,还能轻松实现分层测试如图5-1至图5-4所示。

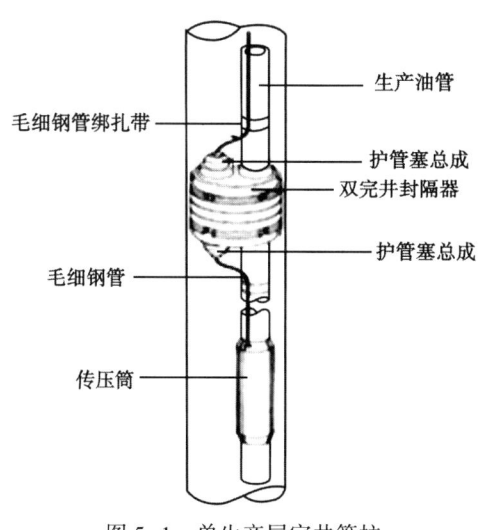

图5-1 单生产层完井管柱

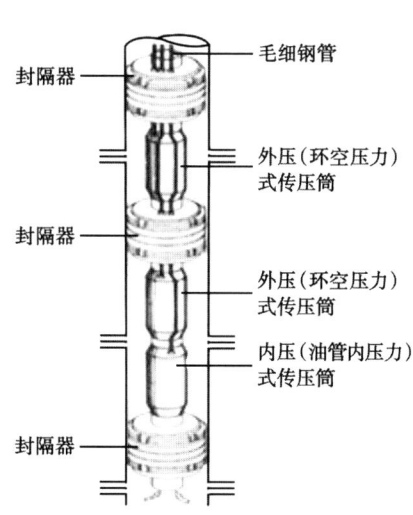

图5-2 多生产层完井管柱

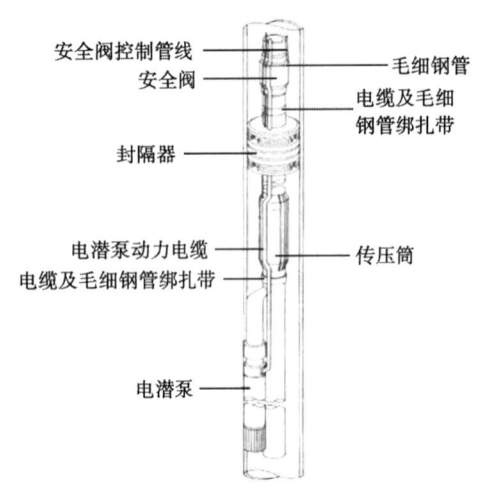
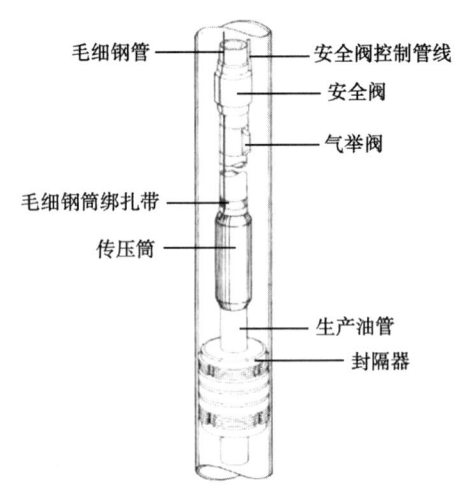

图 5-3　电泵井完井管柱　　　　　　图 5-4　气举井完井管柱

该工艺对于电泵井的监测有费用最优的特点，原因是入井过程中毛细管与油管的捆绑可与电缆卡子、节箍保护器等入井耗材共用，从而节约单井费用。

对于含腐蚀性流体井，有专门材质的抗硫性能等毛细管满足要求，但成本较高。

(5) 毛细管测压资料应用。

利用毛细管测试的长期、连续的压力数据，应用专门的试井解释软件在考虑地层实际模型基础上进行产能分析。可快速准确地确定地质储量、剩余储量、采收量、废弃时间、井废弃时的累计采收量等，同时还可模拟井泄油面积变化、历史地层压力分布变化，进行产量或措施效果预测，流量压力之间的模拟转换。另外，通过分析生产数据，还可以获得试井解释的参数结果。国内首先引入该项技术是南海、渤海，2003 年塔里木克拉 205 高压高温井安装了 2 口井，至今工作正常。阿克纠宾油田（哈萨）××盐下油藏××井位于 2006 年底完钻，生产目的层为石炭系碳酸盐岩地层 4277.39～4404.53m 井段，2006 年 11 月 26 日随生产管柱入井毛细管测压系统。图 5-5 为××井采油指示曲线，由图中可以看出，随着工作制度的调

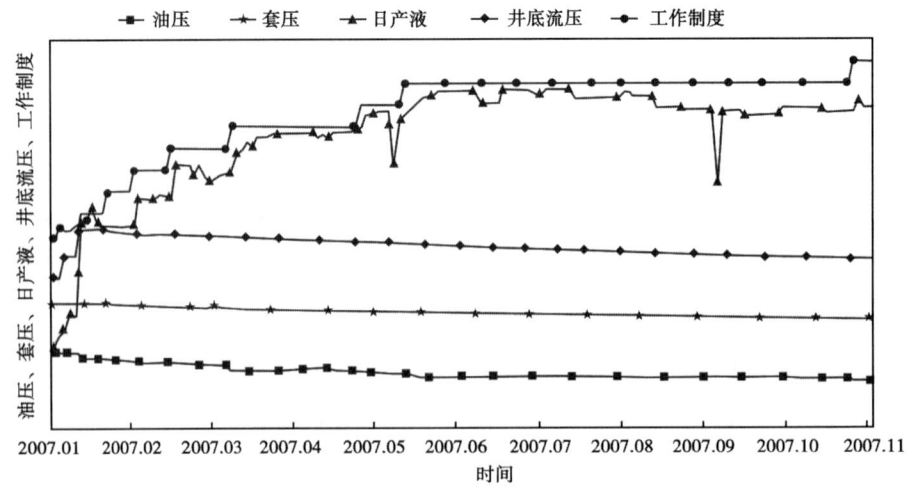

图 5-5　××井采油指示曲线图

整,产量、井底流压、井口油压等变化趋势是相互对应,反映出了油藏压力的变化趋势。

应用专门的试井解释软件对毛细管监测压力资料和地面计量的产量数据进行重整,确定等效时间和重整流量,并对重整流量进行积分和积分求导,生成 Blasingame 分析图、Blasingame 双对数——导数曲线图以及递减曲线(图 5-6、图 5-7),根据曲线拟合结果计算出油藏压力等参数:阶段地层压力 32.205MPa(2005 年 11 月 21 日),地层压力系数 0.96;储层油相有效渗透率 3.55mD,流动系数 144.05mD·m/(mPa·s);模拟表皮系数 4.7;导数曲线后期上翘,反映远距离储层物性变差,模拟距离 610m;计算油藏原始地质储量 $36.0 \times 10^4 m^3$。

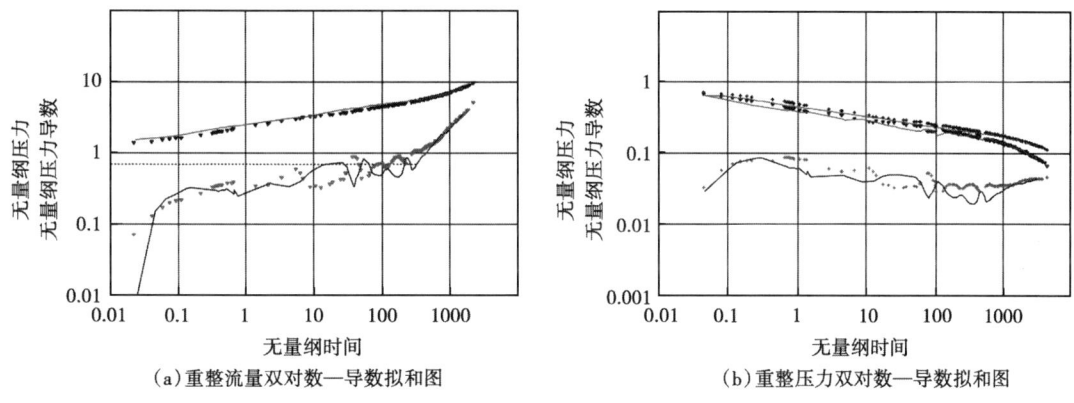

(a)重整流量双对数—导数拟和图   (b)重整压力双对数—导数拟和图

图 5-6 双对数—导数曲线拟合图

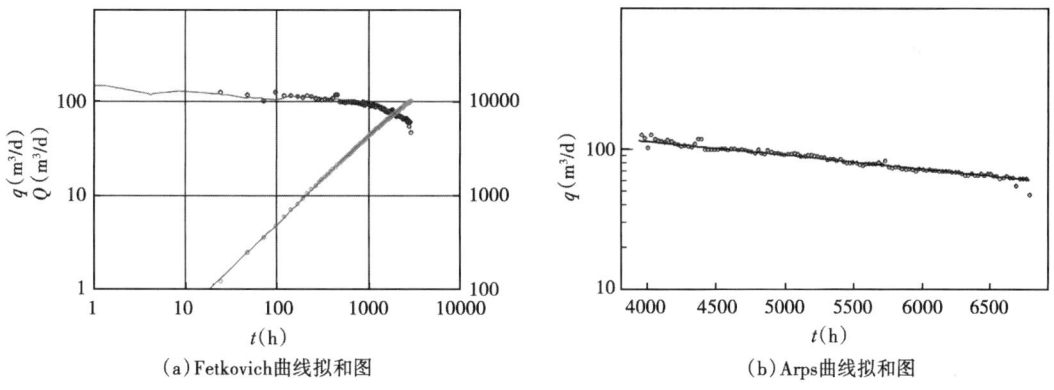

(a)Fetkovich 曲线拟和图   (b)Arps 曲线拟和图

图 5-7 递减曲线图

同时计算出 Arps 指数递减方程:

$$q = 115(1+0.000173t)-1/0.0317$$

其中:递减指数为 0.0317,表明产量递减已接近指数递减规律,递减率较快,计算月递减 $18.87m^3$。

5.1.2.2 永置式电子压力计监测系统

永置式电子压力、温度监测系统主要由井下高精度电子压力计、信号传输电缆和地面接口箱三部分组成,压力、温度传感器随完井油管下入产层附近,压力、温度信号通过井下电缆送至地面,经由地面数字采集仪对信号进行采集处理,进行实时显示和存储,并通过通信接口与计算机相连,对数据进行处理和分析,得出长期连续的井下压力、温度动态监测曲线。

（1）PDMS（Permanent Downhole Monitoring System）永久井下监测系统。

PDMS永久井下监测系统是由PPS加拿大先锋石油公司研制开发的"数控可视化"的试井设备。整套系统采用了先进的压力传感器和电子芯片,其最大的特点是具有长期的工作稳定性。

①结构组成。

PDMS系统主要由井下和地面两部分组成,井下部分由电子压力计、特殊电缆、电缆保护器组成。井下部分随生产管柱一起下入生产井中,通过压力计中高精度的传感器感应井下的压力和温度,并将经过处理的压力、温度信号经电缆传送到地面。地面部分由井口电缆穿透器、信号处理控制系统、存储器和太阳能自动供电系统组成。其主要功能是密封穿出井口的电缆,向井下电子压力计发出控制指令,改变井下电子压力计的采样间隔,控制和存储传送到地面的井下压力、温度信号,提供可靠的电源供电系统等。只要不起出生产管柱,整套系统可以在任何工作条件下长期连续工作。

PDMS永久压力计是核心部分,该压力计是装在一个偏置托筒（图5-8）内下井的,偏置托筒是一截特制的油管,压力计托筒附在外侧,压力计通过传压孔感应和监测油管内的压力,压力计顶端与油管外侧的电缆相连,将录取的信息传送到地面。偏置托筒有多种规格供选择,也可根据用户要求定制。

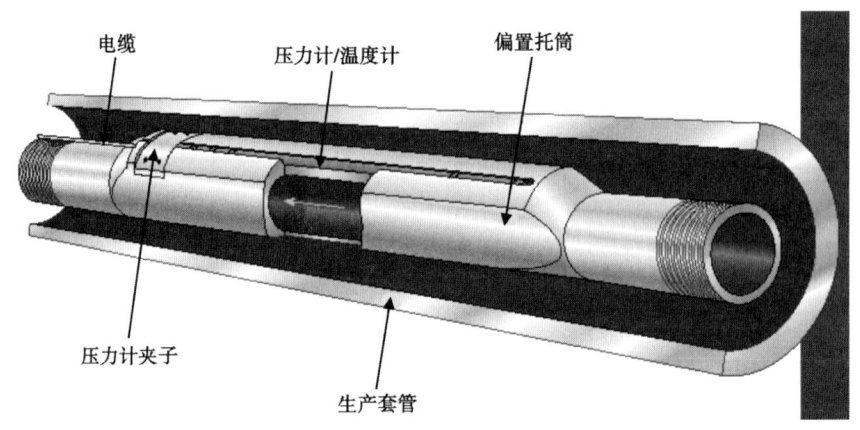

图5-8 压力计及托筒示意图

②系统技术指标。

传感器：硅—蓝宝石；

压力量程：6000psi,10000psi,15000psi,20000psi；

温度量程：125℃,150℃,177℃；

压力精度：0.02%（满量程）；

压力分辨率：0.03psi；

超压能力：110%（满量程）；

温度精度：±0.2℃；

温度分辨率：0.01℃；

超温能力：105%（满量程）；
外筒材质：Inconel 718；
防腐能力：防硫和二氧化碳；
操作系统：Windows98，Windows2000，Windows NT；
计算机接口：RS232；
传输方式：单芯电缆传输；
波特率：9600bit/s
采样间隔：1~3600s/点；
数据容量：$100×10^4$ 组数据点；
数据格式：压力/温度/时间；
电源：太阳能全自动供电系统。
③应用范围。

PDMS 永久井下监测系统可安装在生产井、注入井和观察井中，对油气藏进行长期动态监测、不稳定试井测试、稳定试井测试、干扰试井、监测井下压力异常并帮助判断井下故障。

④现场应用。

利用××井永久压力长期流压监测资料，运用 Blasingame 产能预测评价技术，对××井区 NgⅣ1 油藏渗流参数、油藏类型、目前平均地层压力、弹性孔隙体积、压力场变化过程特性等进行了动态描述和评价（图 5-9）。

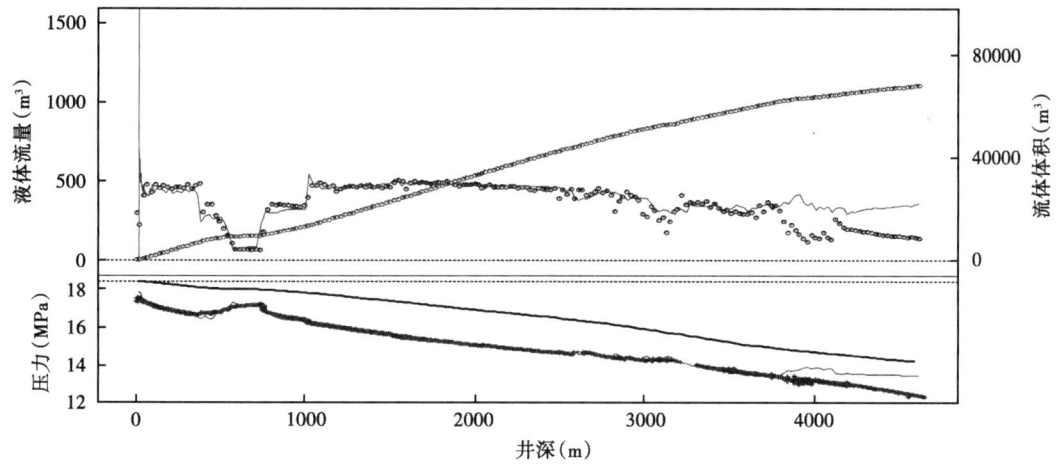

图 5-9 ××井数值试井方法储层描述压力历史拟合检验曲线图

（2）美国 CORELAB 公司永置式监测技术。

①结构组成。

美国 CORELAB 公司永置式监测技术的核心是采用了 ERDTM 电子谐振膜片（Electrical Resonating Di2 aphragm）压力温度传感器技术。电子谐振膜片是井下感应组件，由地面供电激发的共振膜片。压力温度传感器受地面激发后，将与测点压力和温度相关的 mV 级的频率振荡信号通过电缆上传至地面采集系统，经地面解算处理得出该探测位置的压力和温度数据。ERDTM 传感器能在高达 260℃温度环境中稳定的连续工作，关键在于井下设备无电子器件。

②仪器指标。

ERDTM 压力温度传感器的主要技术指标：

温度测量范围：-30~250℃；

测量精度：±2℃；

测量分辨率：0.050℃；

压力测量范围：0~172MPa；

测量精度：±0.1%F·S；

测量分辨率：0.0005%F·S；

压力时间漂移：0.021MPa/a；

传输能力：12200m 电缆。

③现场应用。

胜利油田在国内首次应用了该技术，整套装置自 2003 年 8 月 10 日安装完成后经过简单地调试仪器安装就位后，于 8 月 10—11 日进行了调试，达到了预期效果，即转入连续实时监测阶段。9 月 3 日—6 日期间，由于深井泵固定阀堵死，进行了洗井作业，油井恢复正常生产。该井自安装压力监测装置后，记录了油井生产过程中油层压力的变化情况。

5.1.2.3　结论和建议

（1）永置式电子压力计监测系统，精度高、性能稳定，国内各油田应用广泛，据不完全统计国内各油田有近百口井应用该系统进行压力、温度监测，其中海洋上应用居多。目前虽然各家均已推出耐温 150℃ 以上规格的永久式压力计，但在超高温环境条件下井下电子元器件存在老化加速问题。从目前各油田应用情况看，永置式电子压力计监测系统在井下环境大于 120℃ 条件下，井下压力计故障率明显增加，所以建议采用抗高温更好的压力监测系统。

（2）毛细管压力监测系统井下设备结构简单、无任何易损件，具有较强的耐高温特点，厂家承诺仪器最高温度指标为 250℃（480℉），该项指标使电子类测压系统无法比拟。不足之处是该系统不具备井下温度监测功能；另一方面是虽然各生产厂家承诺的精度与电子压力计的相当，但实际应用中发现确实存在压力感应滞后和精度较低的情况，从压力传感原理上讲弹性气体为传压介质必然会导致压力传导的滞后，从实际应用效果看该系统偏差并不是很大，完全满足油气井的压力采集需求。超深井油层埋深大（6000m 以上）、地温高（145~175℃），建议可采纳毛细管压力监测系统。

（3）采用连续油管作业方式进行压力资料监测。

5.1.3　气藏压力动态监测项目设计优化体系

5.1.3.1　压力监测设计优化体系建立基本原则

压力监测为动态监测的主体组成部分，具有监测科目多、施工频次多、施工工艺简单的特点。目前在各类井监测工艺方面均已形成成熟的系列，本次压力监测设计优化体系建立主要侧重于如何取好、用好资料的基础。需要强调的是，对于超深井仍然套用行业或企业的监测条例，很难有效地解决气田开发过程所关切的问题。

这里在认真考虑气田地质特点，依据动态监测优化体系建立原则，确立如下压力监测基本原则。

5.1.3.2 流压监测

（1）每口气井原则上1年监测流压4次，间隔时间3个月。

（2）针对某一口井的流压监测严格执行"三定"制度，即定测点深度、定压力计型号、定间隔时间。

（3）原则上测点最大深度位于产层中部深度。

（4）本着探讨井口压力数据在气藏早期评价中的作用，需加密井口压力的采集，采集间隔时间8h，有必要在井口安装高精度压力计自动采集井口压力数据。

（5）含水上升变化期每间隔2个月监测流压1次。

5.1.3.3 静压监测

（1）新井投产前测稳定静压1次，要求拉全井压力梯度剖面。

（2）每口气井原则上1年监测静压1次，间隔时间不少于9个月。

（3）针对某一口井的静压监测严格执行"三定"制度，即定测点深度、定压力计型号、定间隔时间。

（4）测静压关井前必须监测流压（与流压测点深度一致）。

5.1.3.4 压力恢复试井

（1）由于该监测科目对油田产量影响较大（特别是高产井），在气田开发过程，可应用与新区早期评价、规模评价等系统项目上。

（2）压力恢复试井需与井底流压中长期监测相配套，为本气田单元发育规模预测、井间连通关系确定等涉及油藏开发方向难点问题解决提供支持。

5.1.3.5 压降试井

压降试井需与压力恢复试井组合作业，本项试井对地面流量计量和控制要求条件较高，严格地讲压力降落试井前需满足关井压力区域稳定的条件，且由于受地面流体流量波动，资料品质很难满足定量评价的要求。故原则上不建议测取短时间压力降落试井资料。

5.1.3.6 系统试井

系统试井在产能优化方面有着极为重要的地位，特别是对油藏均质性较好规模型油藏，该项资料可有效指导油藏开发方案的科学编制。但对超深井而言该项试井方法应用中优势受到了限制。

5.1.3.7 干扰试井

干扰试井在确定井间连通关系和有效划分渗流单元方面有着极为重要的作用，但该项试井工艺属于多井高精度试井手段，需要周边相邻各井统一组织配合。该项目的实施组织、协调工作需要十分严密，这正是该项技术在国内推广程度不佳的主要原因。故不建在生产井组规模化实施。

5.1.3.8 连续压力监测

连续压力监测是动态监测目标实现的最佳途径。利用该项资料借助数值试井模拟技术，可以实现多口井流量历史干扰信息模拟验证、渗流单元可能干扰信息分析等，可为超深井开发过程油藏早期评价等诸多地质问题分析提供可靠的依据。

5.1.3.9 压力监测设计优化体系

压力监测设计优化体系如图5-10所示。

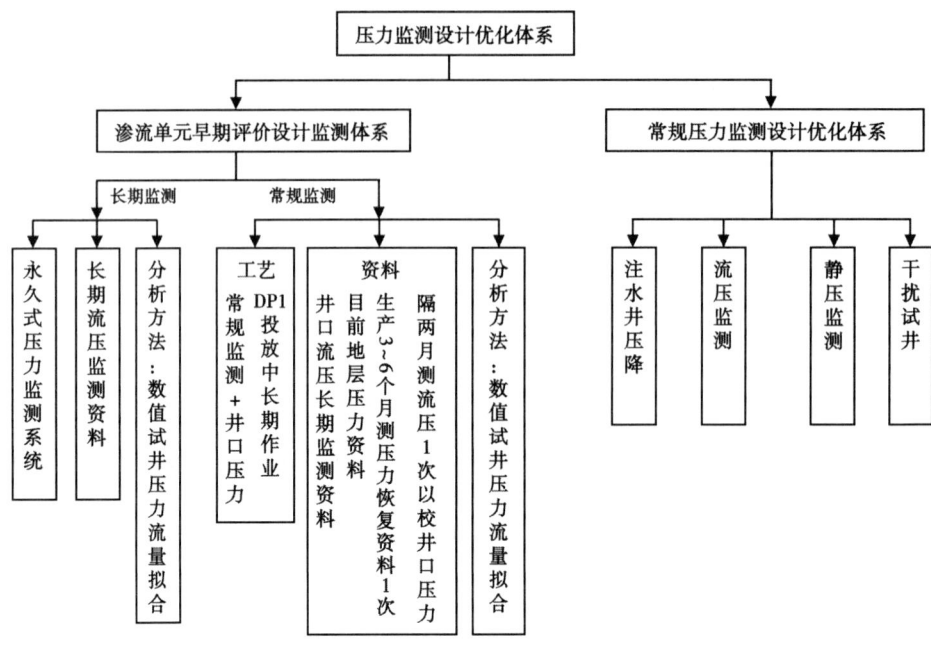

图 5-10 压力检测设计优化体系

5.2 超深井连续油管测试方案

5.2.1 测试仪器组合

电缆头+丢手接头总成+数据传输短节+石英压力计+磁定位-温度-伽马组合短节+测井鞋。

5.2.2 测试仪器的地面连接、调试

（1）连续油管连接器、电缆头、丢手接头连接部位抗拉和承压密封测试。

（2）在丢手接头总成尾部由上至下依次连接数据传输短节、石英压力计、磁定位-温度-伽马组合短节和测井鞋。

（3）打开地面采集系统，为测井仪器供电。

（4）供电正常后，通过调试地面采集系统检查测井仪器的工作状态是否正常。

（5）井口试压过程中，对测试仪器进行调试，检查仪器在带压情况下工作是否正常。

注意：带压调试仪器过程中，若发现地面采集系统出现异常信号，要立即停止试压，判断异常原因，若为测试仪器异常，要起出仪器地面检查。地面检查正常后再次对测试仪器进行井口带压调试，直到带压调试正常。

（6）测试仪器工作状态正常后，测试仪器准备入井作业。

5.2.3 数据采集

（1）测试仪器在下放过程中的速度控制参照连续油管的下放速度要求。

注意：下放过程中，连续油管在井内的弯曲可以通过测试仪器的记录曲线进行判断，当连续油管出现弯曲时，可适当降低连续油管的下放速度。

若出现采集数据变化异常，则上提连续油管后，对该段再次进行测试，通过对比采集数据判断异常变化发生原因。

（2）测试仪器通过油管管脚时，由地面采集系统的曲线来判断测试仪器是否顺利通过管脚。

（3）测试仪器每下至测点以上50m时，通过与套管接箍和自然伽马曲线对比，校正仪器下入深度。

5.2.4 静压测试

受连续油管井内受力情况的影响，连续油管在静压下无法由井内提出，所以静压测试必须在下放过程中进行。

测试仪器下至测点，通过以下方式进行测试：

（1）测点稳定低于180℃时，按照测试要求下至测点进行测试。

（2）测点温度高于180℃时，下放仪器过程中记录180℃所在的位置，由此点开始降低下放速度加密采样频率，直到测点的位置。仪器在测点位到达测试目的，然后上提测试仪器。

5.2.5 流压测试

（1）下放过程中的流压测试。

下放过程中进行流压测试时，根据表5-1中的下放最大深度选择合适的产量和井口压力进行流压测试。

表5-1 日产量及井口压力与连续油管提下深度的关系

日产量 ($10^4 m^3$)	不同井口压力下上提最大深度（m）					不同井口压力下下放最大深度（m）				
	40MPa	50MPa	60MPa	70MPa	80MPa	40MPa	50MPa	60MPa	70MPa	80MPa
30	7350.5	7301.6	6900	6870	6840	7406	7406	7406	7406	7406
50	7406	7406	7406	7406	7406	7406	7406	7406	7406	7406
75	7406	7406	6378	6502.3	6598.9	7406	7406	6378	6502.3	6598.9
100	5668.4	5683	5698.2	3820.7	1588.9	5668.4	5683	5698.2	3820.7	1588.9
150	561.1	608.4	609.9	552.3	470.6	561.1	608.4	609.9	552.3	470.6

注：在进行流压测试时，必须保持日产量稳定。

仪器下入后的流压测试方式与静压测试方式相同。

（2）上提过程中的流压测试。

连续油管上提时，根据表5-1中的上提最大深度选择合适的产量和井口压力进行流压测试。

上提过程中，对于测点温度高于180℃的情况同样采用加密采样频率的方式进行测试。

5.2.6 压力恢复测试

（1）仪器下入后，与静压测试方式相同。

若在测点未能达到测试要求，需要上提测试仪器时，开井上提连续油管，将测试仪器提至180℃位置以上且满足连续油管在静压下安全提出井内的深度位置后，关井测试，并通过分析计算推算测点的压力恢复。

注意：测试过程中，采集的数据出现异常点后，必须对异常点进行分析，判断仪器的工作状态是否正常。若异常点较多且仪器工作状态正常，必须重新采集测试数据。

（2）作业完成后，测井工程师配合连续油管操作手提出井内连续油管，并对记录数据进行整理。

5.2.7 地面拆卸

（1）注入头与防喷盒的连接处拆开后，关闭测试仪器的供电系统。

（2）注入头吊至地面后，由下至上依次拆卸测井鞋、磁定位-温度-伽马组合短节、石英压力计和数据传输短节。

（3）对拆卸下的仪器短节进行清理，检查测试仪器的表面和连接处有无异常，记录检查情况后仪器装箱。

6 超深井连续油管测试工艺

超深井连续油管测试工艺是测试工作的重要环节，本章根据一些典型的测试实例，对超深井连续油管测试工艺提出一些想法和建议。

6.1 测试工艺优选

超深井测试作业的特点是要求测试工艺必须能够满足带压测试的需求，测试工具必须在高温、高压及存在腐蚀介质的测试环境中下入到要求的测试深度。

连续油管测试工艺技术是将测试电缆穿入连续油管中，采用连续油管地面测试设备，依靠连续油管自身的刚度和韧性将井下测试仪器送入目的井段进行测试的作业方式，所以可以在井内压力较高的情况下，连续油管可携带测试工具下入到要求的测试深度，并实现在整个井段上进行连续测试的要求，同时由于电缆密封于连续油管内，井筒内腐蚀介质（如 CO_2 等）不会对电缆或钢丝产生腐蚀。

6.1.1 高产能气井测试动态的"异常"性

根据典型测试实例分析导致高产能气井测试动态的"异常"性的原因。

（1）克拉-203 井。

克拉 2 气田是世界上比较罕见的大型、超高压、巨厚砂岩气田。克拉-203 井的试井资料反映出高压高产气井动态的一些共性。克拉-203 井测试层段为白垩系，深度 3698.5~3916.5m，岩性为粉砂岩、细砂岩，间有薄泥岩夹层。下入两组高精度压力计，安置在 3404.61m 和 3520.15m，分别距离井底 402.89m 和 287.35m。测试延续了 20d，其中开井 227.8h，产气 $1030×10^4m^3$，油 $5.23m^3$，水 $27.71m^3$。从测得的压力历史曲线如图 6-1 所示，发现测点温度变化正常，开井升温、关井降温。

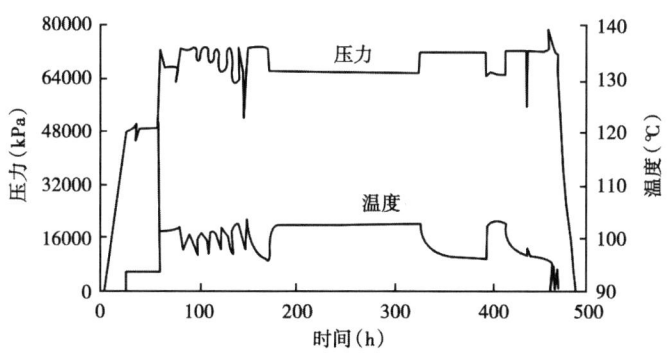

图 6-1 克拉-203 井压力温度历史

关井压力恢复曲线晚期出现压力回落如图 6-2 所示，该现象在各次较长时间的关井中都不同程度的存在，而开井压降曲线早期出现突降的倒峰值如图 6-3 所示。

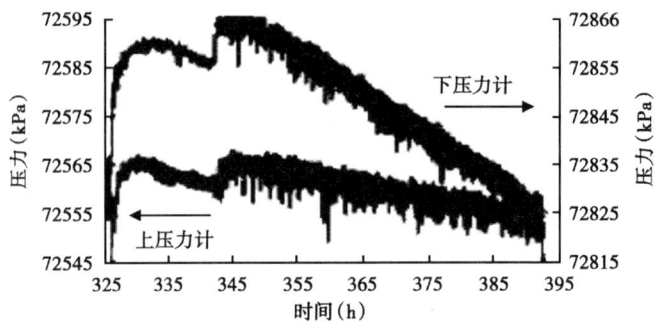

图 6-2 克拉-203 关井恢复压力晚期下降

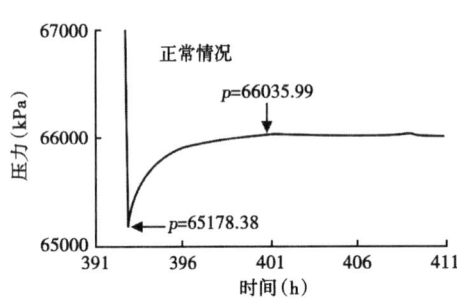

图 6-3 克拉-203 开井压力早期突降与回升

有文献认为引发上述现象的主要原因是开关井时井筒内的相态变化：关井后井筒内流体产生重力分离，液体重质成分向井筒下部滑落，产生积水；开井时积水被气流携带向上，充满井筒，并带出井口；漏失到地层内的工作液随开井时间延长不断排出，导致井流物密度不断减小。但是该井产液量平均为 $3.48m^3/d$，气液比高达 $31.27×10^4m^3/m^3$，液相含量极低，不可能产生多少积液。

（2）罗家 6 井。

对于常规、不含水、中小产能的气井测试，采用井口测压再换算成井底压力，是一种高效低成本的测试方式。罗家寨飞仙关气藏气井产能高，生产压差小，西南油气田分公司曾对罗家 6 井在两次完井测试时专门安排在井口、井底同时测试，以考察井口测压分析的可行性，结果发现井口压力表现极其异常：开井压力"跳跃下降—上升—下降"，关井压力"跳跃上升—下降"，与井底压力变化规律完全不同（图 6-4、图 6-5）。尽管关井后可能出现油

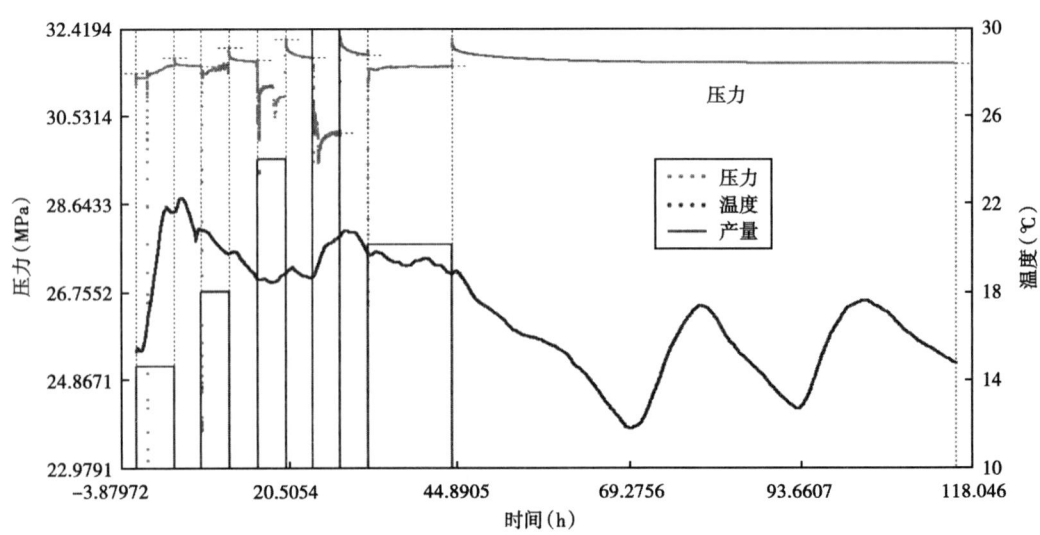

图 6-4 罗家 6 井修正等时试井的井口动态

管内雾状或环状的液体沉降,以及硫化氢、二氧化碳组分沉降,但这些因素不能解释开关井的全过程现象。

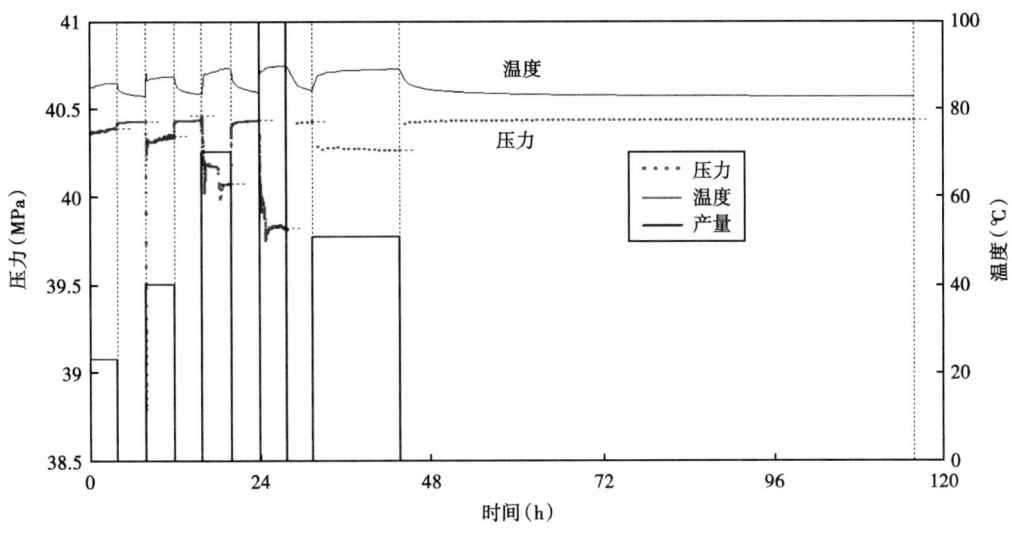

图 6-5 罗家 6 井修正等时试井的井底动态

从罗家 6 井测试的温度资料发现,井口温度主要受环境温度的影响呈现一定的周期波动,罗家 6 井产层中部深度 3950m,井底压力计下深 3406m,距层中部 544m,开关井期间的井底温度变化正常,呈现出高产高温的加热效应。从罗家 6 井试井期间各关井阶段井口压力变化(图 6-6)发现,产量越高,关井初期井口压力上冲幅度越大。

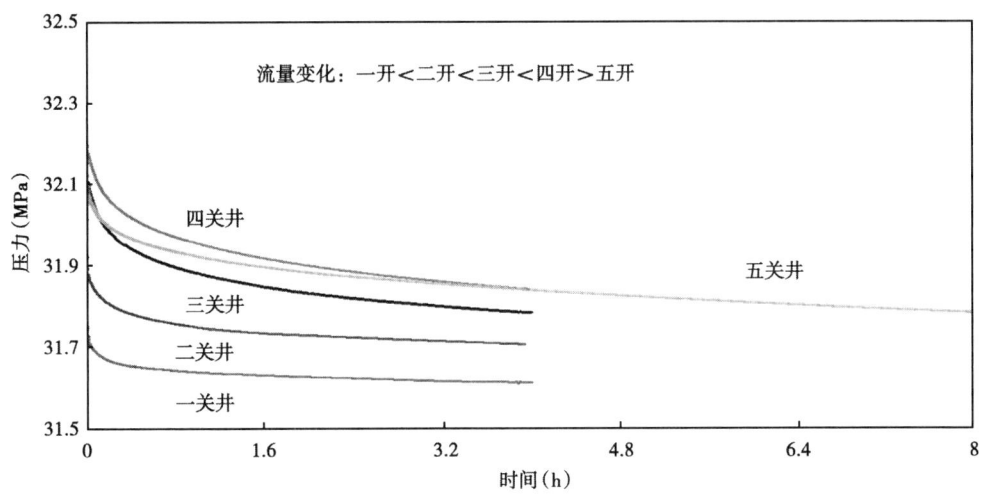

图 6-6 罗家 6 井各关井阶段井口压力变化

(3) p302-2 井。

p302-2 井酸压施工后的试气:射开气层厚度 519m,测井解释有效渗透率 0.002~74.597mD,孔隙度 2.07%~11.99%,采用修正等时试井方式,等时距 36h,4 个工作制度,测试产量分别为 $25×10^4 m^3/d$、$37×10^4 m^3/d$、$53×10^4 m^3/d$、$86×10^4 m^3/d$,延长测试 4d,稳定

产量 $47×10^4 m^3/d$,最后关井压力恢复测试 4.5d。实测产能测试数据如图 6-7 所示,井口压力动态图 6-8 与罗家 6 井情况十分类似。开井期的井口温度上升,类似常规压力恢复形态,产量越高井温越高;关井期温度下降,受环境气温干扰呈现周期变化,不再反映井温变化。

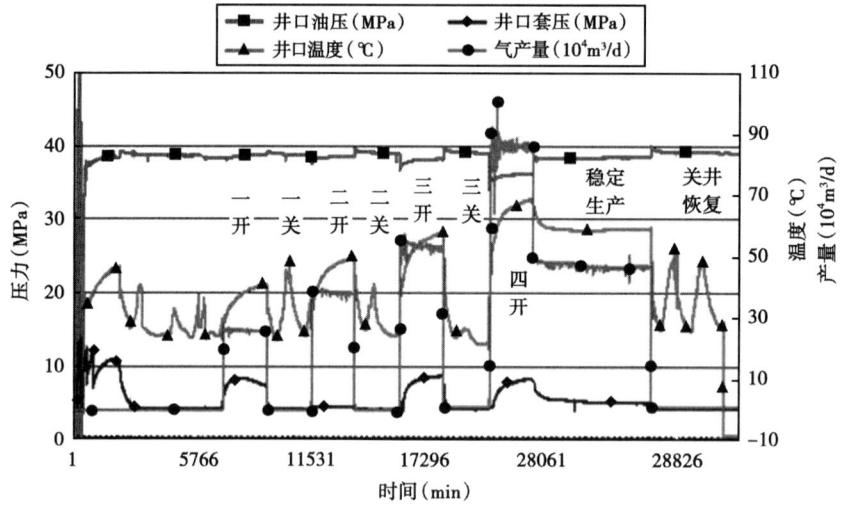

图 6-7 p302-2 井实测产能测试数据图

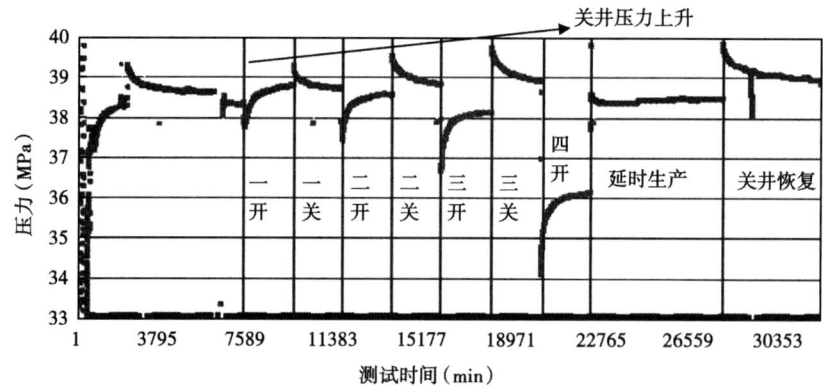

图 6-8 p302-2 井产能测试井口压力曲线

有文献分析认为造成这种复杂现象的原因主要有如下几点:

（1）井底积液返排。

开井流动期间时,前期进入地层的工作液会随着气体产出返排出井筒,改善近井地带的渗透性,造成后期井口压力上升。但是这种自清洁作用在每个测试周期均出现过于巧合,正常情况下自清洁作用应该逐渐变弱。

（2）流体动量变化。

关井初期,井筒流体流速快速衰减,井筒流体动量变化,同时地层对井筒仍然存在流体补充,产生一定的冲击压力。但是地面关井操作一般要限制关井速度,避免"水击"现象,另外这类附加冲击压力持续时间很短,仅为几次声波的往返传播时间,而且是快速衰减。

（3）井筒流动相分离。

关井中后期,井筒混合流体产生重力分离,气体上升液体下降,产生井筒积液,部分井底积液返回高渗层,使液面发生变化,造成后期井口压力下降。但是封闭体系中的流体压力与组成(平均密度)温度相关,而与位置无关,因此相分离不能产生附加压力。

6.1.2 异常原因分析与对策

这一类压力"异常"现象均是在高产量、低压差气井情况下出现,导致该类气藏测试压力异常的主要原因是温度影响。结合井筒温度变化可以解释高产能气井测试中井口油压"异常"现象:

(1)流动初期井底流压小幅度下降,井筒温度开始上升较快,导致流体密度下降,井筒流动压降迅速降低,并且井筒流动压降的变化幅度远大于井底流压变化。因此,开井的油压反而比关井时的静止油压高,并随井温的上升而上升。

(2)当井筒温度稳定后,井口油压才随流压下降而下降。

(3)井筒的稳定温度随生产流量的增加而增加,流量的跃增导致井温上升和井筒压降降低,当井筒压降变化大于井底流压变化时,表现出井口油压的上生。

(4)关井压力恢复期,井筒压降中摩阻、加速度压降突然消失,井筒压降陡然下降,再加上井底压力回升,导致关井早期油压"上冲";而后随井温的下降、流体密度增加,井筒压降增加,导致油压下降,当井温稳定后,井筒压降随之稳定,油压才随井底压力回升。

(5)产量越高对井筒的加热作用越显著,井筒流体温度越高,井筒气柱压差越小,关井初期井口压力上冲幅度越大。

根据 p302-2 井产能测试资料,利用井筒—气藏耦合的测试模拟器,在井筒流动模型中考虑不稳定传热影响,模拟出修正等时试井期间的井温剖面(图 6-9)、井口温度(图 6-10)、井口压力(图 6-11)和井底流压动态(图 6-12)。

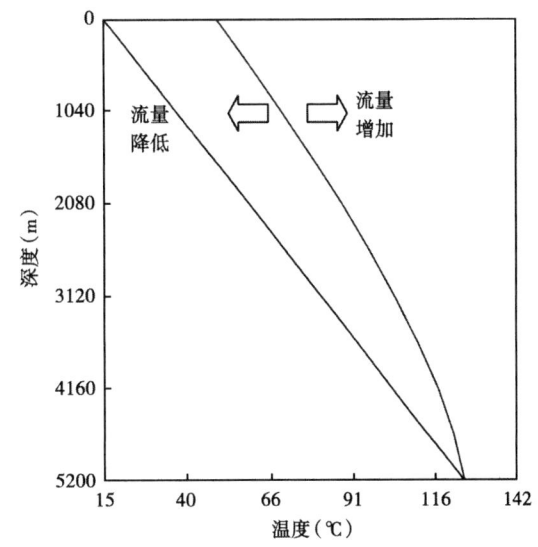

图 6-9 p302-2 井测试产量 $37\times10^4 m^3/d$ 的模拟井温剖面

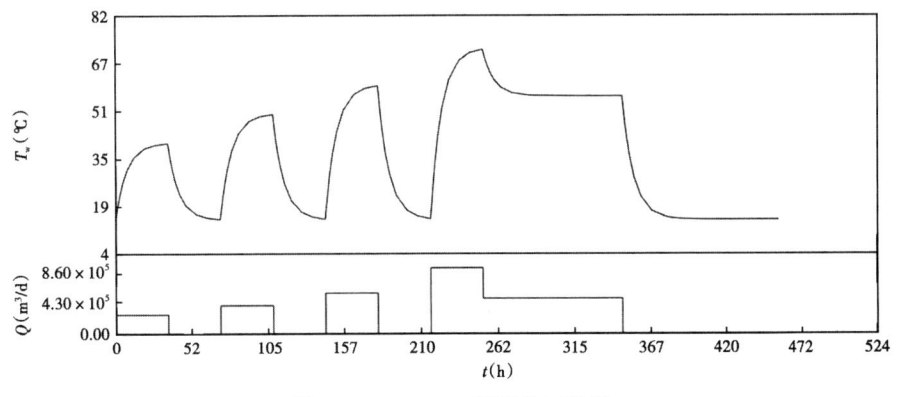

图 6-10 p302-2 模拟井口温度

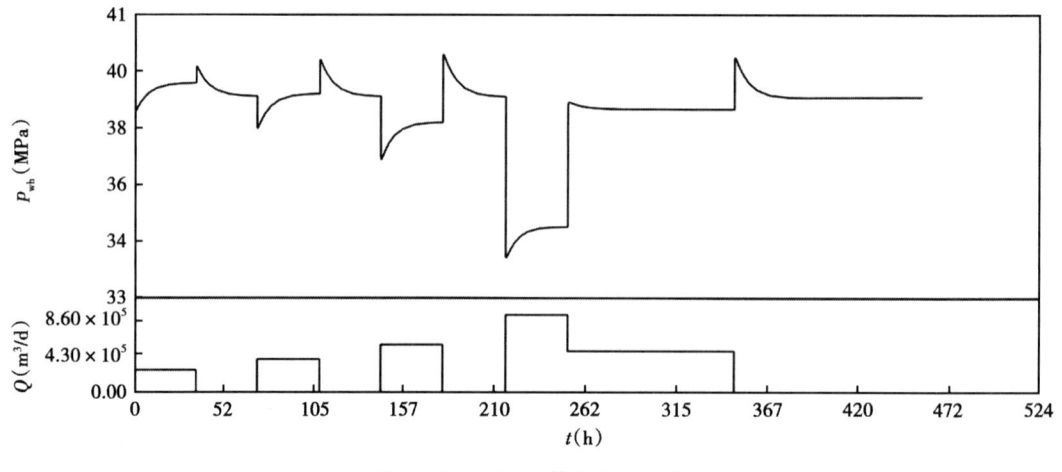

图 6-11 p302-2 模拟井口压力

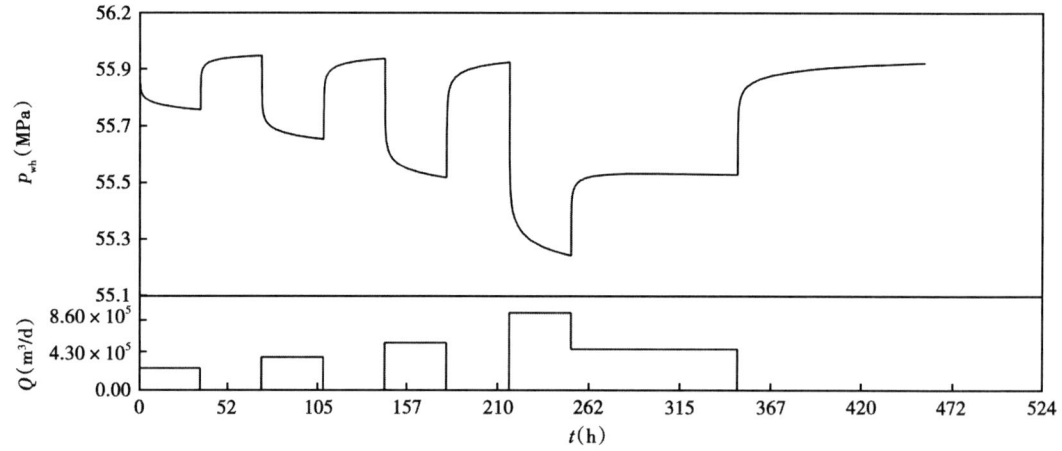

图 6-12 p302-2 井底压力（井深 5200m）

对比可见，理论计算的井筒动态与实测资料十分相似，计算表明：

（1）高产能气井（$Q_{AOF}>200\times10^4 m^3/d$）测试过程中，温度变化对井筒压力动态影响显著。

（2）中低产能气井由于测试产量低、井温变化小、生产压差大，温度效应的"热压差"小，不足以改变压力动态的形态，因此，常规的测试资料解释并不使用温度数据。

（3）温度效应在井筒中累积在井口最大化，井口压力动态"异常"最严重，随着井深增加，温度效应逐渐减弱（图 6-13、图 6-14）。

（4）未下入到产层段的高产能气井测压资料，需要考虑温度校正，未校正的资料在压降期和恢复期的压力明显比产层压力平稳（对比图 6-12 和图 6-14），其形态将导致试井解释的高渗透率、高表皮系数的误解。

（5）直读式压力计井下测压，能够实时观察测点动态，合理调整工作制度，不能完全根据这种测点压力"假"稳定现象推断产层压力稳定，需要结合温度数据折算成井底流压再进行诊断。

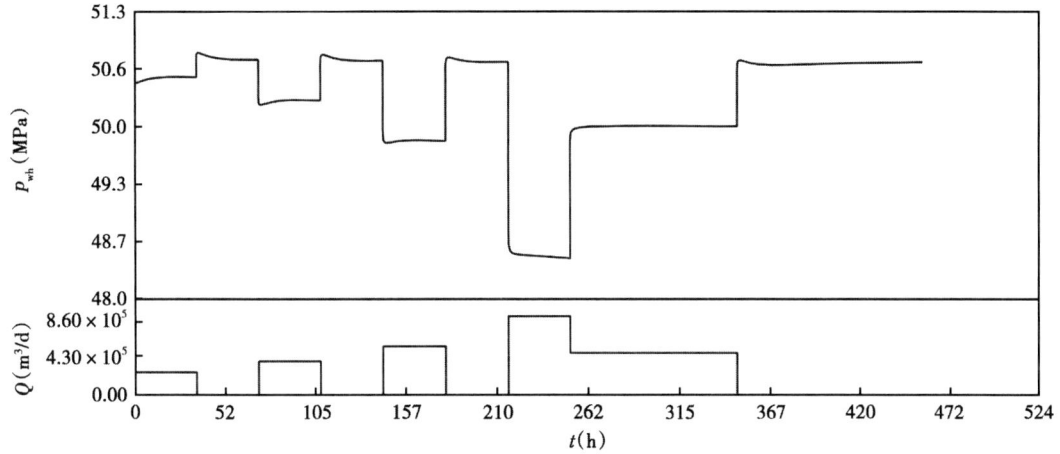

图 6-13 测试点压力（井深 3500m 处）

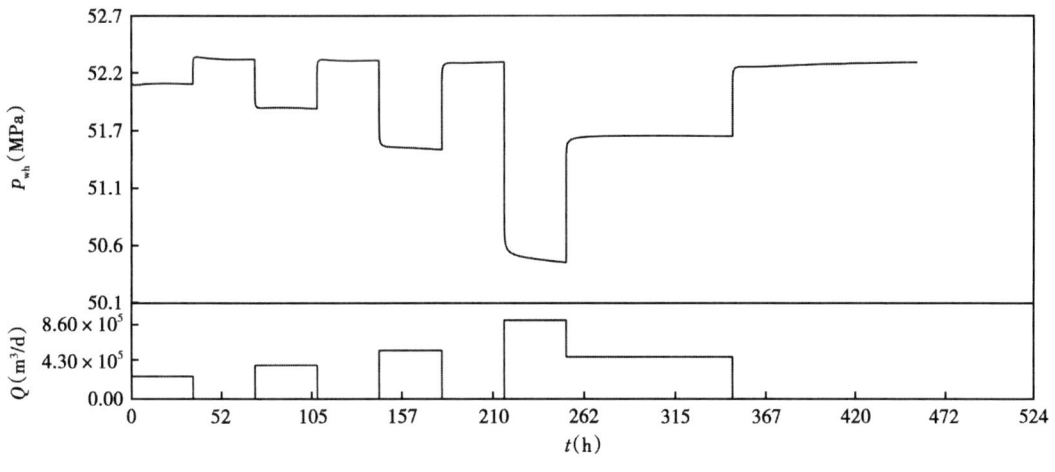

图 6-14 测试点压力（井深 4000m 处）

（6）压力计下深越大，利用测压资料推算出井底压力的精度越高，但在高压超深井的施工难度和安全风险也越大，因此，需要在满足测压精度、测试资料解释的基础上优化测压深度。

6.2 试气方式优选

6.2.1 产能测试方式

目前产能测试方式共有以下 5 种：回压试井、等时试井、修正等时试井、一点法试井以及最近开始应用的不关井等时试井，这 5 种测试方式的适应性进行对比分析：

（1）回压试井：依次改变井工作制度（生产测试时安排产量序列由小到大，完井测试则是由大到小，以有利于排液解堵），要求每个工作制度达到稳定，通常还在后期关井测压力恢复，获取产能关系和地层参数（图 6-15）。该方式适合于高渗气藏测试。

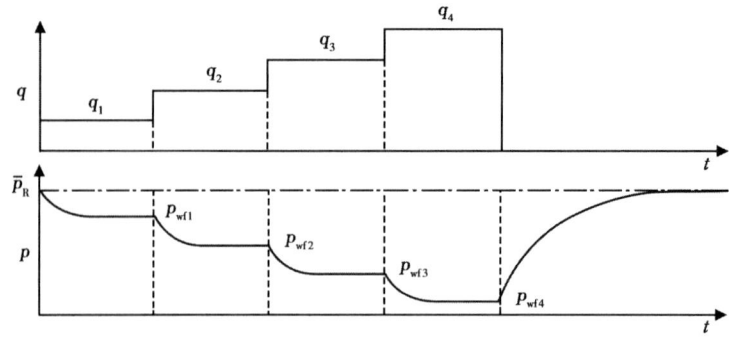

图 6-15　回压试井试井示意图

（2）等时试井：以几个不同的产量（一般为 3~4 个）生产相同的时间，要求每个制度结束后关井恢复到地层静压，最后一段产量延长测试达到流压稳定（图 6-16）。与回压测试相比，等时试井可大大缩短总测试时间，该方式适合于中高渗透气藏测试。

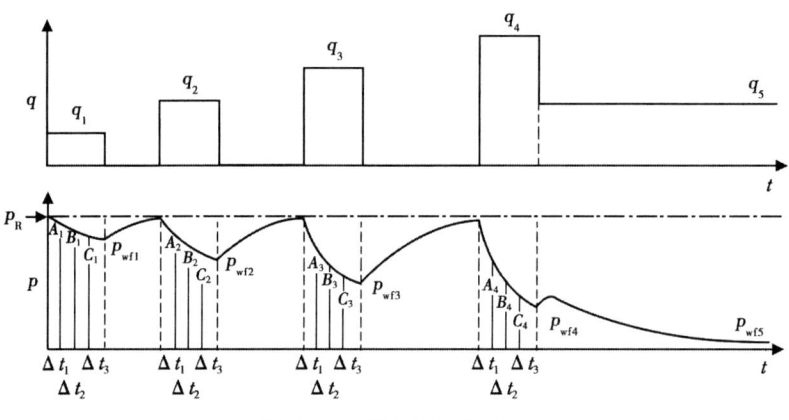

图 6-16　等时试井示意图

（3）修正等时试井：各制度的开井、关井周期相同（开井与关井时间可以不同），最后一段产量延长测试达到流压稳定（图 6-17）。由于关井时间不要求压力恢复到静压，修正等

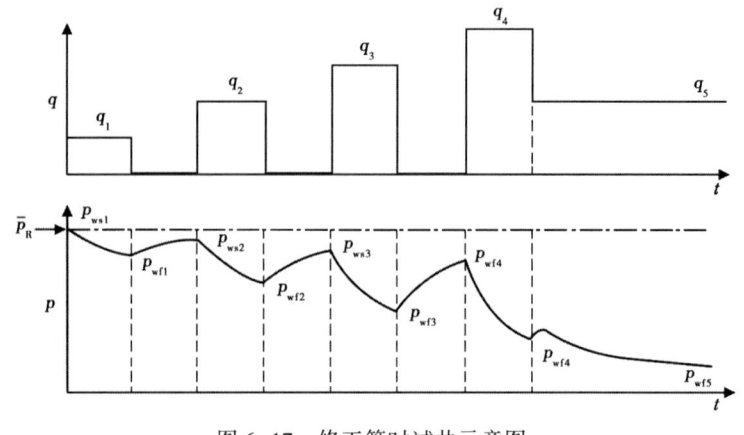

图 6-17　修正等时试井示意图

时试井进一步缩短了总测试时间,该方式适合于低渗透气藏测试。

(4)一点法试井:只测一个稳定产量和对应稳定的流压,通过经验关系建立产能方程,适合于大压差测试的特低渗气藏。

(5)不关井等时试井:依次改变井工作制度,每个制度生产时间相同,不要求每个工作制度达到稳定,最后一段产量延长测试达到流压稳定(图6-18),分析方法等同于等时试井。

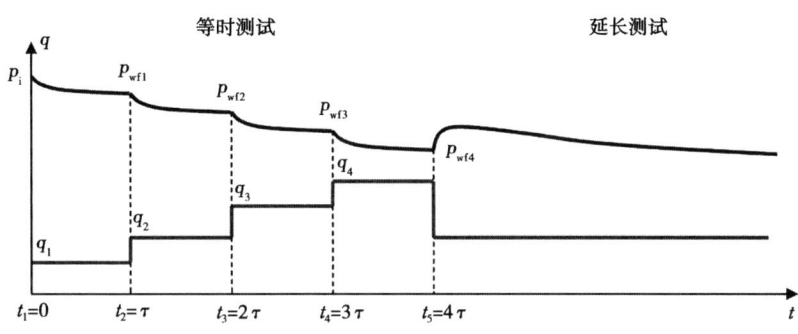

图6-18 不关井等时试井示意图

四川龙岗气田礁滩气藏属于单斜背景下的岩性圈闭气藏,以Ⅱ类、Ⅲ类储层为主,非均质性强;气藏气水关系复杂,具多压力系统特征;飞仙关组、长兴组天然气硫化氢含量在$28.1\sim40\text{g/m}^3$,为中—高含硫气藏特征,天然气甲烷含量在91.9~94.14%,小于95%,属干气气藏;压力系数在1.0~1.2,属于常压气藏;气藏中部温度为128.8~149.4℃,地温梯度正常,井深在6000m左右。龙岗气田试气广泛采用不关井等时试井,采用"4加1"的产能测试方式:前4个测试工作制度等时测1d,最后1个工作制度延长测10d,井下测压资料正常,分析解释可靠。

为了压缩测试时间,广泛采用修正等时试井方式,但在资料处理时,按照标准分析方法 $[(p_{ws}^2-p_{wf}^2)/q—q]$ 回归二项式斜率 B 值,时常出现相关性差或负斜率异常现象,修改为等时试井分析方法 $[(p_i^2-p_{wf}^2)/q—q]$ 后可恢复正常。

上述多流量流动测试方式中,前期的短期变流量测试反映出近井地带的高速紊流阻力的产能影响,后期的延长测试则反映出较大的波及范围(压降范围或供给范围)内流动阻力的产能影响,理论上要求延长测试要达到单井控制储量的拟稳定流状态,才能反映气井的长期生产过程中的产能关系,实践上要求延长测试达到一定的流动范围即可。因此,不同的多流量测试方式在原理上都能够获取正确的气井产能关系。

下面建立气井不稳定流动的产能二项式关系,从理论上说明这一原理。定流量生产条件下气井的不稳定流动关系为:

$$p_i^2 - p_{wf}^2(t) = 0.01466\frac{qT_f\mu_i Z_i}{Kh}\left(\lg\frac{Kt}{\phi\mu C_t r_w^2} + 0.908 + 0.87S + 0.87Dq\right) \quad (6-1)$$

式中 p_i——原始地层压力或目前地层平均压力,MPa;

p_{wf}——井底流动压力,MPa;

t——生产时间,h;

q——气井产量,$10^4\text{m}^3/\text{d}$;

T_f——地层温度,K;
μ——地层压力下的气体黏度,mPa·s;
Z_i——地层压力下的偏差因子;
K——有效渗透率,D;
h——气层有效厚度,m;
ϕ——孔隙度;
C_t——总压缩系数,(MPa)$^{-1}$;
r_w——井眼半径,m;
S——表皮系数;
D——惯性系数或非达西流动系数,($10^4 m^3/d$)$^{-1}$。

取:

$$m = 0.01466 \frac{T_f \mu_i Z_i}{Kh} \tag{6-2}$$

$$S^* = \lg \frac{K}{\phi \mu C_r r_w^2} + 0.908 + 0.87S \tag{6-3}$$

$$B = 0.87 mD \tag{6-4}$$

不稳定流动过程的多流量叠加形式为:

$$p^2 - p_{wf}^2(t) = m \sum_{j=1}^{n} (q_j - q_{j-1}) \lg(t - t_j) + m q_n S^* + B q_n^2 \tag{6-5}$$

其中,流量序列为$(t_1, q_1)(t_2, q_2) \cdots (t_n, q_n)$,$t > t_n$,$t_1 = 0$,$q_0 = 0$。

转换为产能二项式形式为:

$$p_i^2 - p_{wf}^2(t) = \left[m \sum_{j=1}^{n} \frac{q_j - q_{j-1}}{q_n} \lg(t - t_j) + m S^* \right] q_n + B q_n^2 = A(t) q_n + B q_n^2 \tag{6-6}$$

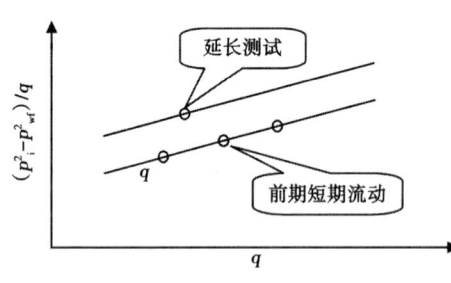

图6-19 含延长测试的二项式分析示意图

显然,变系数$A(t)$反映了地层的达西渗流阻力和表皮阻力,系数B反映了高速紊流区的附加阻力。

如果在各个制度末期的$A(t)$值基本未变,那么在二项式分析$(p_i^2 - p_{wf}^2)/q - q$图则呈现出直线关系,斜率为B值,而延长测试末期的流动范围大于前期的短流动期,因此其$A(t)$值较大,通过平移回归直线方式确定(图6-19)。

如果在各个制度末期的$A(t)$值与流量保持线性关系,那么在二项式分析$(p_i^2 - p_{wf}^2)/q - q$图上也呈现出直线关系,但是斜率大于真实B值。

流动测试还关注流动过程的探测范围,一般要求测试需要突破井筒的存储干扰,地层探测范围在50~100m以上,测试资料能够反映地层的流动特性。通常采用探测半径来估计流动范围,探测半径R_i定义为一流量变化引起压力波动在某个时间所传播的范围:

$$R_{i} = \sqrt{4\eta t} = 3.7947\sqrt{\frac{K}{\phi\mu C_{t}} \cdot t} \qquad (6-7)$$

但是探测半径是压力波的传播距离，与测试流量大小无关，不能表征测试的压降动用范围。

采用供给半径表示测试过程的压降动用范围更合适。对于压降过程中压力漏斗扩大的瞬态过程，可以视为稳定渗流状态下的生产压差和供给半径的同时扩大过程，利用稳定渗流的产能关系：

$$q = \frac{Kh[\Psi_{i} - \Psi_{wf}(t)]}{1.842 \times 10^{-3} B\mu \left(\ln \dfrac{R_{e}}{r_{w}} + S \right)} \qquad (6-8)$$

确定出供给半径 R_e：

$$R_{e} = r_{w} \exp\left\{ \frac{Kh[\Psi_{i} - \psi_{wf}(t)]}{1.842 \times 10^{-3} qB\mu} - S \right\} \qquad (6-9)$$

式中　Ψ——气井拟压力。

6.2.2　供给半径对产能分析的影响

供给半径与二项式 A 系数密切相关，大供给半径对应大的 A 值。下面通过测试模拟数据说明该方式估计的供给半径的有效性、适应性以及和产能二项式分析曲线的关系。

（1）等时试井模拟。

地层渗透率 4mD，产层厚度 300m，孔隙度 7%，地层压力 56MPa，非达西流动系数 $0.1 \times (10^{4}\text{m}^{3}/\text{d})^{-1}$，表皮系数 -2，流量序列 $25\times10^{4}\text{m}^{3}/\text{d}$、$37\times10^{4}\text{m}^{3}/\text{d}$、$53\times10^{4}\text{m}^{3}/\text{d}$、$86\times10^{4}\text{m}^{3}/\text{d}$、$46\times10^{4}\text{m}^{3}/\text{d}$，等时开井 36h，压力历史模拟如图 6-20 所示，模拟等时试井数据见表 6-1，计算的调查半径与供给半径如图 6-21 所示。

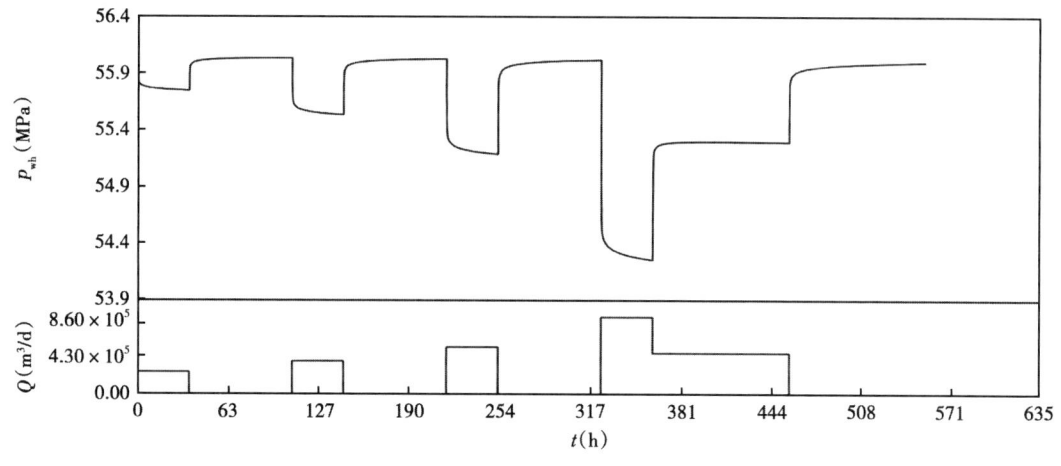

图 6-20　等时试井模拟井底流压

表 6-1 模拟等时试井数据

序号	工作制度 ($10^4 m^3/d$)	阶段时间 (h)	井底流压 (MPa)	生产压差 (MPa)	供给半径 (m)	探测半径 (m)	等时试井分析 $(p_i^2-p_{wf}^2)/q$
1	25	36	55.705	0.295	234.7	313.6	1.32
2	0	72	55.993	0.007		543.1	
3	37	36	55.494	0.506	258.6	627.1	1.52
4	0	72	55.986	0.014		768.1	
5	53	36	55.151	0.849	268.9	829.6	1.78
6	0	72	55.978	0.022		940.7	
7	86	36	54.225	1.775	268.8	991.6	2.28
8	46	96	55.256	0.744	606.5	1116.0	1.80
9	0	96	55.959	0.041		1227.9	

注：(1) 理论计算 Q_{AOF} 为 $519×10^4 m^3/d$；

(2) 二项式分析 Q_{AOF} 为 $415×10^4 m^3/d$，偏低 20.1%。

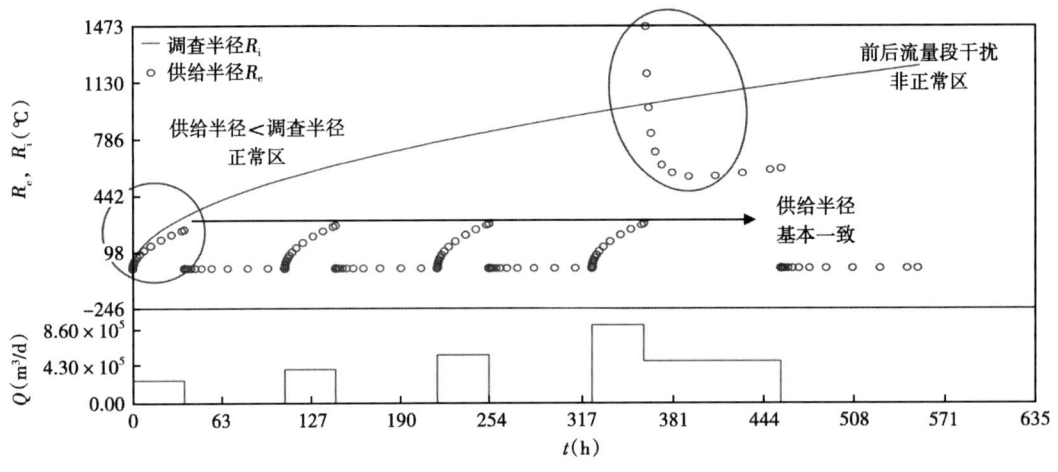

图 6-21 等时试井调查半径与供给半径

由于关井恢复已接近地层压力，前期流动影响基本不存在，各个等时流动期间的估计出的供给半径基本一致，供给半径小于探测半径，即压降漏斗扩散速度小于压力波的速度，符合物理现象本质。

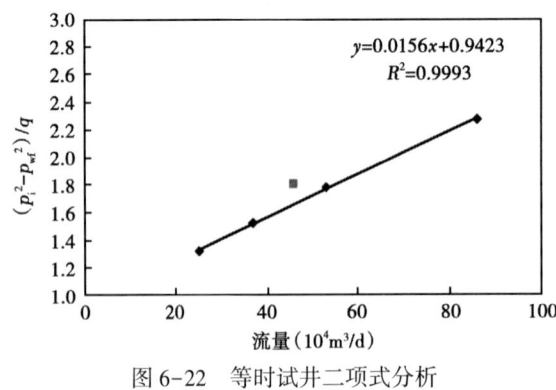

图 6-22 等时试井二项式分析

但在延长测试的初期，稳态法估计的供给半径不正常（供给半径大于探测半径），其原因是产量调低压力回升，流压还未进入正常的下降期，稳态渗流假设失效。后期流压开始下降，估计的供给半径表现正常（供给半径小于探测半径，并随压降增加而扩大，供给半径随流动时间增长）。

等时试井二项式分析如图 6-22 所示，理论计算 Q_{AOF} 为 $519×10^4 m^3/d$，二

项式分析 Q_{AOF} 为 415×10⁴m³/d，偏低 20.1%。但业内普遍认为二项式产能关系更可靠。

（2）修正等时试井模拟。

地层渗透率 0.3mD，产能厚度 30m，孔隙度 7%，地层压力 56MPa，表皮系数-2，非达西流动系数 0.1×(10⁴m³/d)⁻¹，流量序列 2.5×10⁴m³/d、3.7×10⁴m³/d、5.3×10⁴m³/d、8.6×10⁴m³/d、4.6×10⁴m³/d，等时开井 30h，压力历史模拟如图 6-23 所示，模拟修正等时试井数据见表 6-2，计算的调查半径与供给半径如图 6-24 所示。关井虽然未恢复到地层压力，存在前期流动的影响，后期等时流动的供给半径略有增加。

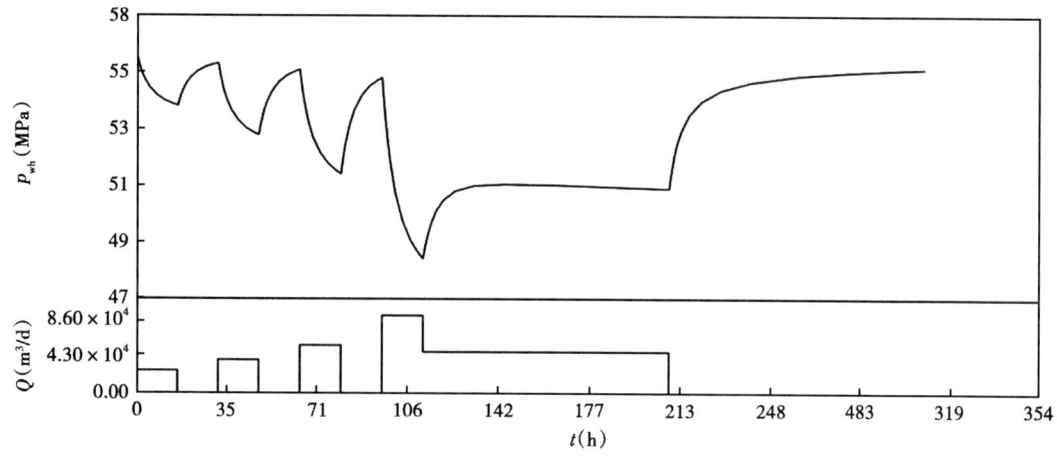

图 6-23 修正等时试井模拟井底流压

表 6-2 修正等时试井数据

序号	工作制度 (10⁴m³/d)	阶段时间 (h)	井底流压 (MPa)	生产压差 (MPa)	供给半径 (m)	探测半径 (m)	等时试井分析 $(p_i^2-p_{wf}^2)/q$	修正等时试井分析 $(p_{ws}^2-p_{wf}^2)/q$
1	2.5	16	54.155	1.845	28.1	57.2	81.29	81.29
2	0	16	55.724	0.276		81.0		
3	3.7	16	53.077	2.923	33.0	99.2	86.16	77.81
4	0	16	55.497	0.503		114.5		
5	5.3	16	51.618	4.382	34.4	128.0	88.98	78.40
6	0	16	55.206	0.794		140.2		
7	8.6	16	48.478	7.522	32.2	151.5	91.39	91.39
8	4.6	96	51.080	4.920	133.2	206.4	114.53	114.53
9	0	100	55.540	0.460		251.2		

注：（1）理论计算 Q_{AOF} 为 28.5×10⁴m³/d；
（2）修正等时试井二项式分析 Q_{AOF} 为 21.4×10⁴m³/d，偏低 24.8%；
（3）等时试井二项式分析 Q_{AOF} 为 22.2×10⁴m³/d，偏低 22.0%。

修正等时试井二项式分析结果如图 6-25 所示，等时试井的二项式分析方法结果如图 6-26 所示。理论计算 Q_{AOF} 为 28.5×10⁴m³/d，修正等时试井二项式分析 Q_{AOF} 为 21.4×10⁴m³/d，

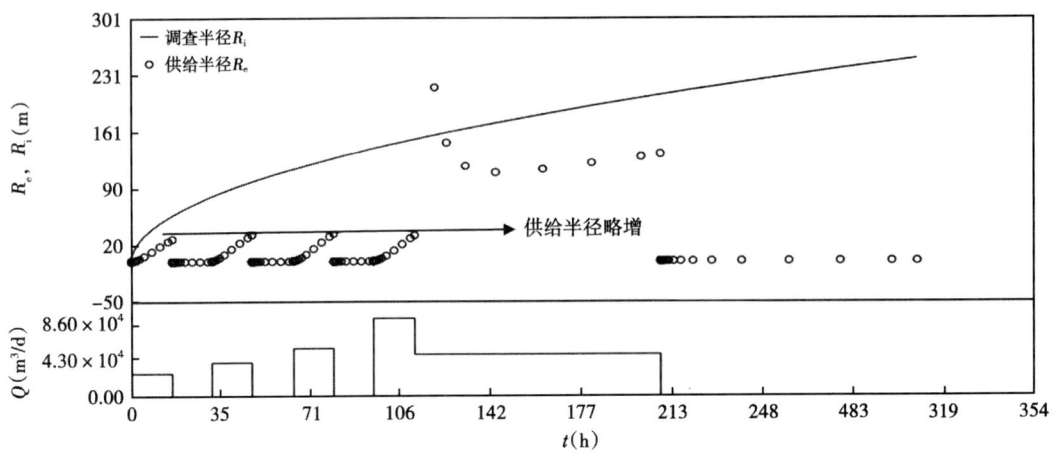

图 6-24 修正等时试井调查半径与供给半径

偏低 24.8%，按照等时试井二项式分析 Q_{AOF} 为 $22.2×10^4 m^3/d$，偏低 22.0%，但资料的相关性明显改善。

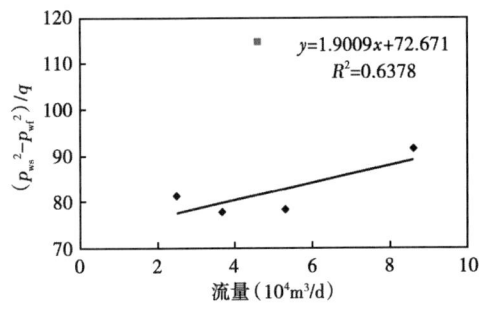

图 6-25 修正等时试井二项式分析

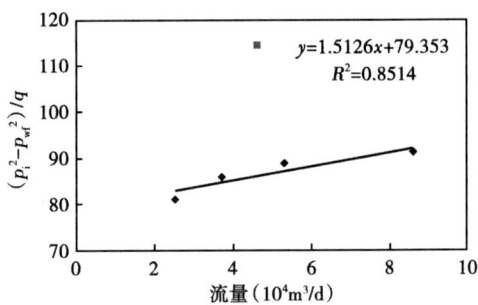

图 6-26 等时试井的二项式分析方法

对比图 6-26 与图 6-27 可见，二项式分析图与供给半径曲线在形态上一致，调整产能测试制度，保持供给半径对流量的线性关系，则可改善二项式回归分析的相关性。如采用非等时测试等供给半径：调整各段开井时间，使各流动段的供给半径相同，模拟试井数据见表 6-3。如图 6-28 所示，二项式分析直线的相关性大幅度提高，各点分布几乎为直线。

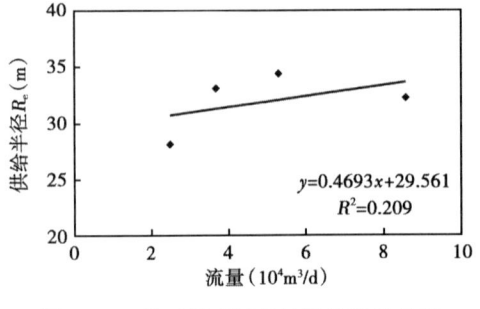

图 6-27 修正等时试井的供给半径关系

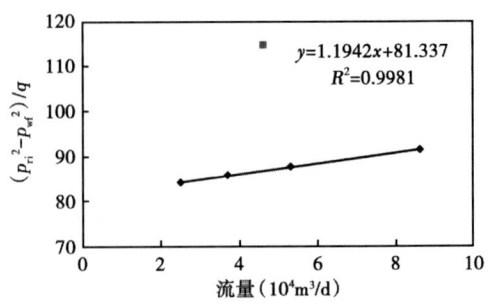

图 6-28 等供给半径的二项式直线

表 6-3 等供给半径的非等时试井数据

序号	工作制度 (×10⁴m³/d)	阶段时间 (h)	井底流压 (MPa)	生产压差 (MPa)	供给半径 (m)	探测半径 (m)	分析方法 $(p_i^2-p_{wf}^2)/q$
1	2.5	18.6	54.088	1.912	32.4	61.7	84.20
2	0	16	55.697	0.303		84.2	
3	3.7	15.3	53.090	2.910	32.4	101.1	85.79
4	0	16	55.496	0.504		116.2	
5	5.3	15	51.676	4.324	32.4	128.7	87.84
6	0	16	55.223	0.777		140.9	
7	8.6	16.2	48.466	7.534	32.4	152.2	91.52
8	4.6	96	51.080	4.920	133.2	207.0	114.52
9	0	99	55.537	0.463		251.2	

注：(1) 理论计算 Q_{AOF} 为 $28.5×10^4 m^3/d$；
(2) 等时试井二项式分析 Q_{AOF} 为 $23.0×10^4 m^3/d$，偏低 19.3%。

流量控制比较容易实现，测试工作制度以等差方式安排等时开井流量，模拟结果见表 6-4，如图 6-29 所示，等差流量下的二项式分析资料的相关性较好。

表 6-4 流量等差的修正等时试井数据

序号	工作制度 (×10⁴m³/d)	阶段时间 (h)	井底流压 (MPa)	生产压差 (MPa)	供给半径 (m)	探测半径 (m)	分析方法 $(p_i^2-p_{wf}^2)/q$
1	2.5	16	54.155	1.845	28.1	57.2	81.29
2	0	16	55.724	0.276	0.0	81.0	
3	4	16	52.833	3.167	32.4	99.2	86.17
4	0	16	55.460	0.540	0.0	114.5	
5	5.5	16	51.430	4.570	34.5	128.0	89.27
6	0	16	55.169	0.831	0.0	140.2	
7	7	16	49.940	6.060	35.7	151.5	91.71
8	4.6	96	51.101	4.899	130.0	206.4	114.05
9	0	100	55.550	0.450	0.0	251.2	

注：(1) 理论计算 Q_{AOF} 为 $28.5×10^4 m^3/d$；
(2) 等时试井二项式分析 Q_{AOF} 为 $20.7×10^4 m^3/d$，偏低 27.1%。

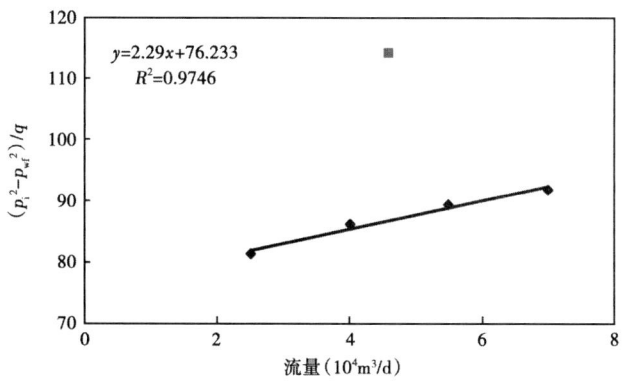

图 6-29 等流量差的二项式直线

(3) 不关井等时试井模拟。

基础参数与修正等时试井相同，模拟结果见表6-5和图6-30。等流量差情况模拟结果见表6-6和图6-31，同样在等差流量下的二项式分析资料的相关性较好。

表6-5 模拟不关井等时试井数据

序号	工作制度 ($10^4 m^3/d$)	流量差值 ($10^4 m^3/d$)	阶段时间 (h)	井底流压 (MPa)	生产压差 (MPa)	供给半径 (m)	探测半径 (m)	等时试井分析 $(p_i^2-p_{wf}^2)/q$
1	2.5		32	53.882	2.118	50.1	81.0	93.1
2	3.7	1.2	32	52.580	3.420	67.3	114.5	100.4
3	5.3	1.6	32	50.832	5.168	75.4	140.2	104.2
4	8.6	3.3	32	47.133	8.867	74.1	161.9	106.3
5	4.6		96	50.853	5.147	173.1	214.2	119.6
6	0		100	55.410	0.590	0.0	257.6	

注：(1) 理论计算 Q_{AOF} 为 $28.03 \times 10^4 m^3/d$；
(2) 二项式分析 Q_{AOF} 为 $20.8 \times 10^4 m^3/d$，偏低 26.0%。

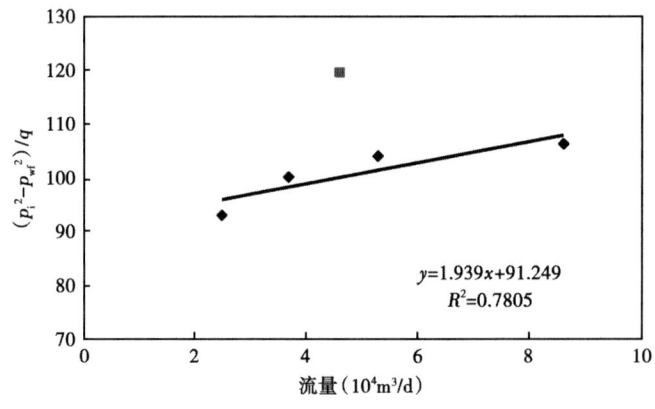

图6-30 不关井等时试井二项式直线

表6-6 模拟不关井等时试井数据（等流量差）

序号	工作制度 ($10^4 m^3/d$)	流量差 ($10^4 m^3/d$)	阶段时间 (h)	井底流压 (MPa)	生产压差 (MPa)	供给半径 (m)	探测半径 (m)	等时试井分析 $(p_i^2-p_{wf}^2)/q$
1	2.5		32	53.882	2.118	50.1	81.0	93.1
2	4.0	1.5	32	52.299	3.701	65.7	114.5	100.2
3	5.5	1.5	32	50.608	5.392	76.1	140.2	104.5
4	7.0	1.5	32	48.809	7.191	84.6	161.9	107.7
5	4.6		96	50.892	5.108	165.5	214.2	118.7
6	0		100	55.429	0.571	0.0	257.6	

注：(1) 理论计算 Q_{AOF} 为 $28.03 \times 10^4 m^3/d$；
(2) 二项式分析 Q_{AOF} 为 $19.0 \times 10^4 m^3/d$，偏低 32.1%。

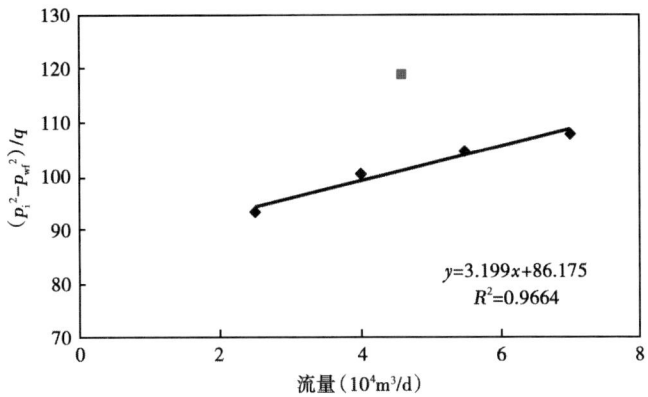

图 6-31 不关井等时试井二项式直线（等流量差）

(4) 回压试井模拟

针对超深井特点（塔里木大北、克深地区为例），渗透率 12.6mD，产层厚度 66m，孔隙度 7.3%，地层压力 123.54MPa，表皮系数 10，非达西流动系数 $0.1 \times (10^4 \mathrm{m}^3/\mathrm{d})^{-1}$，流量序列 $20 \times 10^4 \mathrm{m}^3/\mathrm{d}$、$35 \times 10^4 \mathrm{m}^3/\mathrm{d}$、$50 \times 10^4 \mathrm{m}^3/\mathrm{d}$、$60 \times 10^4 \mathrm{m}^3/\mathrm{d}$，等时流动 30h，压力历史模拟如图 6-32 所示，模拟试井数据见表 6-7，计算的调查半径与供给半径如图 6-33 所示。受前期流动的影响，后期等时流动的供给半径近似线性增加。模拟结果见表 6-8、图 6-34、图 6-35。

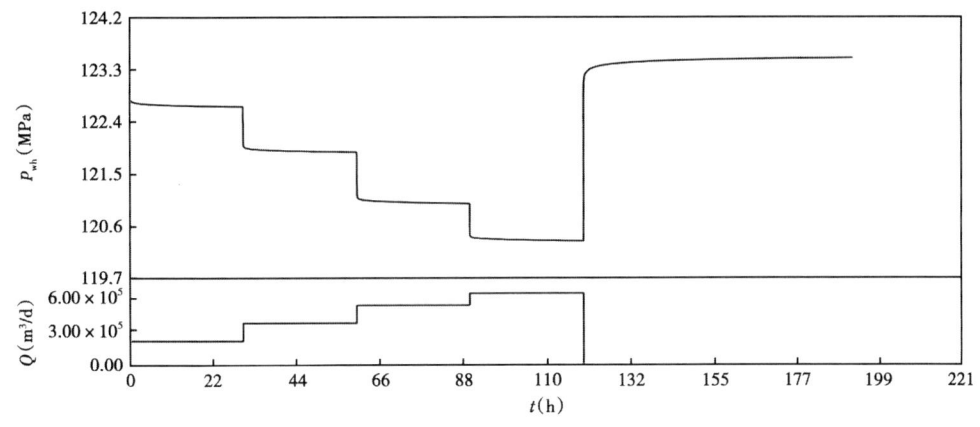

图 6-32 回压试井模拟井底流压

表 6-7 回压试井数据

序号	工作制度 ($10^4 \mathrm{m}^3/\mathrm{d}$)	阶段时间 (h)	井底流压 (MPa)	生产压差 (MPa)	供给半径 (m)	探测半径 (m)	分析方法 $(p_i^2-p_{wf}^2)/q$
1	20	30	122.658	0.882	623.2	831.9	10.86
2	35	30	121.872	1.668	759.8	1176.4	11.70
3	50	30	120.989	2.551	861.6	1440.8	12.48
4	60	30	120.337	3.203	982.6	1663.7	13.02
5	0.00	72	123.494	0.046	0.0	2104.5	

注：(1) 理论计算 Q_{AOF} 为 $538.5 \times 10^4 \mathrm{m}^3/\mathrm{d}$；
(2) 二项式分析 Q_{AOF} 为 $449.3 \times 10^4 \mathrm{m}^3/\mathrm{d}$，偏低 23.0%。

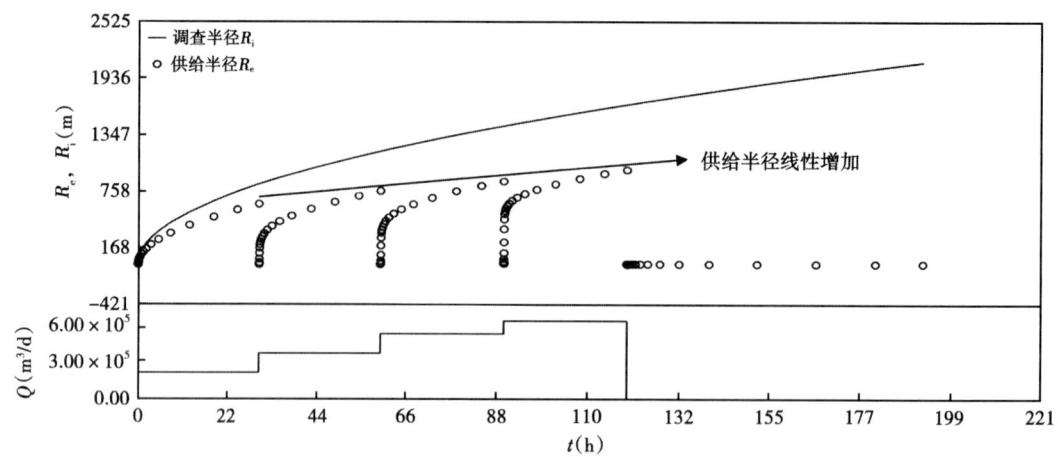

图 6-33 回压试井调查半径与供给半径

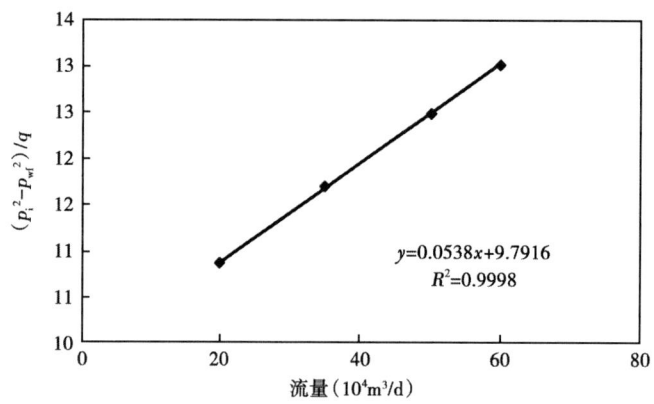

图 6-34 回压试井二项式直线

表 6-8 等流量差回压试井数据

序号	工作制度 ($10^4 m^3/d$)	阶段时间 (h)	井底流压 (MPa)	生产压差 (MPa)	供给半径 (m)	探测半径 (m)	分析方法 $(p_i^2-p_{wf}^2)/q$
1	20	30	122.658	0.882	623.2	831.9	10.86
2	35	30	121.872	1.668	759.8	1176.4	11.70
3	50	30	120.989	2.551	861.6	1440.8	12.48
4	65	30	120.007	3.533	948.8	1663.7	13.24
5	0	72	123.492	0.048	0.0	2104.5	0

注：（1）理论计算 Q_{AOF} 为 $538.5 \times 10^4 m^3/d$；

（2）二项式分析 Q_{AOF} 为 $452.6 \times 10^4 m^3/d$，偏低 22.4%。

(5) 模拟总结。

①二项式产能方程估计的 Q_{AOF} 普遍低于理论计算值 20%~30%，理论计算将高速紊流视为附加表皮系数 $D \cdot q$，可能低估了因高流量紊流区域扩大、流动阻力的增加，但理论值可以作为不同方式和制度对比的参考值。

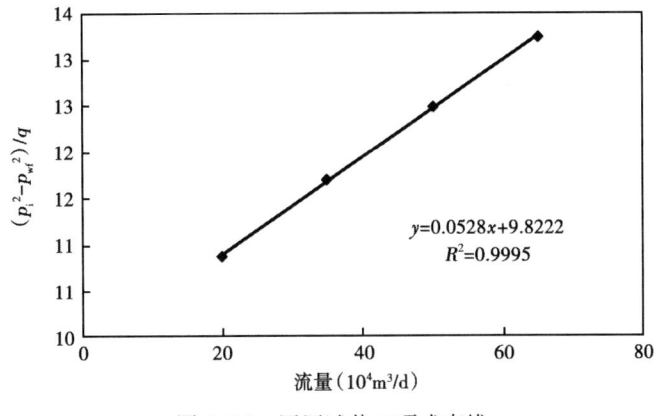

图 6-35 回压试井二项式直线

②供给半径直观地反映了各个测试制度的动用范围，供给半径对流量的关系图和二项式分析图形态类似，当供给半径与流量呈线性关系时，二项式分析图的线性相关性较好。

③保持测试制度之间的等流量差时，能够提高二项式分析图的线性相关性。

6.2.3 推荐测试方式

由于是在超深井中下连续油管测压，在等时试井和修正等时试井方式下需要进行多次开关井，导致连续油管载荷周期变化，容易产生疲劳等不利因素；高压气井下连续油管过程缓慢、安全风险高。因此，测试过程尽量少起下连续油管，又要获取尽可能多的资料，建议：

（1）在关井状态下下入连续油管测静温静压梯度。
（2）进行回压试井，保持测试制度之间的等流量差。
（3）回压测试后关井测压力恢复，获取地层参数。
（4）再开井测一个制度，待井口流动温度稳定后起连续油管，测试该制度下的流温流压梯度（同时开井流动有助于起工具）。

6.3 工作制度设计

6.3.1 井身结构及气井基础参数

超深井井身结构如图 6-36 所示，模型化为 3 段式结构见表 6-9。

表 6-9 测试管柱模型化结构

序号	井深（m）	长度（m）	内径规格
1	6339	6339	ϕ74.22mm
2	6403	64	ϕ62mm
3	7000	597	ϕ206mm

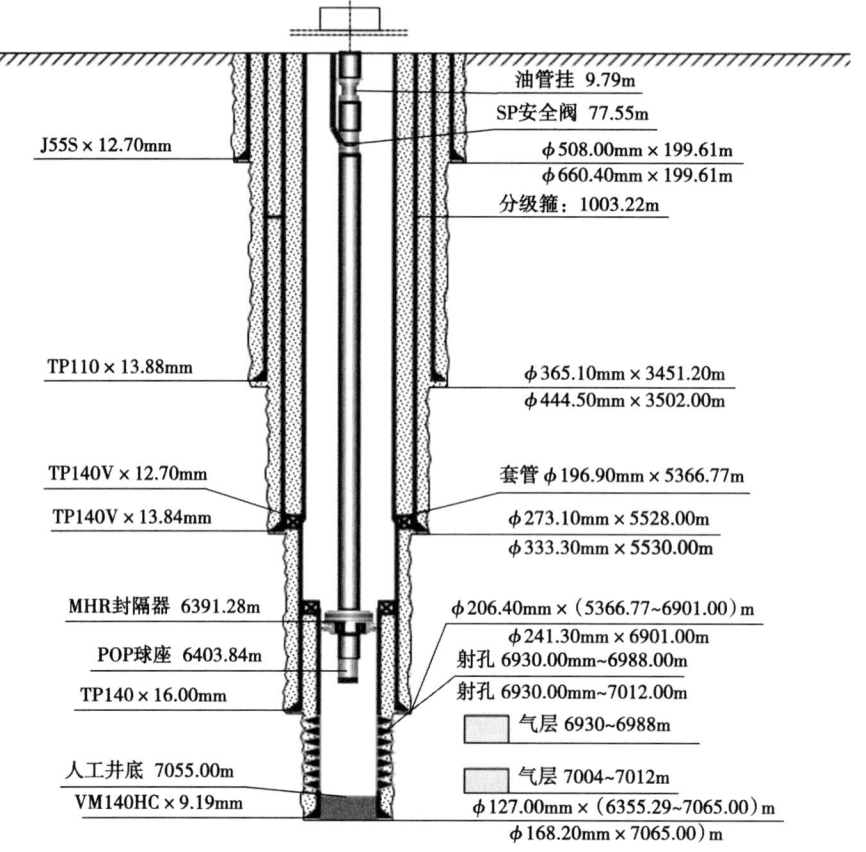

图 6-36 超深井井身结构

气井基础参数如下：

地层温度 165.4℃，地温梯度 2.39℃/100m，属于常温系统；地层压力 123.546MPa，压力系数 1.82，属于异常高压系统；流体性质：现场取样分析，油样密度 0.8079g/cm³/（20℃）、0.7829g/cm³（50℃），气相对密度 0.614，水样密度 1.08~1.07g/cm³，氯离子浓度 35429~49875mg/L，pH 值 6.0。地层厚度（储层井段）：6930~7012m，厚度 66m；孔隙度 5.1~11.6%，平均 7.3%；完井测试渗透率（酸化后）25.72mD；表皮系数（酸化后）-0.82。

6.3.2 合理测试产量分析

最小产量确定原则：（1）最小流量值必须维持正常的流动条件；（2）应足以使井口温度保持在水合物生成点以上；（3）生产压差大约等于地层压力的 5%，但高渗产层更低。

最大产量确定原则：（1）最大产气量应维持井底不产生大量出水出砂或井壁坍塌；（2）对底水接近地层的井，应避免测试时底水锥进到井内，造成气井严重出水；（3）设计测试产量应该低于管柱扼流产量的 2/3。

以完井初期的渗透率（酸化后）25.72mD，表皮系数（酸化后）-0.82 条件预测。

（1）未下连续油管条件。

根据测试管柱结构（表 6-9），取油管粗糙度 $e=0.1$mm，未下连续油管情况下，预测

$50\sim220\times10^4m^3/d$ 测试产量条件下油管的压力、温度变化（表6-10和图6-37至图6-39）。在高测试产量情况下井筒摩阻压降大，极限产量约为 $220\times10^4m^3/d$（图6-37），产量在 $150\times10^4m^3/d$ 以上油管压力梯度变化明显（图6-38），利用压力梯度外推井底压力误差显著，因此，建议测试产量小于 $150\times10^4m^3/d$。

表6-10 不同产量的压力温度预测

序号	制度 ($10^4m^3/d$)	阶段时间 (h)	井底流压 (MPa)	生产压差 (MPa)	井口温度 (℃)	井口油压 (MPa)
1	50	12	123.02	0.520	54.9	95.86
2	100	12	122.228	1.312	79.4	85.34
3	150	12	121.171	2.369	93.1	66.39
4	200	12	119.845	3.695	101.6	35.04
5	220	12	119.186	4.354	104.1	9.20

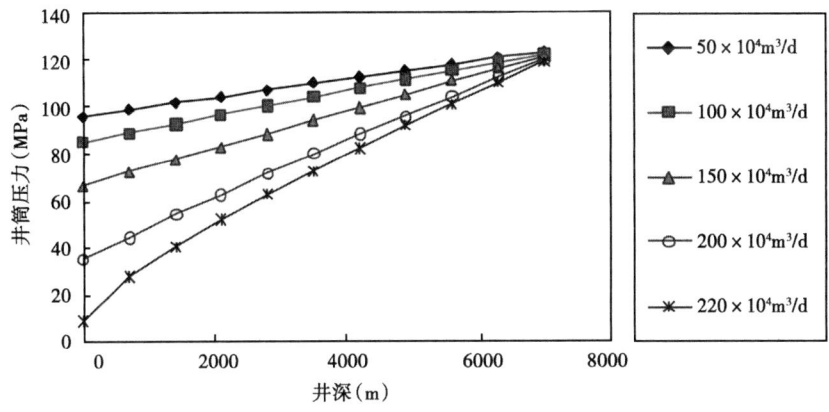

图6-37 井筒压力剖面预测

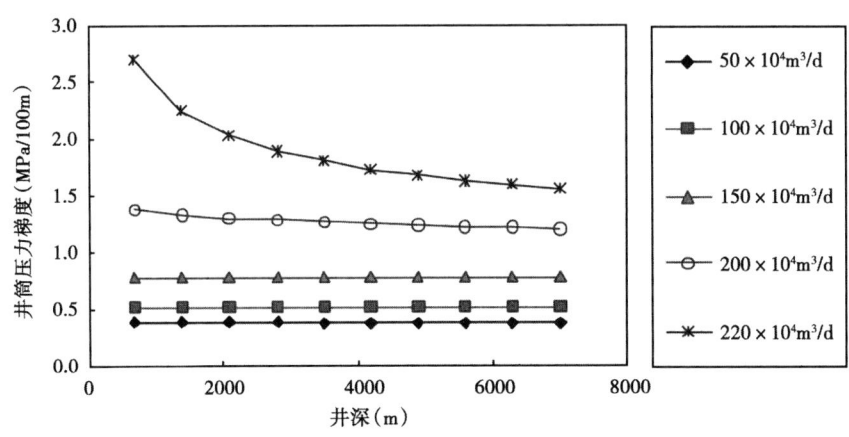

图6-38 油管压力梯度预测

（2）下入 $\phi1.5in$ 连续油管条件。

下入 $\phi1.5in$ 连续油管条件下，测试管串内的流动转变为环空流动，过流面积减小，将

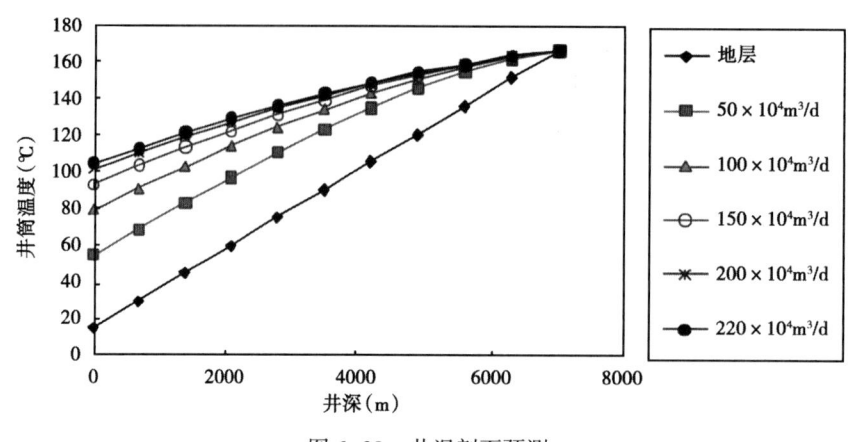

图 6-39 井温剖面预测

降低最大产量。考察绝对粗糙度 e 在 0.01~0.1mm 范围内的最大测试流量。计算分析结论：下连续油管后要求测试产量小于 $100×10^4 m^3/d$。

取油管粗糙度 $e=0.01$mm，最大产量 $140×10^4 m^3/d$（图 6-40、图 6-41）。

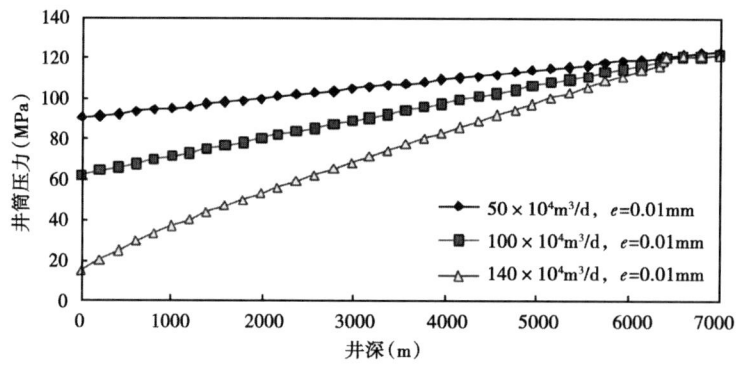

图 6-40 井筒压力剖面预测（$e=0.01$mm）

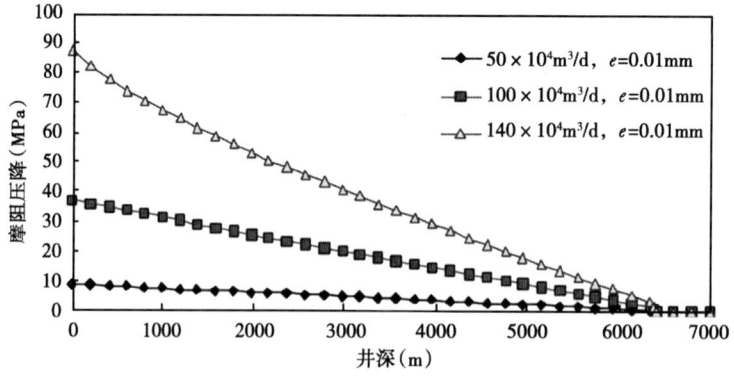

图 6-41 井筒摩阻压降预测（$e=0.01$mm）

取油管粗糙度 $e=0.05$mm，最大产量 $119×10^4 m^3/d$（图 6-42、图 6-43）。
取油管粗糙度 $e=0.1$mm，最大产量 $109×10^4 m^3/d$（图 6-44、图 6-45）。

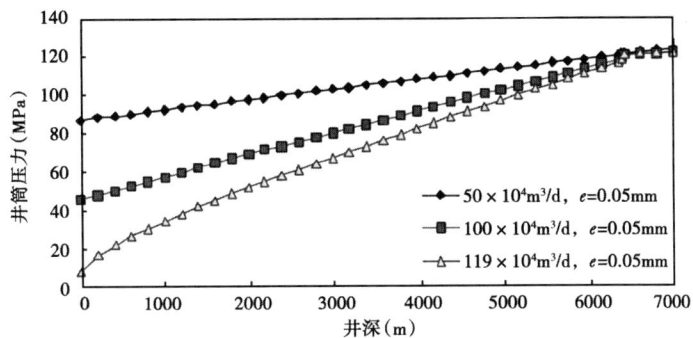

图 6-42 井筒压力剖面预测（$e=0.05$mm）

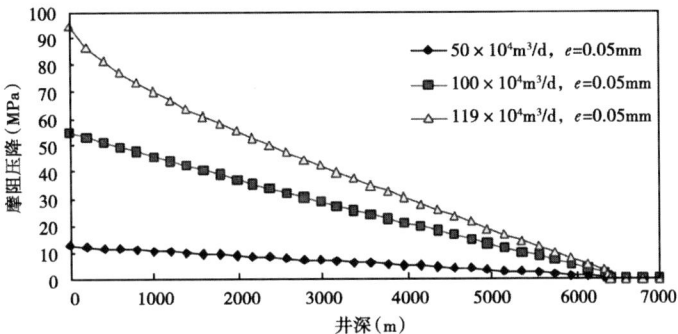

图 6-43 井筒摩阻压降预测（$e=0.05$mm）

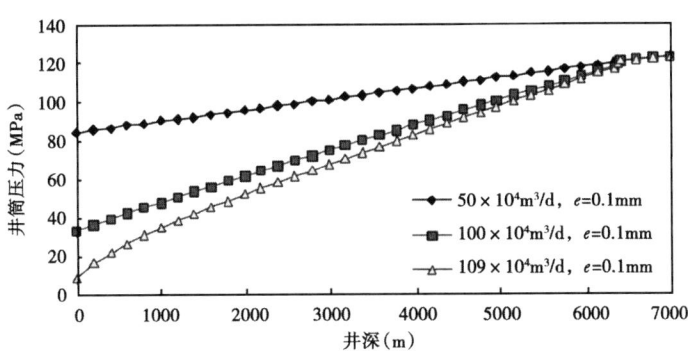

图 6-44 井筒压力剖面预测（$e=0.1$mm）

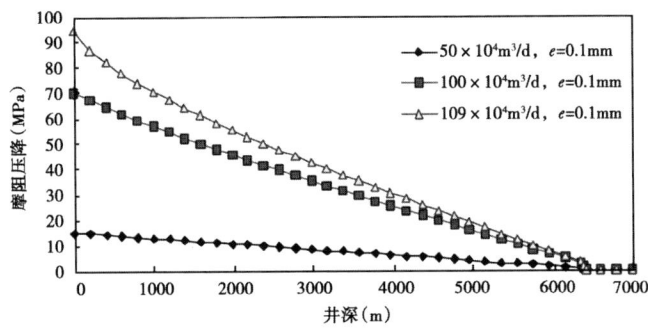

图 6-45 井筒摩阻压降预测（$e=0.1$mm）

6.3.3 测试工作制度设计

地层渗透率一般变化不大,但井的表皮系数的估计困难,特别是关井时间较长的井,井筒周围的集液形成"水锁"、外来工作液的结垢堵塞,均导致表皮系数 S 的大幅度变化,因此,工作制度设计需要考察在最坏的参数组合下的动态,是否满足产能测试达到的稳定要求、压力恢复测试出现径向流水平段的解释要求。

考虑渗透率 $K=25.7$ mD,表皮系数 $S=20$,非达西流动系数 $0.1\times(10^4 \mathrm{m^3/d})^{-1}$,井筒存储系数 $C=6.5\mathrm{m^3/MPa}$,通过测试模拟确定的工作制度见表6-11,模拟的井底压力和井的温度如图6-46和图6-47所示。由图6-46可见流压快速稳定,压力恢复出现1个周期以上的水平特征段(图6-48),二项式分析直线(图6-49)相关性高,从井口温度曲线(图6-47)可见最末制度测试48h后井温稳定,可以开始上提连续油管测流温流压,即使表皮系数增加到 $S=50$ 时,该工作制度仍然可用。

表6-11 测试工作制度设计

序号	工作制度 (mm)	测试流量 ($10^4\mathrm{m^3/d}$)	阶段时间 (h)	井底流压 (MPa)	生产压差 (MPa)	供给半径 (m)	探测半径 (m)	备 注
1	6	33.67	24	122.65	0.882	789	1064	产能测试
2	7	45.40	24	121.87	1.668	1023	1505	
3	8	58.49	24	120.98	2.551	1165	1843	
4	9	72.61	24	120.33	3.203	1271	2128	
5	0	0	96	123.52	0.019	0	2816	压力恢复
6	7	45.40	72	121.95	1.589	1753	3365	48h后起工具测流温流压

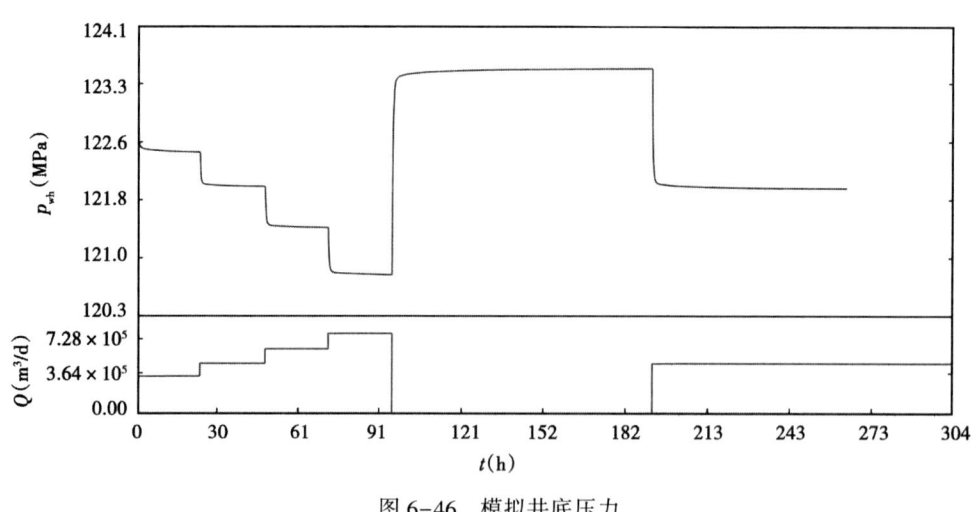

图6-46 模拟井底压力

因温度影响井口压力"异常",井深3000m处测压仍然存在压恢上冲现象(图6-50、图6-51)。

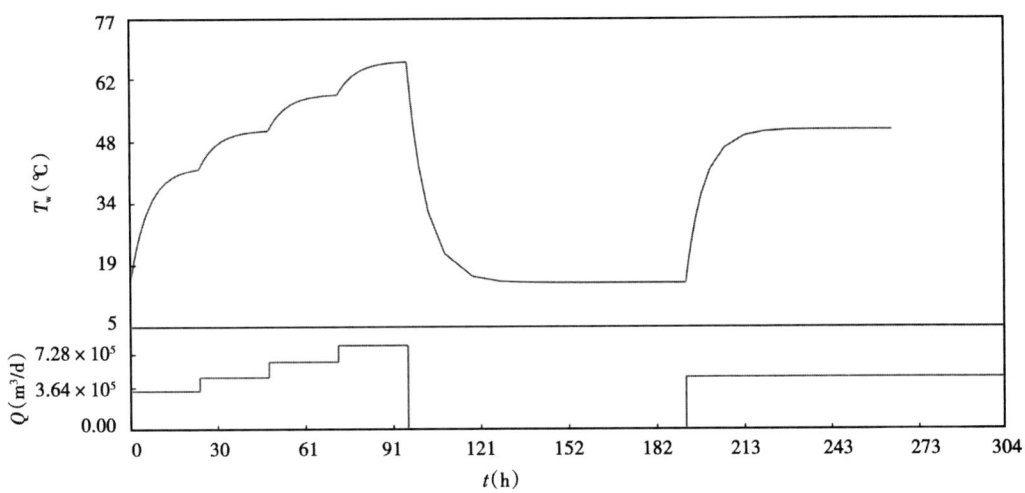

图6-47 模拟井口温度曲线

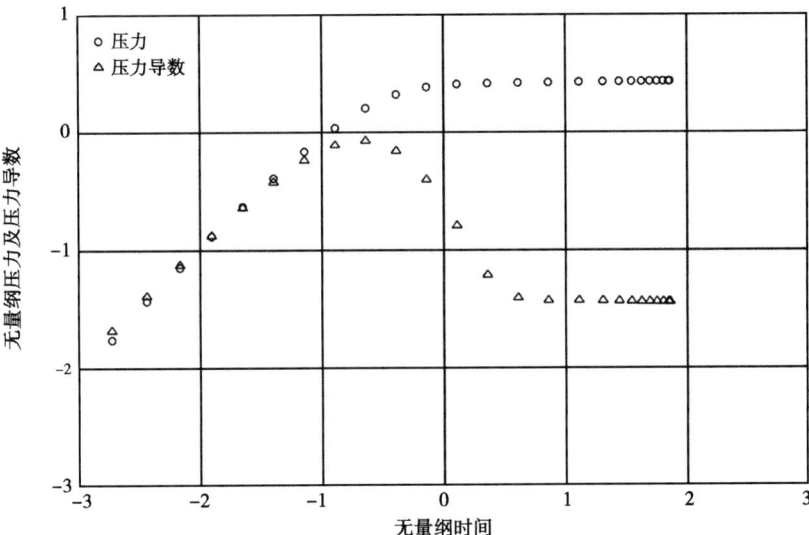

图6-48 压恢双对数压力曲线

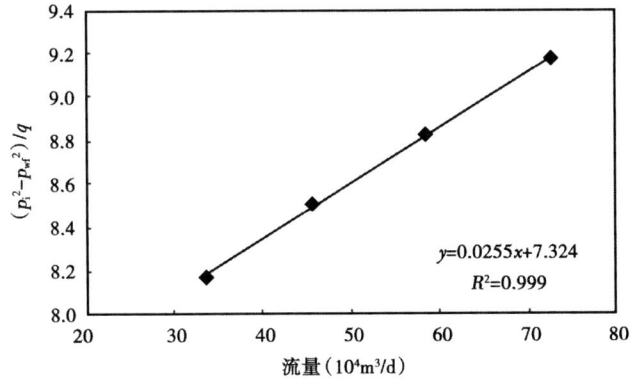

图6-49 回压试井二项式分析直线

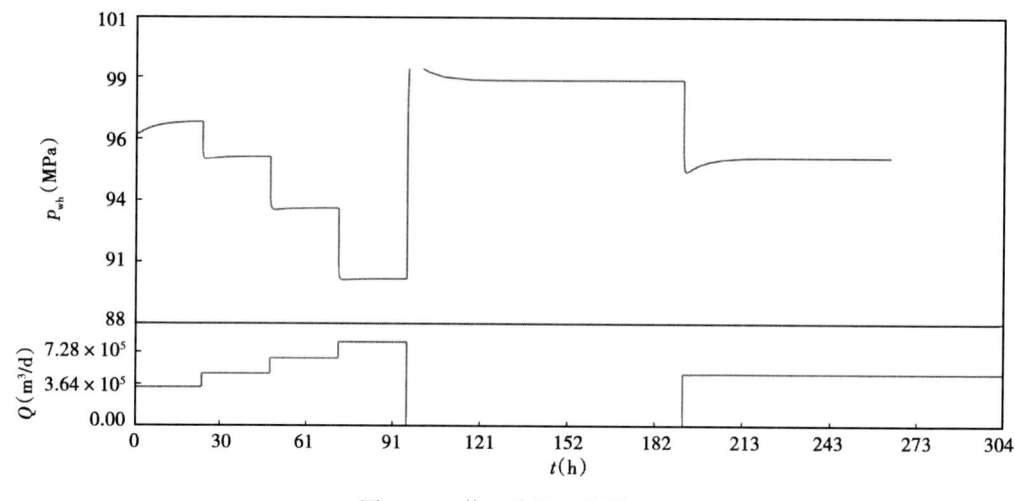

图 6-50 井口油压（井深 0m）

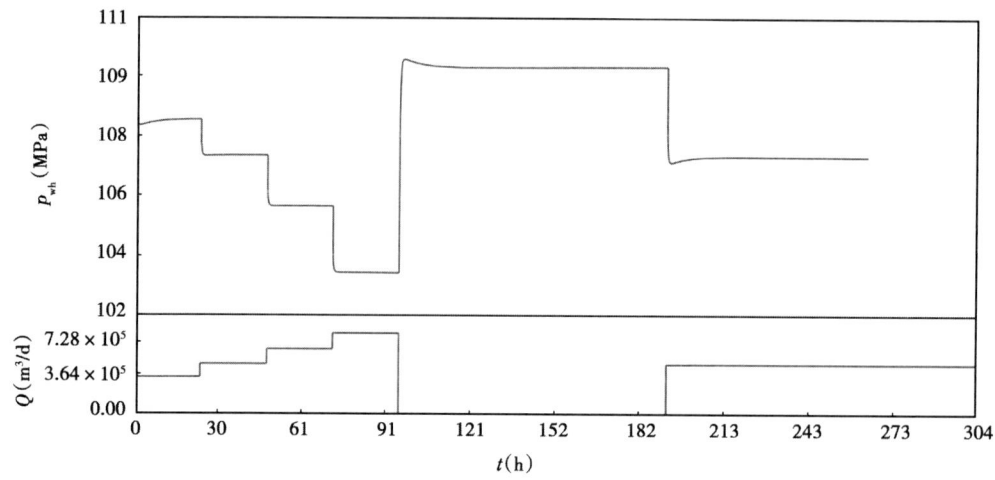

图 6-51 测试点压力（井深 3000m）

7 作业过程风险识别及原因分析

针对超深井测试作业的特点，本章通过对作业过程中存在的风险进行分析，找出重要的风险因素并对其产生的原因进行力学及实验分析，制定相应的防范措施，以便进一步加强连续油管测试作业的过程控制，降低作业风险。

7.1 连续油管超深井测试作业风险识别

连续油管超深井测试作业是指通过井口安装的连续油管防喷系统控制井口压力，带压下放连续油管下进行储层参数测试，完成测试后提出连续油管的作业过程，可分为4个阶段：施工准备、井口安装、储层测试、完工收尾，储层测试阶段是连续油管超深井测试作业的重点阶段。

通过对整个连续油管测试作业过程进行分析，共存在风险因素49项，其中施工准备阶段存在风险因素14项，井口安装阶段存在风险因素17项，储层测试阶段存在风险因素12项，完工收尾阶段存在风险因素6项。各阶段风险因素识别见表7-1至表7-4。

表7-1 施工准备阶段风险因素识别

序号	危险源及潜在的风险	削减、控制措施
1	井口周围地面硬度不够，造成井口装置倾覆	对井口周围地面进行硬化处理，并在注入头支架安装完成后用绷绳固定
2	井口周围地面不平，注入头支架安装后未与地面垂直	平整井口周围地面，并放置注入头支架底座后用水平尺进行测量，符合要求后，再安装间隔架
3	大风造成设备倾覆、人员伤亡	井口装置安装完成后用绷绳固定，作业过程中及时掌握气候信息，提前做好预防大风的措施，必要时停工，拆卸设备
4	劳保穿戴不到位产生危险	严格劳保穿戴以及安全防护用品的使用要求
5	高温中暑	①备好防暑降温的药品，饮用水要充足；②可调整作业时间或换班作业
6	低温冻伤	①作业前了解天气变化情况，遇有大风、寒流等天气暂停作业； ②作业前对取暖设施进行检查，发现问题及时整改； ③调整作业时间或换班作业
7	车辆摆放不到位发生碰撞	①严格按布置图摆放车辆； ②专人指挥车辆停放
8	外接电源，发生触电	外接电源时，有专人监护，先断电，然后接（拆）线，再通电
9	电器故障维护发生触电	严格遵守设备操作规程，对故障设备维修时先断（放）电
10	启动设备线路短路起火	定期检查设施完整性，对不符合要求的部件及时维修或更换

续表

序号	危险源及潜在的风险	削减、控制措施
11	设备渗漏油处高温起火	保持设备清洁，及时整改发现问题
12	管线试压压力泄漏伤人	按操作规程操作，连接管线时要上紧，弯头灵活不憋劲，拴好管线保险绳
13	连接管线时，榔头伤人	①砸榔头时，榔头前后范围内无其他人员；②砸榔头人员与配合人员相互确认，防止误伤
14	仪器摔坏	①搬运仪器一定要轻拿轻放，抓牢抓稳，不能采取滚动方式移动仪器；②仪器必须放置在平稳的地方，避开尖锐物品

表7-2 井口安装阶段风险因素识别

序号	危险源及潜在的风险	削减、控制措施
1	吊拆装注入头时砸伤、挤伤、高处坠落	①严格执行吊装作业许可制度；②严格按操作规程施工；③高处作业系好安全带；④现场专人指挥、监控
2	安装注入头时造成防喷管折断	采用绷绳进行固定；注入头安装高度过大时，使用注入头安装支架
3	吊装物体造成人员伤害	按操作规程操作，适用牵引绳避死角
4	高空落物伤害	吊装物体或钻台下禁止人员走动
5	井口杂乱人员碰摔	及时清理井口杂物
6	高压伤害	高压区域内禁止人员走动停留
7	高处作业人员高空坠落	高处作业人员必须佩带安全带，安全带系在不易滑脱的位置，保证安全带完好无损坏
8	新井井口有大坑摔伤	①连接管线前将井口大坑填平；②井口摆放踏板必须平整稳固
9	上下操作室时操作室门未关或固定人身伤害	进入操作室时将门关闭或固定，附属装置摆放规范
10	多人配合作业时操作失误伤人	施工前加强沟通，配备足够的适用的沟通设备，严格按照规程进行操作
11	井口高压注气管线失稳	井口注气管线连接时要牢固且密封
12	排污管线冻堵人身伤害	①施工人员不得正面对排污管线出口；②排污管线防冻堵缠绕电热带保温
13	身体位于物体潜在的移动范围	作业时要注意观察，是身体的任何部位都处于安全区域
14	进口管线试压人身伤害	①开关闸阀时不得正对闸阀；②管线必须使用保险绳固定牢固
15	作业过程中噪音伤害	严格劳保穿戴以及安全防护用品的使用
16	井口防喷系统泄漏硫化氢气体造成中毒伤害	井口防喷系统安装完成后，按要求进行试压，试压合格后，方能打开井口
17	拉力、压力测试过程中，连接器弹脱、高压气体、液体泄露伤人	①试压前，一要明确设计压力，二要对地面管线连接进行复查，三要隔离高压区人员，四要在管线连接处拴好保险带；②按设计要求缓慢打压，严禁超压；③稳压期间以观察压力表为准，压力不降，没有刺漏，人员不进高压区；④压力没有降为零前，禁止进行下步操作；⑤拉力测试时，严禁靠近注入头；⑥施工完后先放完管线内压力，再拆卸管线

表 7-3 储层测试阶段风险因素识别

序号	危险源及潜在的风险	削减、控制措施
1	连续油管在注入头处打滑	①确认连续油管注入头各部分工作正常； ②参照当前作业下连续油管的受力情况增大夹紧块的夹紧力； ③如果仍然打滑，停止注入头； ④若连续油管处于下放过程中，注入头链条打滑则停止下放，提出井内连续油管； ⑤若连续油管处于上提过程中，则剪切连续油管
2	动力源发生故障	①如果注入头已经停止了运动，同时连续油管处于静止状态，这时可以施加注入头刹车（如果它没有因为液压力的减少而被自动驱动的话）。否则，要注意避免发生连续油管发生"乱管"； ②关闭四闸板防喷器半封闸板和卡瓦闸板、双闸板防喷器半封/卡瓦闸板并锁紧； ③按照逐级降压的方式进行泄压，闸板防喷器以上部分泄压至零，关闭泄压闸门； ④实施滚筒刹车； ⑤修理或更换动力源； ⑥打开平衡闸门按要求平衡各闸板上下压力； ⑦关闭平衡闸门，解锁、打开四闸板防喷器半封闸板和卡瓦闸板、双闸板防喷器半封/卡瓦闸板； ⑧释放施加在滚筒和注入头上的刹车； ⑨继续进行连续油管施工作业。
3	滚筒的液压马达损坏	①停止注入头； ②关闭四闸板防喷器半封闸板和卡瓦闸板、双闸板防喷器半封/卡瓦闸板并锁紧； ③按照逐级降压的方式进行泄压，闸板防喷器以上部分泄压至零，关闭泄压闸门； ④启动滚筒刹车； ⑤修理滚筒驱动器； ⑥打开平衡闸门，按要求平衡半封闸板上下压力； ⑦关闭平衡闸门，解锁、打开四闸板防喷器半封闸板和卡瓦闸板、双闸板防喷器半封/卡瓦闸板； ⑧继续作业
4	侧门防喷盒密封胶芯泄露	①停止连续油管的提下； ②关闭四闸板防喷器半封闸板和卡瓦闸板、双闸板防喷器半封/卡瓦闸板并锁紧； ③按照逐级降压的方式进行泄压，闸板防喷器以上部分泄压至零，关闭泄压闸门； ④更换侧门防喷盒密封胶芯并进行试压； ⑤试压合格后，打开平衡闸门按要求平衡各闸板上下压力； ⑥关闭平衡闸门，解锁、打开四闸板防喷器半封闸板和卡瓦闸板、双闸板防喷器半封/卡瓦闸板； ⑦继续作业
5	闸板防喷盒密封胶芯泄露	①停止连续油管的提下； ②根据第一级和第二级闸板防喷盒的压力变化情况判断泄露的闸板防喷盒； ③关闭四闸板防喷器半封闸板和卡瓦闸板、双闸板防喷器半封/卡瓦闸板并锁紧； ④按照逐级降压的方式进行泄压，将半封闸板以上部分泄压至零，关闭泄压闸门； ⑤打开泄露的闸板防喷盒，更换密封胶芯； ⑥打开平衡泄压管汇平衡闸门，按要求平衡半封闸板上下压力； ⑦关闭平衡闸门，解锁、打开半封闸板及卡瓦闸板，继续作业

续表

序号	危险源及潜在的风险	削减、控制措施
6	平衡泄压管汇闸门损坏	①停止连续油管的提下； ②关闭损坏的泄压闸门以下的半封闸板和卡瓦闸板并锁紧； ③按要求进行逐级降压，将半封闸板防喷器以上部分泄压至零，关闭泄压闸门； ④更换损坏的闸门并进行试压； ⑤试压合格后，打开平衡闸门按要求平衡各闸板上下压力； ⑥关闭平衡闸门，解锁、打开四闸板防喷器半封闸板和卡瓦闸板； ⑦继续作业
7	连续油管破裂	①关闭并锁紧承载卡瓦和半封闸板防喷器； ②剪切连续油管； ③关闭并锁紧防喷器全封闸板； ④关闭井口闸口； ⑤卸掉防喷系统内压力； ⑥将剪断的连续油管移出地面装置
8	连续油管挤毁	①关闭并锁紧承载卡瓦和半封闸板防喷器； ②剪切连续油管； ③关闭并锁紧防喷器全封闸板； ④关闭井口闸口； ⑤卸掉防喷系统内压力； ⑥将剪断的连续油管移出地面装置 注：连续油管在下放过程和测试过程中挤毁是无法发现的，因此在上提过程中若发现注入头提拉力明显增加且第二级防喷盒闸板泄漏则判断为连续油管挤毁
9	连续油管弯折	①关闭并锁紧承载卡瓦和半封闸板防喷器； ②剪切连续油管； ③关闭并锁紧防喷器全封闸板； ④关闭井口闸口； ⑤卸掉防喷系统内压力； ⑥将剪断的连续油管移出地面装置
10	连续油管断脱	①关闭并锁紧承载卡瓦和半封闸板防喷器； ②剪切连续油管； ③关闭并锁紧防喷器全封闸板； ④关闭井口闸口； ⑤卸掉防喷系统内压力； ⑥将剪断的连续油管移出地面装置 注：连续油管断脱表现为连续油管内压力突然上升且注入头悬重明显降低
11	井下工具连接处泄漏	①关闭并锁紧承载卡瓦和半封闸板防喷器； ②剪切连续油管； ③关闭并锁紧防喷器全封闸板； ④关闭井口闸口； ⑤卸掉防喷系统内压力； ⑥将剪断的连续油管移出地面装置 注：井下工具连接处泄漏表现为连续油管内压力突然上升

续表

序号	危险源及潜在的风险	削减、控制措施
12	氮气外溢	①如果液氮与皮肤发生接触,使用温水进行冲洗,并立即通知医护人员和客户监理; ②如果发生液氮泄漏,撤离所有无关人员并通知客户监理; ③给在氮气泄漏区域进行作业的人员配备正压式呼吸装置; ④离开液氮泄漏区,让其自行挥发; ⑤全面检查所有的影响钢板和盖板有无出现裂缝

表7-4 完工收尾阶段风险因素识别

序号	危险源及潜在的风险	削减、控制措施
1	断外接电源发生触电	专人监护
2	砸榔头造成人员伤害	①砸榔头时,榔头前后范围内无其他人员;②砸榔头人员与配合人员相互确认,防止误伤
3	人员高处坠落伤害	高处作业人员必须佩带安全带,安全带系在不易滑脱的位置,保证安全带完好无损坏
4	连续油管车施工后的管线拆卸时压力伤人	①严格按照操作规程操作,拆卸前进行放压;②非操作人员禁止靠近
5	回收注入头时人员伤害	回收注入头作业时,操作人员注意观察,现场人员应避开操作人员的盲角
6	放压口外泄氮气伤害	①不可面对放压口操作;②防止外来人员进入施工区域。

7.2 连续油管超深井测试作业的重要风险因素识别

通过以上的作业过程风险识别,可以发现在超深井测试过程中存在连续油管、作业设备、井控设备、人员操作等诸多风险,作业设备、井控设备、人员操作等相关风险通过完善的装备配套及人员培训都可以预先进行控制,但由于井况条件的限制,连续油管破裂、挤毁、弯折和断脱在作业过程中难以通过装备配套或人员操作进行控制,所造成的结果是灾难性的,出现可能性也较大,因此连续油管破裂、挤毁、弯折和断脱是超深井测试作业中最重要的风险(表7-5)。

表7-5 潜在危险及控制措施

序号	危险源及潜在的风险	削减、控制措施
1	连续油管破裂	①关闭并锁紧承载卡瓦和半封闸板防喷器; ②剪切连续油管; ③关闭并锁紧防喷器全封闸板; ④关闭井口闸口; ⑤卸掉防喷系统内压力; ⑥将剪断的连续油管移出地面装置

续表

序号	危险源及潜在的风险	削减、控制措施
2	连续油管挤毁	①关闭并锁紧承载卡瓦和半封闸板防喷器； ②剪切连续油管； ③关闭并锁紧防喷器全封闸板； ④关闭井口闸口； ⑤卸掉防喷系统内压力； ⑥将剪断的连续油管移出地面装置 注：连续油管在下放过程和测试过程中挤毁是无法发现的，因此在上提过程中若发现注入头提拉力明显增加且第二级防喷盒闸板泄漏则判断为连续油管挤毁
3	连续油管弯折	①关闭并锁紧承载卡瓦和半封闸板防喷器； ②剪切连续油管； ③关闭并锁紧防喷器全封闸板； ④关闭井口闸口； ⑤卸掉防喷系统内压力； ⑥将剪断的连续油管移出地面装置
4	连续油管断脱	①关闭并锁紧承载卡瓦和半封闸板防喷器； ②剪切连续油管； ③关闭并锁紧防喷器全封闸板； ④关闭井口闸口； ⑤卸掉防喷系统内压力； ⑥将剪断的连续油管移出地面装置 注：连续油管断脱表现为连续油管内压力突然上升且注入头悬重明显降低

7.3 连续油管超深井测试作业的重要风险因素原因分析

通过力学模型和实验对造成连续油管破裂、挤毁、弯折和断脱的原因进行分析，能有效地指导施工，降低作业风险。

7.3.1 连续油管破裂原因分析

连续油管破裂是由于管内压力超过连续油管局部抗内压能力造成的。连续油管破裂后破口朝外、管径变大无法通过防喷盒，若强行通过防喷盒，会造成防喷盒内部刮伤或变形而失效。

连续油管局部抗内压能力降低主要是连续油管管壁的磨损、刮伤、腐蚀造成其壁厚减少引起的。超深井测试作业时，连续油管在防喷盒以下处于负压差（管外压力大于管内压力）状态，一般不会压漏，只会由于摩擦等原因导致磨穿；当损伤位置处于防喷盒以上时，连续油管在正压差（管内压力大于管外压力）的作用下壁厚减少严重的位置就有可能出现压漏现象。

7.3.1.1 连续油管磨损、刮伤

连续油管入井后即产生弯曲，随着管柱的下深，弯曲程度逐渐加剧。当连续油管到达平

衡点后，管柱受到向下和向上的力处于平衡状态，弯曲程度最大。而管柱通过平衡点后，在轴向拉力的作用下，弯曲程度有所缓解。在提下过程中，连续油管由于弯曲与井内油管、套管壁接触面产生摩擦会造成连续油管的磨损和刮伤，弯曲程度越严重，连续油管表面的磨损和刮伤就越严重，连续油管抗内压能力就越低。

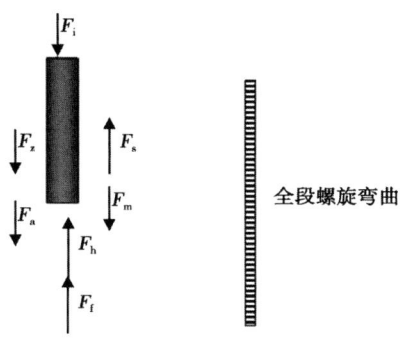

图7-1 启动下入阶段连续油管受力简图
F_i—连续油管注氮内压作用力；F_s—注入头注入力；F_f—防喷盒滑动摩擦力；F_m—连续油管、电缆和氮气重力总和；F_a—产生加速度的力；F_h—井内压力产生的上顶力；F_z—连续油管入井摩擦力

（1）启动下入阶段。

连续油管入井后，管柱由静止到匀速下入存在加速度过程，需要一定的额外产生加速度的注入力。连续油管开始下入则可能在井内各种作用力的共同作用下产生正弦、螺旋弯曲（图7-1）。

对于连续油管受内外压差作用与产生正弦、螺旋弯曲有无关系存在两种不同的观点：

第一种观点上顶力会导致正弦、螺旋弯曲。连续油管内外压差产生的上顶力等量抵消后相当于阻力作用在工具端并传递到连续油管端头。因此弯曲与内外压差相关，只要存在达到弯曲轴向应力的压差就会导致连续油管弯曲发生（图7-2）。

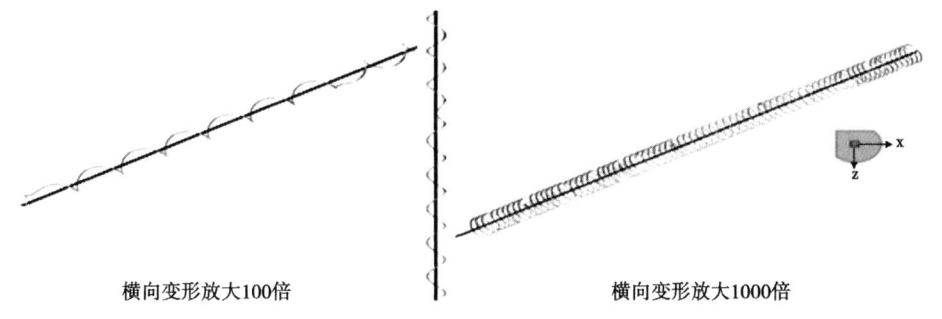

图7-2 连续油管入井弯曲状态放大图

存在正弦、螺旋弯曲时，连续油管入井摩擦力F_f包含有螺旋弯曲摩擦力、正弦弯曲摩擦力和一般的拉伸压缩随机接触摩擦力。

第二种观点上顶力不会导致正弦、螺旋弯曲。连续油管是否发生正弦、螺旋弯曲与内外压差无关，弯曲和锁定只受到浮重和摩擦力的影响。因此只要连续油管浮重和摩擦力的合力产生轴向应力达不到弯曲轴向应力的情况下连续油管就不会产生螺旋弯曲（图7-3）。

通过两种观点的对比，考虑启动下入阶段中由于井内压力对连续油管的上顶作用，同时认为连续油管内压可等量抵消井内压力，连续油管在上顶力作用下开始下入就会产生螺旋弯曲，但下入的连续油管深度短，螺旋弯曲增大的摩擦力不大。

（2）平衡点前匀速下入阶段。

连续油管入井后到达平衡点前，保持井口压力和连续油管注氮压力不变的情况下，连续油管轴向受力简图如图7-4所示。

下入过程中，按照第一种观点，在连续油管端头一直存在上顶力，所以在整个连续油管

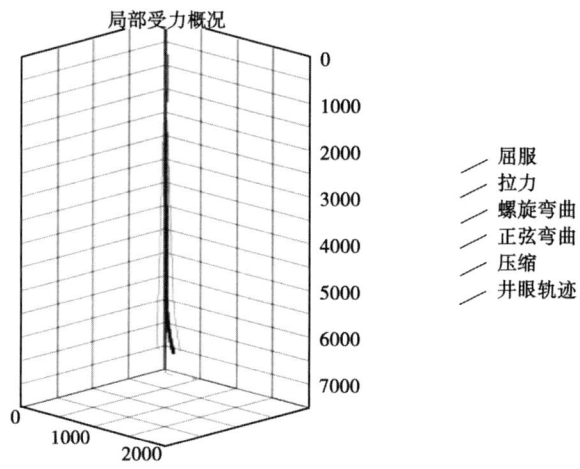

图 7-3 连续油管不存在螺旋弯曲状态图

入井过程中都存在弯曲。随着连续油管下入，连续油管在井内的弯曲状态如图 7-4 所示，越靠近平衡点，连续油管的螺旋弯曲程度越高。

（3）平衡点后匀速下入阶段。

连续油管下过平衡点以后，按照第一种观点可知连续油管前端仍存在弯曲，连续油管从工具端到井口方向上分别为螺旋弯曲段→正弦弯曲段→一般压缩段→中和点→拉伸段。按照第二种观点可知连续油管从下往上分别为压缩段→平衡点→拉升段。

下入到平衡点以后，中和点以下的连续油管保持原状态。

（4）下入过大狗腿度和过油管脚阶段。

下入过大狗腿度和过油管脚位置阶段受力和弯曲分布与图 7-5 一致。较大的狗腿度导致生产管柱也发生狗腿度，下入连续油管通过时会产生很大的摩阻。通过 CTS 软件分析连续油管在井筒内的摩擦力，分析结果如图 7-6 所示。

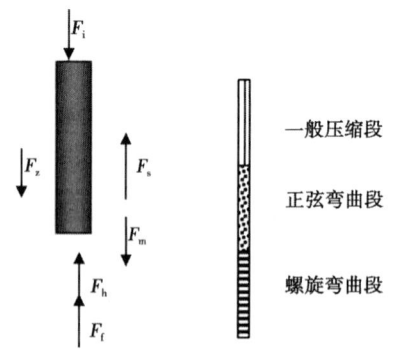

图 7-4 平衡点前匀速下入阶段连续油管受力和弯曲分布简图

F_i—连续油管注氮内压作用力；F_s—注入头注入力；F_f—防喷盒滑动摩擦力；F_m—连续油管、电缆和氮气重力总和；F_h—井内压力产生的上顶力；F_z—连续油管入井摩擦力

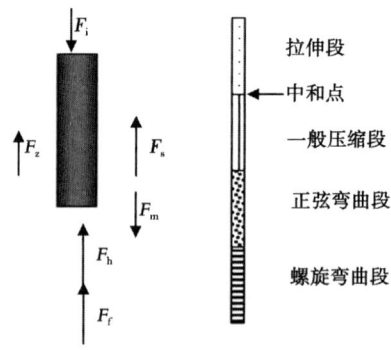

图 7-5 平衡点后匀速下入阶段受力和弯曲分布简图

F_i—连续油管注氮内压作用力；F_s—注入头注入力变为拉力；F_f—防喷盒滑动摩擦力；F_m—连续油管、电缆和氮气重力总和；F_h—井内压力产生的上顶力；F_z—连续油管入井摩擦力

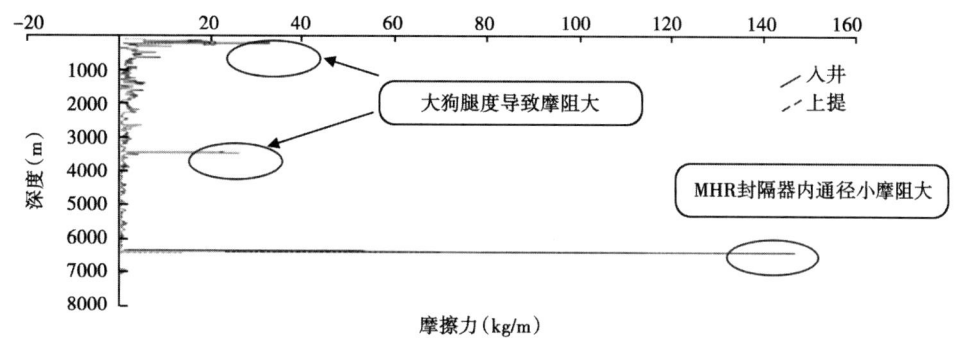

图 7-6 CTES 分析方法下入连续油管摩擦力分布图

受到井筒狗腿度和管柱内通径变化将导致连续油管在该位置的摩阻增大，将会对连续油管造成较大的损伤。

（5）下入到井底阶段。

连续油管过了油管脚以后，与套管存在较大的环空间隙，加剧连续油管的螺旋弯曲，从而导致摩擦力快速增大，迅速抵消连续油管自重，地面观察到的悬重有迅速降低的趋势。下入到井底阶段受力和弯曲分布与图 7-5 一致。

（6）井底上提阶段。

连续油管从井底上提过程中，由于从静止加速到一定的速度后再匀速，上提过程摩擦力方向与发生弯曲的力方向相反，能有效地降低弯曲段长度。连续油管从井底匀速上提后，到达平衡点前注入头对连续油管施加的力一直都是提拉力。在提拉力的作用下，连续油管的弯曲程度降低。连续油管在平衡点以上位置匀速上提时，注入头对连续油管施加力变为下压力，且下压力不断增大，连续油管的弯曲程度逐渐增加。

通过连续油管提下过程受力分析可以得出，连续油管在入井后即会产生磨损或刮伤。当连续油管运动到平衡点以前，管柱的弯曲程度逐渐增大，磨损或刮伤程度也逐渐增加。因此，对连续油管磨损或刮伤进行评价，确定连续油管的抗内压能力是保证施工过程安全的重要措施。

另外，连续油管末端由于受管柱本身弯曲的影响，在提下过程中一直处于磨损状态，因此井前对必须连续油管末端进行校直或在底部工具串中加装扶正器，以降低末端的磨损情况。

7.3.1.2 连续油管腐蚀

针对超深井连续油管测试作业中存在的腐蚀问题，截取了 QT900 材质的连续油管样品，由西安石油工程摩尔实验室模拟塔里木油田大北、克深地区实际腐蚀环境，对油管进行了腐蚀试验。

（1）油管材质腐蚀实。

在实验中模拟不受力和受最大拉伸应力两种情况，测量局部腐蚀坑深度，计算局部腐蚀速率。试验得到，QT900 材料表面腐蚀产物为 $FeCO_3$ 以及沉积物 $CaCO_3$，以及大北环境和克深环境油管腐蚀产物情况。具体实验结果如下。

①模拟在大北环境下 QT900 油管的腐蚀情况。

图 7-7 和表 7-6 为模拟大北环境不同条件下 QT900 连续管的均匀腐蚀速率和局部腐蚀

速率变化趋势,由图可见,随着温度和 CO_2 分压的升高,QT900 的均匀腐蚀速率和局部腐蚀速率先减小后增大、再减小,分别在 40℃ 和 100℃ 时出现极大值。在 100℃,CO_2 为 0.9 MPa 环境中模拟二次入井后,均匀腐蚀速率和局部腐蚀速率均增大。模拟承受最大拉伸应力时,与未受力时相比,腐蚀速率同样增大。

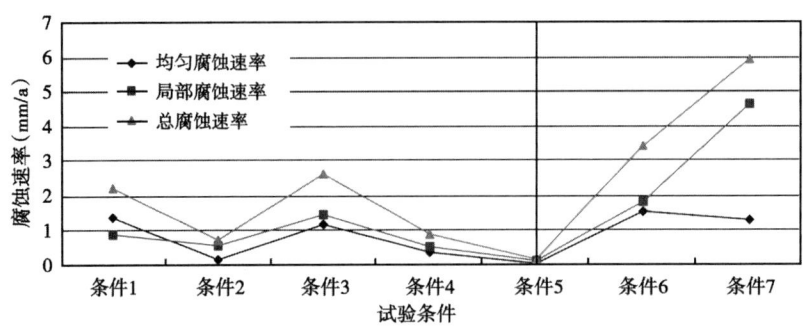

图 7-7 QT900 大北环境腐蚀速率折线图

表 7-6 **QT900 大北环境腐蚀速率计算结果表**

模拟条件	条件 1	条件 2	条件 3	条件 4	条件 5	条件 6	条件 7
温度(℃)	40	70	100	130	150	100(二次入井)	100(受最大拉伸应力)
CO_2 分压(MPa)	0.8	0.85	0.9	0.95	0.955	0.9	0.9
均匀腐蚀速率(mm/a)	1.3785	0.1476	1.1722	0.3653	0.0373	1.5667	1.2981
局部腐蚀速率(mm/a)	0.876	0.584	1.46	0.5475	0.1095	1.85	4.6355
总腐蚀速率(mm/a)	2.2545	0.7316	2.6322	0.9128	0.1468	3.4167	5.9336

②模拟在克深环境下 QT900 油管的腐蚀情况。

图 7-8、表 7-7 为模拟克深环境不同条件下 QT900 连续管的均匀腐蚀速率和局部腐蚀速率变化趋势,由图可见,随着温度的升高,QT900 的均匀腐蚀速率和局部腐蚀速率先增大后减小,在 100℃ 时出现极大值。二次入井后,均匀腐蚀速率和局部腐蚀速率均增大,承受最大拉伸应力与未受力时相比,腐蚀速率同样增大。

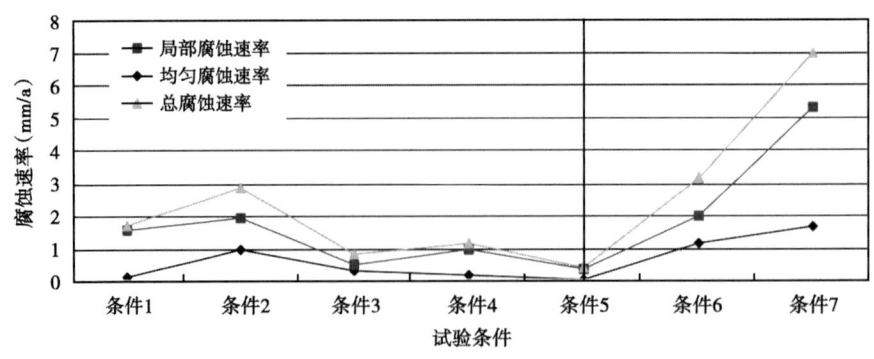

图 7-8 QT900 克深环境腐蚀速率折线图

表 7-7 QT900 克深环境腐蚀速率计算结果表

	条件 1	条件 2	条件 3	条件 4	条件 5	条件 6	条件 7
温度（℃）	40	70	100	130	150	100（二次入井）	100（受最大拉伸应力）
CO_2 分压（MPa）	0.83	0.83	0.83	0.83	0.83	0.83	4.0
均匀腐蚀速率（mm/a）	0.1545	0.9560	0.3224	0.1831	0.0365	1.1467	1.6624
局部腐蚀速率（mm/a）	1.5695	1.9345	0.511	0.9855	0.365	2.0072	5.2925
总腐蚀速率（mm/a）	1.7243	2.8905	0.8334	1.1686	0.4015	3.1542	6.9545

（2）与 HP2-13Cr 油管材料的电偶腐蚀情况。

连续油管测试作业是在井内生产管柱中进行，连续油管材料在弯曲时与井内 HP2-13Cr 油管材料生产管柱发生接触，会出现电偶腐蚀。因此，需要模拟大北和克深区块腐蚀环境，研究连续油管材料与 HP2-13Cr 油管材料接触时的电偶腐蚀情况。

根据实验，得到表 7-8。

表 7-8 电偶腐蚀实验结果表

材料	长（mm）	宽（mm）	表面积（mm^2）	前重（g）	后重（g）	失重（g）	腐蚀速率（mm/a）	平均腐蚀速率（mm/a）
大北环境温度：100℃ CO_2 分压：0.99MPa	64.95	15.27	2076.1397	60.1439	59.4882	0.6557	1.6213	1.7990
	64.88	14.78	2007.3526	62.8228	62.0499	0.7729	1.9766	
克深环境温度：100℃ CO_2 分压：4.0MPa	65.20	15.08	2058.1988	59.4555	58.3613	1.0942	2.7292	2.6952
	64.93	15.15	2059.1900	64.6566	63.5891	1.0675	2.6613	

由以上实验结果表可知，QT900 材料在大北和克深环境中均为极严重腐蚀，并且连续油管材料在电偶处腐蚀比未接触处严重。

（3）连续油管入井剩余壁厚。

考虑连续油管在未采取任何防腐措施情况下，结合腐蚀实验得到的油管腐蚀速率结果，以管柱壁厚 5.2mm 为例，计算连续油管作业后的剩余壁厚。

剩余壁厚计算公式为：

$$H = H_0 - \frac{v_{C_2}}{365}T \tag{7-1}$$

式中 v_{C_2}——管柱腐蚀速率；

H_0——管柱壁厚；

T——管柱入井时间。

计算得到以下结果：

①模拟在大北环境下连续油管作业后剩余壁厚见表 7-9。

表 7-9 大北环境下连续油管作业后剩余壁厚表

持续工作时间（d）	剩余壁厚（mm）			
	一次入井后	二次入井后	受最大拉伸应力时	发生电偶腐蚀时
1	5.193	5.184	5.184	5.191
3	5.178	5.15	5.151	5.172

续表

持续工作时间 (d)	剩余壁厚 (mm)			
	一次入井后	二次入井后	受最大拉伸应力时	发生电偶腐蚀时
5	5.164	5.117	5.119	5.153
7	5.15	5.084	5.086	5.135
10	5.128	5.034	5.037	5.107
15	5.092	4.952	4.956	5.06

②模拟在克深环境下连续油管作业后剩余壁厚见表7-10。

表7-10 克深环境连续油管作业后剩余壁厚表

持续工作时间 (d)	剩余壁厚 (mm)			
	一次入井后	二次入井后	受最大拉伸应力时	发生电偶腐蚀时
1	5.192	5.183	5.181	5.184
3	5.176	5.15	5.143	5.153
5	5.16	5.117	5.105	5.122
7	5.145	5.085	5.067	5.091
10	5.121	5.035	5.01	5.044
15	5.081	4.951	4.914	4.966

由表可见，不论是在大北还是克深区块的腐蚀环境下，连续油管在受到最大拉伸应力时的腐蚀最严重，剩余壁厚最小；其次是连续油管多次入井。同时，连续油管入井时间越长，剩余壁厚越小。

通过连续油管腐蚀实验分析可知，连续油管入井后的腐蚀情况受轴向拉力因素的影响最明显，但连续油管在井下会受到多方面因素的共同作用，并且管柱的磨损和刮伤同样会加剧其腐蚀速率，因此，对连续油管剩余壁厚进行实时监测，及时掌握连续油管的抗内压能力变化情况，对确保作业过程安全进行尤为重要。

7.3.2 连续油管挤毁原因分析

连续油管的挤毁与其本身的抗外压能力有直接关系，当外压超过连续油管抗外压能力时，连续油管就会被挤毁。连续油管的挤毁一般发生在防喷盒以下的位置，而挤毁段在防喷盒处会停止。挤毁后的连续油管会呈扁平状，如果连续油管的挤毁段进入防喷盒内就会造成防喷盒无法密封而泄压。

油管入井后，管柱受到的轴向力会对油管的抗外压能力产生影响。此外，连续油管的横截面积并非是绝对的圆形，存在一定的椭圆度，这对油管的抗外压能力产生影响。因此，在分析管柱抗外压能力时，需要考虑这些因素的作用。

连续油管入井后，管柱受到的轴向力、椭圆度等因素会对连续油管抗内压能力产生影响。

7.3.2.1 管柱在不受外力状态

在不受外力状态时，管柱的抗外压能力就是其本身的抗外压强度可以直接由技术参数中查出。

7.3.2.2 管柱在轴向拉力状态

拉伸状况下的管柱抗外压能力会随着管柱轴向拉力的增大而降低。而连续油管入井后，管柱所受到的轴向拉力随着管柱下深的增加而增大，连续油管在轴向拉力作用下的挤毁压力计算公式为：

$$Y_{pa} = \left[\sqrt{1 - 0.75 \times \left(\frac{S_a}{Y_p}\right)^2} - 0.5 \times \frac{S_a}{Y_p}\right] Y_p \quad (7-2)$$

式中 Y_{pa}——轴向力作用下的管柱抗外压能力；
S_a——轴向应力；
Y_p——管材屈服强度。

以连续油管下深至 7000m 为例，计算可得图 7-9 所示曲线。

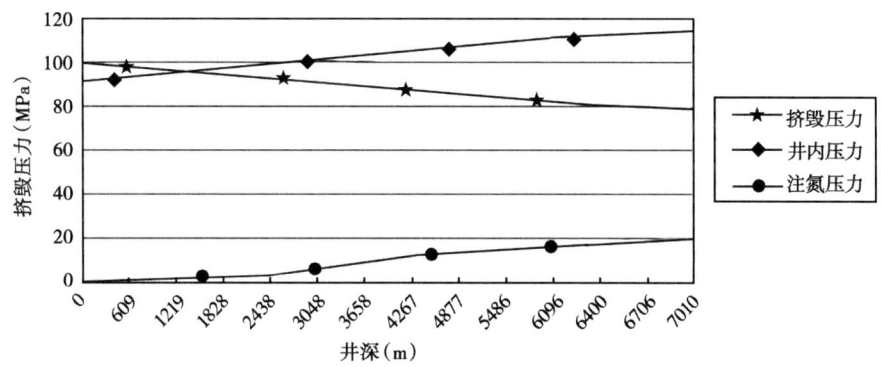

图 7-9 连续油管抗挤毁能力曲线图

由图可知，随着油管下入深度的增加，油管在轴向力作用下的抗挤毁能力逐渐降低。当下入 7000m 连续油管时，在轴向力作用下，连续油管抗外压（挤毁）能力低于井口压力，如不采取措施降低连续油管内外压差，可能会导致管柱挤毁。

7.3.2.3 管柱在椭圆度状态

对于实际作业的连续油管，在受到拉伸载荷和井内压力的作用下，管柱不可能是完全圆的，椭圆度会导致油管抗外压能力降低。

连续油管椭圆度下的挤毁压力公式见式（7-3）到式（7-5）：

$$p_{co} = g - \sqrt{g^2 - f} \quad (7-3)$$

$$g = \frac{Y}{\frac{D}{t_{min}} - 1} + \frac{p_c}{4}\left(2 + 3\frac{D_{max} - D_{min}}{D} \times \frac{D}{t_{min}}\right) \quad (7-4)$$

$$f = \frac{2Yp_c}{\frac{D}{t_{min}} - 1} \quad (7-5)$$

式中 Y——油管屈服强度；
p_c——圆管的挤毁压力；
p_{co}——椭圆油管的挤毁压力；
D_{max}——截面最大外径；

D_{min}——截面最小外径;

D——规定的外径;

t_{min}——最小壁厚。

根据公式,对QT900油管不同椭圆度情况下的抗挤毁能力变化情况进行计算对比,国际惯例新管柱的椭圆度取值0.005,旧管柱的两个阶段性椭圆度取值为0.02和0.05。计算得到表7-11。

表7-11 不同椭圆度的管柱抗挤毁能力对比表

管柱尺寸	壁厚（mm）	管柱抗挤毁压力（MPa）		
		新管柱0.005	椭圆度0.02	椭圆度0.05
1½in锥形连续油管	3.96	77.6	61.2	45.9
	4.45	87.1	70.7	54.4
	4.78	93.9	76.2	59.9
	5.16	102	84.4	66.7

由表7-11可看出,椭圆度对管柱抗挤毁的压力的影响很大,随着椭圆度的增大,管柱抗挤毁能力大大降低。

7.3.3 连续油管弯折和断脱原因分析

通过对连续油管在井下的受力情况进行分析得知,受力情况最恶劣的位置分别是注入头链条底部到防喷盒顶部的无支撑段和防喷盒以下的井口段。当作用于这两段的力超过其承受能力时,管柱就会发生弯折或断脱。因此,对连续油管的无支撑段和井口段进行受力分析,是确保测试作业顺利进行的前提条件。

7.3.3.1 无支撑段在连续油管起下过程中的极限受力分析

以壁厚为4mm连续油管为例进行力学分析,判断出连续油管在起下过程中,无支撑段和井口段的受力变化情况。

计算条件：管内压力0~70MPa,安全系数取1.5,连续油管壁厚4mm,计算结果见表7-12。

表7-12 安全系数为1.5时无支撑段内压与极限注入力（上提力）的关系

内部压力（MPa）	无支撑段下入过程（安全系数1.5、壁厚4mm）		无支撑段上提过程（安全系数1.5、壁厚4mm）	
	挤压力（tf）	最大应力（MPa）	提拉力（tf）	最大应力（MPa）
70	12.2	419.4	13.7	419.4
60	13.7	419.1	15.0	419.4
50	14.9	419.1	15.8	418.8
40	15.8	418.1	16.4	418.8
30	16.5	417.4	16.9	419.3
20	17.0	416.5	17.3	420.1
10	17.5	419.7	17.5	418.8
0	17.7	419.9	17.7	419.9

分析图 7-10 和图 7-11 可知：随着内压的减小，连续油管的无支撑段所能承受的极限挤压力（提拉力）增大，当不受内压时连续油管能够承受的极限挤压力（提拉力）最大。

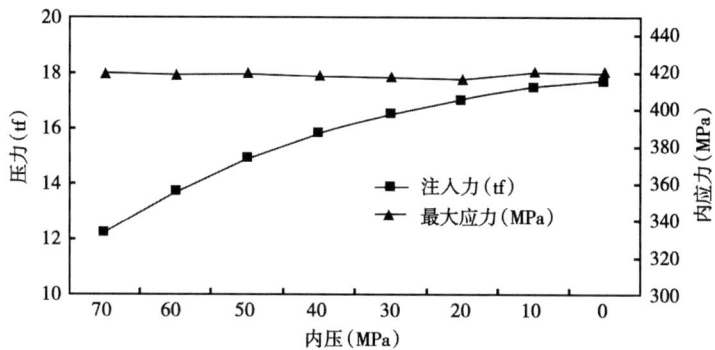

图 7-10　无支撑段注入过程内压与挤压力的关系（安全系数 1.5、壁厚 4mm）

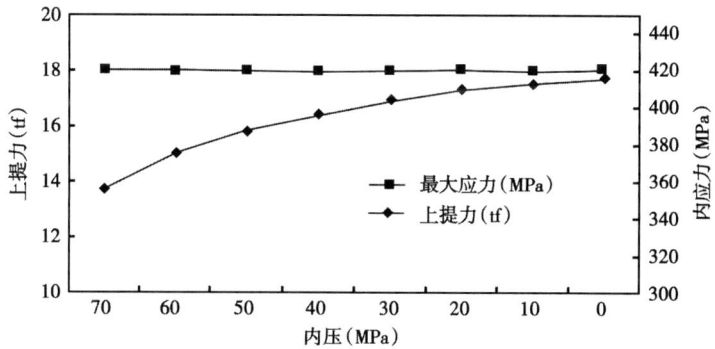

图 7-11　无支撑段上提过程内压与提拉力的关系（安全系数 1.5、壁厚 4mm）

7.3.3.2　井口段在连续油管上提时的极限提拉力分析

选择模型壁厚：5.2mm。连续油管内压 0~70MPa，外压为 0~90MPa，安全系数分别取 2 和 1.25。模型中以压力梯度 10MPa 对内外压进行递减分析。分析结果见表 7-13。

表 7-13　安全系数为 2 时井口段内外压差对极限上提力的影响

压差（MPa） （外压大于内压时为正）	井口段极限提拉力（tf） （安全系数 2）	井口段极限提拉力（tf） （安全系数 1.25）
-70	12.5	24.0
-60	13.5	24.5
-50	14.5	25.0
-40	15.0	25.5
-30	15.5	25.8
-20	15.8	26.0
-10	16.0	26.3
0	16.0	26.5
10	16.0	26.3
20	15.8	26.0

续表

压差（MPa） （外压大于内压时为正）	井口段极限提拉力（tf） （安全系数 2）	井口段极限提拉力（tf） （安全系数 1.25）
30	15.5	25.6
40	15.0	25.0
50	14.5	24.5
60	13.5	23.6
70	12.5	22.8
80	11.0	21.8
90	9.5	20.5

由图 7-12 和图 7-13 可知：井口段连续油管所能承受的极限上提力随压差的减小而增大，与无支撑段的分析结果一致。因此，连续油管在压力的作用下，抗挤毁能力会随着作用在其管壁上压力的增大而降低。

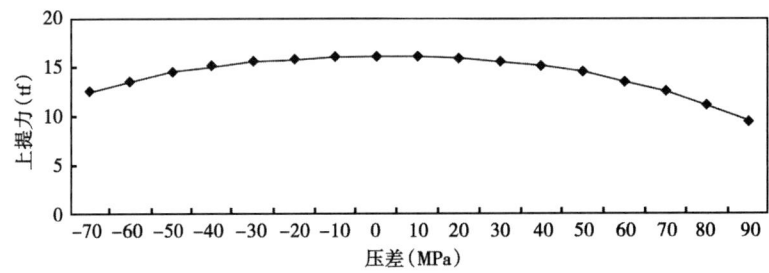

图 7-12　井口段上提过程压差对极限上提力的影响（安全系数 2、壁厚 5.2mm）

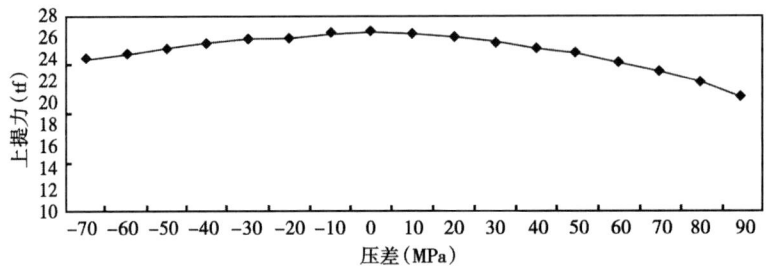

图 7-13　井口段上提过程压差对上提力的影响（安全系数 1.25、壁厚 5.2mm）

7.4　风险预判、应急处置和预防措施

7.4.1　风险预判

（1）连续油管破裂。

连续油管破裂分为井下管柱破裂和地面管柱破裂。井下连续油管破裂时，在注氮压力稳定的情况下，连续油管内压力会突然升高，最终表现为井口压力与连续油管内压力相同。地面连续油管破裂时，管内液体或气体发生泄漏，连续油管内压力降低。

(2) 连续油管挤毁。

连续油管在下放过程和测试过程中挤毁是无法发现的，因此在上提过程中若发注入头提拉力明显增加且第二级防喷盒闸板泄漏则判断为连续油管挤毁。

(3) 连续油管弯折。

连续油管弯折一般发生在无支撑段，会发生连续油管刺漏现象。

(4) 连续油管断脱。

连续油管断脱后，断脱部位以下的管柱会落入井内，而此时地面表现为注入头的悬重突然降低且连续油管内压力升高。

7.4.2 应急处置

超深井测试作业中，发生连续油管破裂、挤毁、弯折和断脱后必须立即操作地面井控设备，剪切连续油管，关闭井口，避免危害进一步扩大。

应急处置设备：井口双闸板防喷器及四闸板防喷器、液控台及平衡泄压管汇等。

连续油管剪切步骤：

(1) 关闭并锁紧承载卡瓦和半封闸板防喷器。
(2) 剪切连续油管。
(3) 关闭并锁紧防喷器全封闸板。
(4) 关闭井口闸口。
(5) 卸掉防喷系统内压力。
(6) 将剪断的连续油管移出地面装置。

7.4.3 预防措施

连续油管超深井测试作业必须对整个施工过程加以控制，才能有效降低作业风险。

(1) 超深井测试前，根据井况对连续油管的作业全过程进行分析，尤其是对作业过程中风险较大的位置（包括无支撑段、井口段、管柱的平衡点以及腐蚀情况严重的位置）进行力学分析，根据连续油管测试作业的重要风险因素原因分析，提出相应的工艺防范措施，以降低作业风险。

(2) 超深井测试作业中，可采取以下措施降低连续油管的作业风险：

①针对连续油管的弯曲，可采用管内注入液体或加压的方式，通过增加管柱的轴向力降低其弯曲程度。

②针对连续油管的腐蚀，可在连续油管油管入井前采取防腐措施。

③针对管柱的挤毁，可采用管内加压的方式，通过降低连续油管内外压差增加其抗外挤能力。

(3) 在测试完成后上提连续油管的过程中，利用在线监测系统测量连续油管的磨损、刮伤和椭圆度并进行记录，根据记录数据对管柱进行受力分析和实验，评价管柱的再次进行作业的能力，指导连续油管的下次施工。

8 规 范

8.1 防喷系统安装及操作规范

8.1.1 范围

本规范规定了连续油管超深井测试作业中井口防喷系统的吊装、安装、试压及拆卸,适用于连续油管超深井测试作业井。

8.1.2 相关岗位及职责

8.1.2.1 相关岗位

本规范涉及以下岗位:现场工程师(1人)、连续油管车操作手(1人)、测井工程师(1人)、指挥员(1人)、地面操作员(3人)、吊车操作手(1人)。

8.1.2.2 岗位职责

现场工程师负责井口防喷系统的试压,包括试压前防喷系统各部分开关状态的确认;试压过程中压力的监测、连续油管动作的确认、防喷系统各部分动作的确认以及对井口异常情况的判断、汇报。

连续油管车操作手负责井口注入头安装、拆卸和防喷系统试压时,连续油管设备的操作。

指挥员为作业班班长,负责连续油管井口防喷系统安装与拆卸过程中的吊装指挥和吊装过程中安全措施的监督,负责防喷系统的地面测试。所有参与吊装作业的人员必须听从指挥员的指挥和调配。

操作员听从指挥员的指挥配合吊装作业,负责井口防喷系统的安装和拆卸、液压盘管器的收放、液压管线的连接。在吊装作业过程中,必须严格遵守吊装作业的相关规定。

吊车操作手负责吊车的现场摆放和操作。吊装作业过程中,听从指挥员的指挥进行吊装作业。作业中必须严格遵守吊装作业的相关规定。

8.1.3 引用的相关标准及技术文件

(1) QSY/1082—2010《连续油管修井作业规程》。
(1) HRC2.625TL/HRC2.0TL《连续油管操作规程》。
(3)《塔里木油田试油井控实施细则(2007)》。

8.1.4 防喷系统的安装及拆卸

8.1.4.1 现场准备

(1) 对井口采气树顶部法兰用水平尺进行测量,若发现法兰不是水平状态则与甲方进行沟通采取措施,以避免防喷系统安装完成后井口倾斜。

（2）准备所需规格的标准吊装钢丝绳套、18#管钳、24#管钳、36#管钳、撬杠、榔头及安装设备所需的其他工具。

（3）现场设施、物件归类摆放。

（4）对起吊所用的挂钩、吊装带、绳套等进行全面检查，发现不合格，应立即进行整改，达到安全可靠。

（5）吊装前，确认吊装单元之间连接点解除。

8.1.4.2 接头拉力和压力测试

（1）地面操作员在连续油管尾部安装连接器并做好标记，在连接器下部连接电缆接头以及拉力（压力）测试接头。

（2）指挥员指挥连续油管操作手对连续油管尾部连接器及电缆接头进行拉力测试，测试拉力 50kN，稳定 5min 后，释放拉力。

（3）现场工程师观察连接器与连续油管连接处标记是否有位移。若没有位移表示连接合格；若发现位移，则检查电缆接头中电缆的连接情况并紧固连接器后继续测试，直到测试合格为止。

（4）拉力测试合格后，地面操作员拆卸拉力（压力）测试接头，安装丢手接头总成，再连接（压力）测试接头进行压力测试。

（5）地面现场工程师指挥液氮泵车向连续油管打压（压力低于丢手接头额定工作压力 5MPa），停泵稳压 30min。接头连接处不刺、不漏试压合格，否则泄掉管线及连续油管内压力，更换密封件，重新试压，直到合格为止。

（6）试压完成后，地面操作员泄掉管线及连续油管内压力，拆卸拉力（压力）测试接头，立起注入头。

8.1.4.3 防喷系统测试

（1）指挥员指挥吊车将防喷系统液控台摆放至连续油管车控制室上下通道一侧，距离连续油管车 8~10m 并与操作室对齐。

（2）地面操作员打开液控台动力系统，观察液压油温指示表，待油温达到 25~30℃时，打开防喷系统建压开关，使防喷系统储能器压力达到 17.5~19MPa。

（3）地面操作员将防喷器液压管线盘管器控制手柄推向"放"方向，放出防喷系统液压管线。

（4）液压管线放出足够长度后，地面操作员按照液压管线上的标号连接好防喷系统液压控制管线。

（5）地面操作员对液压控制管线进行试压，试压压力 10.5MPa，稳压 10min，观察管线及各个接头有无液压油泄漏情况。若有泄漏情况发生，则对管线泄压后进行整改，直到试压合格。若无泄漏情况发生，则进行下步作业。

（6）指挥员（班长）指挥地面操作员由上至下依次对防喷系统各闸板和闸阀（闸板由上到下依次为：四闸板防喷器的全封、剪切、卡瓦、半封闸板，双闸板防喷器的卡瓦闸板、半封闸板）。闸阀包括平衡（泄压）闸阀和井口总闸阀。进行开关测试，保防喷系统工作正常。测试完成后，将防喷系统各闸板打开，并由现场工程师确认。

（7）测试完成后，地面操作员通过液控台卸掉防喷系统液压管线内的压力。

8.1.4.4 防喷系统的安装

（1）地面操作员在防喷系统顶部（侧门防喷盒一端）安装吊装钢丝绳套，另一端与吊车大钩连接。

（2）指挥员指挥50t以上吊车将缓慢吊起，吊物稳定后，吊车将防喷系统吊至井口支架内。

（3）吊车缓慢下放，使防喷系统底部法兰与井口采气树上端法兰对正并坐放在采气树上。

（4）地面操作员将防喷系统与井口采气树连接，紧固连接处，确认井口无倾斜。

（5）地面操作员穿好安全带后，将井口支架各间隔架内部的锁定与防喷系统连接，使整个防喷系统固定在支架内部。

（6）指挥员指挥吊车缓慢释放载重，井口无异常后，地面操作员拆卸防喷系统顶部钢丝绳套。

（7）指挥员指挥吊车将顶部平车吊至井口支架上端，地面操作员将顶部平车与井口支架连接。

（8）地面操作员将注入头的吊环挂到吊车的大钩上后，由连续油管操作手员负责卸松注入头下部的两个指重传感器固定螺帽，指挥员确认后，由地面操作员取掉注入头的固定销子。

（9）连续油管操作手顺时针旋转油管滚筒压力旋钮，将油管滚筒压力调至300~500psi，同时扳动滚筒刹车开关，使其处于"OFF"滚筒刹车松开位置。

（10）由指挥员指挥缓慢吊起注入头，将注入头吊至离地面2m的高度，地面操作员连接测井仪器。

（11）地面操作手完成仪器连接后，现场测井工程师负责测井仪器的地面调试。

（12）地面是调试正常后，指挥员指挥吊车将注入头吊至井口支上部与架顶部平车连接，同时地面操作员将注入头液压管线盘管器控制手柄向下推向"放"方向，放出注入头液压管线。连续油管操作人员调整排管器的高度，使其与注入头鹅颈管的高度相适应，保持注入头的鹅颈管与滚筒中心对正。

（13）地面操作员将注入头与顶部平车用插销固定后，连续油管操作手逆时针旋转滚筒刹车开关，使其处于"ON"滚筒刹车位置。

（14）地面操作员通过顶部平车丝杠调整位置，将注入头与防喷系统顶部的侧门防喷盒连接。

（15）地面操作员将采气树生产闸门与防喷系统平衡（泄压）管汇连接。

（16）井口连接完成后，连续油管操作手将连续油管的深度计数器归零，测井工程师将测井仪器归零。

8.1.4.5　井口试压

（1）防喷器全封闸板试压。

①地面工程师指挥液氮泵车向连续油管内充压至地面测试压力。

②地面操作员通过液控台关闭平衡（泄压）管汇各个泄压闸门和总闸门。

③连续油管操作手夹紧侧门防喷盒，增加注入头夹紧力，完成后现场工程师进行确认。

④现场工程师指挥液控台处的地面操作员关闭四闸板防喷器和双闸板防喷器全封闸板。

⑤现场工程师确认完毕后，通知地面操作员打开井口采气树主阀、安全阀和生产阀。

⑥地面操作员打开防喷器下部泄压闸门，对防喷器充压，充压压力与井口压力一致。充压完成后，地面操作员关闭井口生产阀。

⑦先对四闸板防喷器全封闸板试压，试压压力与井口压力一致，稳压30min，压力不降试压合格。试压合格后，泄掉四闸板防喷器内部压力。

⑧现场工程师指挥地面操作员关闭泄压闸门，打开防喷器的全封闸板。

(2) 防喷器半封闸板试压。

①现场工程师指挥连续油管操作手缓慢下放连续油管，当连接器处于双闸板防喷器半封以下后，连续油管操作手停止动作。

②现场工程师指挥液控台处的地面操作员先关闭四闸板防喷器的半封闸板，再关闭双闸板防喷器的半封/卡瓦闸板。

③现场工程师确认完毕后，通知地面操作员缓慢打开采气树生产阀。

④现场工程师指挥液控台处地面操作员打开防喷器下部泄压闸门，对防喷器充压，充压压力与井口压力一致。充压过程中，根据井口压力及时向连续油管内补充压力，确保管内外压差不超过连续油管底部接头额定工作压力。充压完成后，地面操作员关闭井口生产阀。

⑤先对四闸板防喷器半封闸板试压，试压压力与井口压力一致，稳压30min，压力不降试压合格。试压合格后，打开四闸板防喷器下部泄压闸门，泄防喷器内部压力，然后关闭泄压管汇总闸门，打开四闸板防喷器半封闸板。

⑥再对双闸板防喷器全封闸板试压，试压压力与井口压力一致，稳压30min，压力不降试压合格。试压合格后，打开双闸板防喷器下部泄压闸门，平衡双闸板防喷器半封闸板上下压力，打开双闸板防喷器半封闸板，关闭四闸板防喷器下部泄压闸门。

(3) 防喷盒试压。

①防喷盒静密封试压。

现场工程师通知地面操作员打开采气树生产阀对防喷系统充压，充压压力与井口压力一致后，关闭井口生产阀。对防喷系统进行试压，稳压30min，压力不降，井口试压合格，同时测井工程师井口调试仪器，确认仪器工作正常。现场工程师指挥液控台处的地面操作员关闭第一级防喷盒，然后打开防喷盒下部泄压闸门泄压至零。对第一级防喷盒试压，试压压力与井口压力一致，稳压30min，压力不降试压合格。现场工程师指挥液控台处的地面操作员关闭第二级防喷盒，然后打开第一级防喷盒下部泄压闸门泄压至零。对第二级防喷盒试压，试压压力与井口压力一致，稳压30min，压力不降试压合格。

②防喷盒动密封试压。

现场工程师指挥地面操作员打开井口生产阀，按照表8-1对防喷盒充压，充压完成后先关闭泄压闸门，再关闭生产阀。

表8-1 防喷盒充压压力表　　　　　　　　　　　　　　　　单位：MPa

井口压力	侧门防喷盒压力	第一级闸板防喷盒压力	第二级闸板防喷盒压力
50	10	30	50
60	20	40	60
70	20	45	70
80	20	50	80
90	30	60	90

现场工程师指挥连续油管操作手上下活动连续油管5min，各防喷盒之间压力不变，试压合格。试压合格后，连续油管操作手停止动作。平衡（泄压）管汇泄压后，关闭管汇总闸门，打开井口清蜡阀，连续油管准备入井。

8.1.4.6 防喷系统的拆卸

（1）连续油管底部工具提至防喷系统内以后，现场工程师通知地面操作员关闭井口主阀、安全阀和清蜡阀。

（2）现场工程师指挥地面操作手打开各防喷盒下部的泄压闸门泄压。

（3）井口泄压完成后，现场工程师指挥连续油管操作手打开防喷系统的各个防喷盒以及平衡（泄压）管汇的其他液动平板阀。

（4）地面操作员拆卸注入头与井口侧门防喷盒的连接处，并将注入头的固定销取掉。

（5）连续油管操作手顺时针旋转滚筒刹车开关至"OFF"刹车松开位置。指挥员按吊装操作规程用吊车将注入头吊至地面，地面操作手拆卸连续油管底部测试仪器。

（6）指挥员在确认测试仪器拆卸完成后，指挥吊车将注入头吊至拖车底座上，同时地面操作员将液压管线盘管器手柄推向"收"方向收回注入头液压管线。

（7）地面操作员用连续油管专用卡子卡紧连续油管端部，锁紧注入头上两个指重传感器的固定螺帽。

（8）连续油管操作手逆时针扳动滚筒刹车开关，使其置于"OFF"刹车位置。

（9）地面操作员穿好安全带后，将顶部平车与井口支架的连接处拆除。指挥员指挥吊车将顶部平车吊至地面。

（10）地面操作员在防喷系统顶部安装吊装钢丝绳套，另一端与吊车大钩连接，然后拆卸防喷系统与井口采气树的连接处。

（11）指挥员指挥吊车上提 2tf，地面操作员拆卸井口支架内的防喷系统锁定装置。

（12）指挥员指挥吊车缓慢上提，待防喷系统稳定后，由支架内吊出防喷系统，地面操作员同时回收系统液压管线。

（13）指挥员指挥吊车将防喷系统装车后，地面操作员拆卸系统液压管线并回收。

8.1.5 注意事项

8.1.5.1 防喷系统的吊装

（1）吊装防喷系统时，必须确认防喷系统的平衡（泄压）管汇与井口支架的开口一侧方向一致。

（2）防喷系统吊至井口支架内时，必须待其稳定后方能吊入，以免防喷系统碰撞支架，造成支架移位。

（3）井口连接前，必须对钢圈及法兰的钢圈槽进行清洁，避免井口试压时井口刺漏。

（4）井口连接时，要确保采气树顶部法兰与防喷系统底部法兰的螺孔对正。

（5）吊装防喷系统时，必须严格执行吊装规定。所有吊物必须有牵引绳，操作员用牵引绳稳定吊物，避免吊装过程中吊物碰撞井口。

（6）高空作业操作人员必须穿戴好安全带后，方能进行高空作业。

（7）吊车操作手在作业中必须平稳操作，禁止猛提猛放，以免操作人员无法稳定吊物，造成吊物碰撞井口。

8.1.5.2 井口试压

服务公司必须按照下列标准，进行用于标准连续油管作业的压力测试。

（1）使用清水进行所有的压力测试，测试压力不小于120%的连续油管作业计划可能达到的最高工作压力。

（2）压力测试稳压必须不小于 15min。

（3）一个合格的压力测试必须同时符合无可见泄漏、稳压 15min 后，压降小于 5%。

（4）当对防喷器闸板进行压力测试时，在打开闸板之前，总需要对闸板两端的压力进行平衡。

（5）使用下列方法中的一种记录所有的压力测试：

①带比例的图表记录，这样测试压力显示在全比例图表上的 25% 和 75%。每次压力测试使用单独的图表。

②DAS 数据采集系统。

（6）使用显示精确度不小于±1%的压力传感器测量压力。

（7）针对正在被测试的设备，在工作记录本上要记录测试的日期、时间和地点。压力传感器和图表记录仪的序列号。进行测试的人员的签字。测试的压力和持续时间。测试数据的档案编号或档案代码。

（8）测试数据文件归档后至少需要保存 12 个月。

（9）当对一个安装好的复杂的组件进行压力测试时，特别是进行连续油管高压作业组件的压力测试时，必须要确保所有的部件都被正确地进行了测试，而没有发生遗忘。最好方法是使用压力测试矩阵图，如图 8-1 所示。这个矩阵图表标明了所有需要测试的组件和测试要求。每个测试都有一定的逻辑顺序，以减少测试需要的时间。压力测试分为：低压测试（250psi）和高压测试（120%的连续油管作业计划可能达到的最高工作压力）。

测试	需要关闭的阀门编号																										结果	
	1	2	3	4	5	6	7	8	9	10	11	12	13	14	15	16	17	18	19	20	21	22	23	24	25	26	低压测试	高压测试
1	X					X	X							X					X	X				X	X	X	合格/不合格	合格/不合格
2		X	X		X									X								X	X	X			合格/不合格	合格/不合格
3		X	X						X				X														合格/不合格	合格/不合格
4		X	X											X				X									合格/不合格	合格/不合格
5	X							X	X	X				X													合格/不合格	合格/不合格
6		X		X	X											X					X						合格/不合格	合格/不合格
7		X		X				X	X	X					X						X						合格/不合格	合格/不合格

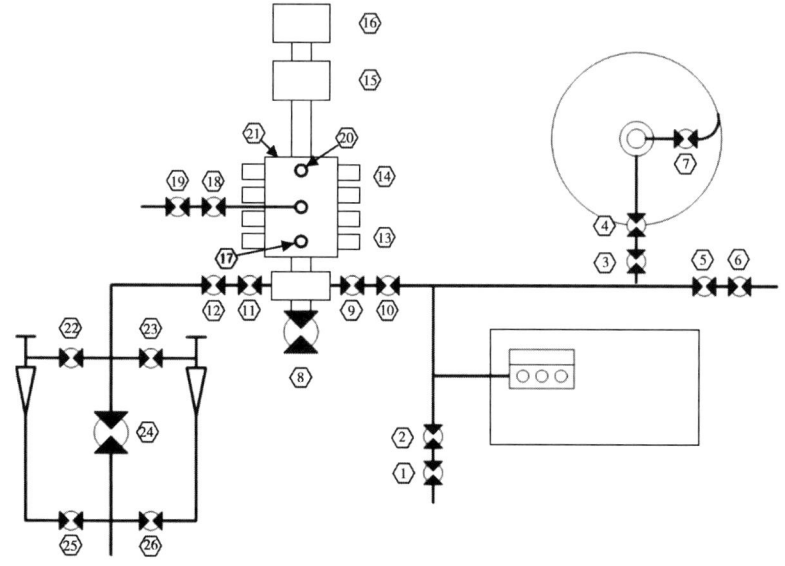

图 8-1　压力测试矩阵图

注意：在将防喷器运至工作现场之前，必须在服务公司的场地内对防喷器本体和密封闸板按照测试标准进行测试。

（10）试压前现场工程师必须确认防喷系统各部分开关位置正确，避免试压过程中出现险情。

（11）试压过程时，必须缓慢开关闸门阀，防止井口压力快速升高或降低。

（12）稳压过程中，地面操作员要撤离井口至安全区域。

（13）试压过程中，若发现井口刺漏，应立即关闭防喷系统总闸门，然后关闭主阀、安全阀和清蜡阀，然后打开防喷系统总闸门，对清蜡阀以上部分泄压后，再对刺漏部位采取措施。

8.2 井口支架安装及操作规范

8.2.1 范围

本规范规定了连续油管作业过程中井口支架的吊装、安装及拆卸。
本规范适用于连续油管作业时井口防喷系统及注入头支撑架的安装。

8.2.2 相关岗位及职责

8.2.2.1 相关岗位

本规范涉及以下岗位：指挥员（1人）、地面操作员（4人）、吊车操作手（1人）。

8.2.2.2 岗位职责

指挥员为作业班班长，负责连续油管井口支架安装与拆卸过程中的吊装指挥和吊装过程中安全措施的监督。所有参与吊装作业的人员必须听从指挥员的指挥和调配。

地面操作员听从指挥员的指挥配合吊装作业，负责井口支架的安装和拆卸。在吊装作业过程中，必须严格遵守吊装作业的相关规定。

吊车操作手负责吊车的现场摆放。吊装作业过程中，听从指挥员的指挥进行吊装作业。作业中必须严格遵守吊装作业的相关规定。

8.2.3 引用的相关标准及技术文件

QSY/1082—2010《连续油管修井作业规程》
HRC2.625TL/HRC2.0TL《连续油管操作规程》

8.2.4 井口支架的安装及拆卸

8.2.4.1 现场准备

（1）查看以井口为中心，半径5m的范围内场地是否满足作业需求，如果不能满足作业需要则与甲方商议进行清理、平整。

（2）准备所需规格的标准吊装钢丝绳套、18#管钳、24#管钳、36#管钳、撬杠、榔头及水平尺等安装设备所需的其他工具。

（3）现场设施、物件归类摆放。

（4）对起吊所用的挂钩、吊装带、绳套等进行全面检查，发现不合格，应立即进行整改，达到安全可靠。

（5）吊装前，确认吊装单元之间连接点解除。

8.2.4.2　井口支架的安装

（1）由指挥员（班长）按吊装规定指挥50t以上吊车将支架底座吊至井口采气树上，吊车缓慢下放使底座套在井口采气树上。底座下部距离地面5~10cm时吊车停止下放，调整吊臂使支架底座与井口采气树中心重合，坐放支架底座。通过水平尺测量确保支架底座处于水平放置。

（2）吊车将间隔架吊至井口支架底座上方，指挥员（班长）指挥吊车调整吊车使间隔架坐放在支架底座固定位置上，地面操作员穿好安全带后将间隔架与支架底座连接。

（3）用绷绳固定井口支架。绷绳拉紧后与地面之间夹角为45°，前绷绳与连续油管到井口之间的中心线呈45°夹角，后绷绳与连续油管到井口之间的中心线呈30°夹角。

8.2.4.3　井口支架的拆卸

（1）井口支架顶部注入头、作业平台及防喷系统拆卸完成后，地面操作员穿好安全带后，在顶部间隔架上安装吊装钢丝绳套，并将绳套另一端挂在吊车大钩上。

（2）指挥员（班长）在确认作业人员撤离后，指挥吊车缓慢上提，吊臂载荷2tf时停止上提。

（3）地面操作员先松掉井口支架固定绷绳，然后拆卸支架底座与间隔架的连接处。确认连接处拆卸完成后，撤离吊装区域。

（4）指挥员（班长）指挥吊车缓慢上提间隔架。确认间隔架与支架底座分离后，将间隔架吊至地面，地面操作员由最下层开始依次拆卸间隔架。

（5）地面操作员在井口支架底座安装吊装钢丝绳套，将绳套另一端挂在吊车大钩上，并在底座上固定牵引绳。指挥员指挥吊车缓慢上提底座，同时地面操作员利用牵引绳稳定吊物。当底座与井口采气树分离后，指挥员指挥吊车将底座吊至地面上。

8.2.5　注意事项

（1）吊装场地必须平整、坚实，满足作业需求。井架的最小承载能力应为注入头重量和注入头最大上提力的总和。

（2）安装过程中，必须确认支架开口一侧方向正对连续油管车。

（3）起吊前，指挥员必须确认吊物旁边无作业人员后方能起吊。

（4）吊装作业过程中，必须严格执行吊装规定。所有吊物必须有牵引绳，地面操作员用牵引绳稳定吊物，避免吊装过程中吊物碰撞井口。

（5）高空作业的地面操作员必须穿戴好安全带后，方能进行高处作业。

（6）吊车操作手在作业中必须平稳操作，禁止猛提猛放，以免地面操作员无法稳定吊物，造成吊物碰撞井口。

（7）起吊间隔架时，指挥员必须观察间隔架与底座的连接处是否完全脱离。若无法脱离应采取其他措施，禁止强行上提，以免底座在上提时脱落砸上井口。

8.3　入井仪器的检测、安装调试操作规范

8.3.1　范围

本规范规定了带压测试井中工具串的展开的基本操作程序。

本规范适用于带压测试井中工具串的展开工作。

8.3.2 工具串展开的方法

连续油管的一个主要优势就是其在带压井作业时所固有的安全性。生产井作业，特别是在测试作业时，由于工具串的长度通常很大，一个需要重点考虑因素就是如何展开一个长串工具。工具串展开的方法主要有3种方法：

（1）防喷管展开法：从电缆技术发展起来的最初方法。
（2）工具下入法：从防喷管展开法引申出来的方法。
（3）安全展开法：从上述两种方法引申出来的最安全的方法。

8.3.3 防喷管展开法基本操作程序

防喷管展开法把连续油管设备和工具串作为电缆来对待。升高短接或防喷管必须足够长才能"吞下"整个工具串。整个总成由吊机和绷绳支撑（图8-2）。

虽然这种配置结构适用于一系列的作业中，但是它涉及一个被悬挂的重型载荷（注入头）而且几乎没有应急方案可供选择。这个系统原理上的缺陷有：

（1）需要一个高的、大功率的吊车来支撑注入头。
（2）操作员只能有限地观察到连续油管和压力控制设备。

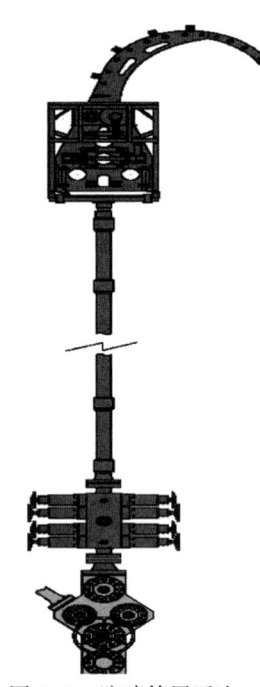

图8-2 防喷管展开法——设备配置

（3）只能通过一个小工作筐上到注入头上，而这又离开地面或车板很高。
（4）在组装或拆卸设备过程中，有关人员都暴露在悬吊的设备下。

8.3.4 工具展开法基本操作程序

工具展开法是防喷管展开法的一个备选方案。它降低了注入头的工作高度，并可以在各个阶段进行压力测试。这一系统依靠井下工具组合上的展开杆，把井下工具组合悬挂并密封在防喷器中。

这套系统虽然它比防喷管展开法有了相当大的改进，但仍有以下缺点：

（1）操作的关键阶段取决于吊车司机的技能。
（2）在组装或拆卸设备过程中，有关人员都暴露在悬吊的设备下。

工具展开法包括以下工作步骤：

（1）就像电缆作业时一样组装工具串和防喷管总成。
（2）下入工具串，直到展开杆处于防喷器的卡瓦和半封闸板的位置（图8-3）。
（3）关闭半封和卡瓦防喷器，控制井筒压力并把展开杆固定在该位置上（图8-4）。
（4）放掉防喷管中的压力。卸开底部连接，以便可以接触到展开杆的顶部连接。卸开这个连接，并放下防喷管总成和下

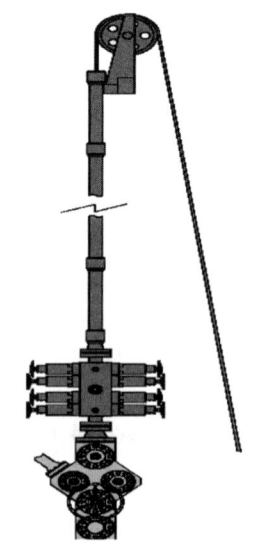

图8-3 安装工具串

入工具。

(5) 慢慢下放注入头直到工具串接头接触到展开杆。连接工具串接头。然后把注入头下放到升高短接管上。连接升高接头(图8-5)。

(6) 连接好所有连接之后,对系统进行压力测试。然后对系统进行压力平衡,打开放喷器闸板,并下入工具串。

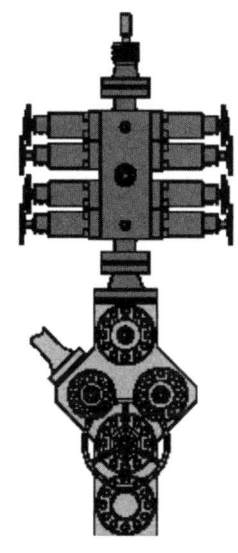

图8-4 悬挂工具串

图8-5 连接工具串并下放工具

8.3.5 安全展开系统基本操作程序

8.3.5.1 用于安全的工具展开法的设备

安全展开系统需要一些地面设备(图8-6),以及井下工具组合中的展开杆。

(1) 液压连接器。

液压连接器或快锁装置可以把防喷管或注入头总成快速安全地连接到井口设备上。

液压连接器是进行遥控操作的,因此相关人员不必在悬吊的载荷下进行作业。

(2) 侧开门防喷管。

使用侧开门防喷管(SDR)可以在连接工具串之前,把注入头连接并固定到防喷器上。防喷管内的一个导向工具可以确保工具串穿过防喷器闸板准确定位。

防喷管具有以下操作和安全方面的优点:

①连续油管装置操作人员控制着工具串的连接过程。

②在工具串连接完成之前,注入头处于电接地状态。

(3) 环形防喷器。

环形防喷器提供应急压力控制。它可以根据要求密封工具串或油管柱的环形间隙(双重

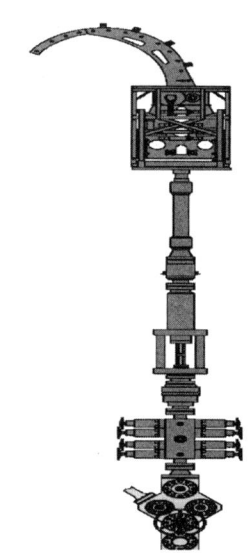

图8-6 系统组件

隔离)。

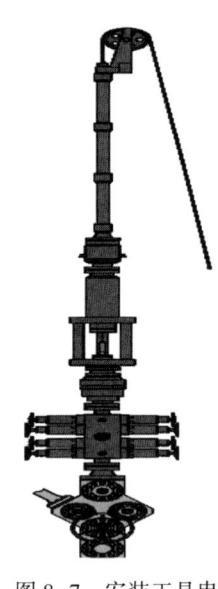

图 8-7 安装工具串

(4) 控制面板。

连续油管操作人员通过一个液压控制面板控制安全展开系统。

(5) 井下工具。

井下工具包括一个展开杆和一个快速连接由壬系统。这些工具可以快捷并安全地连接工具串。

8.3.5.2 安全展开法的一般步骤

带压井中使用安全展开系统的基本步骤如下：

请注意：这些说明只是一个概要。其详细程度并不足以指导安全实施带压井的工具展开作业。

(1) 安装地面设备。

(2) 组装工具串并将它安装在防喷管中。在防喷管上连接好液压连接器。

(3) 将防喷管上提到安装井口总成之上并锁销好液压连接器。

(4) 平衡防喷管的压力。然后打开井口阀门，并下放工具串进入井筒，直到工具接触到侧开门防喷管导向器（图 8-7）。

(5) 关闭卡瓦和半封防喷器，以及环形防喷器。卸除防喷管内的压力。

(6) 打开侧开门防喷管并拆卸下入的工具。拆除防喷管总成。

(7) 安装与上部注入头总成的液压连接。连接好上部的工具串。

(8) 提起注入头总成。锁销好连接器并固定好绷绳或链条。

(9) 下入连续油管，直到工具串连接器可以被连接好为止。连接好工具串连接器（图 8-8）。

(10) 关闭侧门防喷管。对安装好的装置进行压力测试（测试压力取决于半封和/或环形防喷器下面的井口压力）。

(11) 平衡压力并打开半封和卡瓦防喷器。在防喷盒上做好标示，以便于核实深度设定并开始下钻作业（图 8-9）。

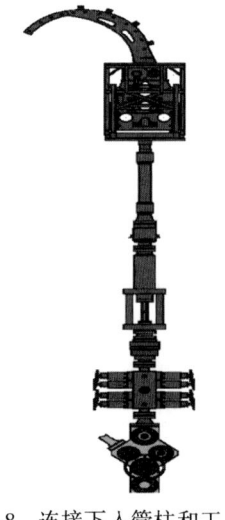

图 8-8 连接下入管柱和工具串

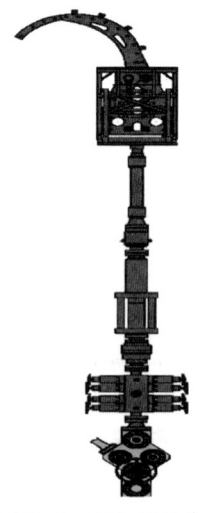

图 8-9 下入工具串

8.3.6 带压井展开作业的安全注意事项

在带压井展开作业时,应检查井口设备,以确保其可以安全的支撑和固定附加的重量和载荷:
(1)要适当固定防喷管和注入头,以减少横向载荷。
(2)应安装帮助进入侧门防喷管的工作平台。

8.4 连续油管车操作规范

8.4.1 范围

本规范规定了 HRC2.625TL 型及 HRC2.0TL 型拖装连续油管作业设备(以下简称连续油管车)的操作、维护和保养规程。

本规范适用于 HRC2.625TL 型及 HRC2.0TL 型拖装连续油管作业设备的操作、维护和保养。

8.4.2 相关岗位及职责

8.4.2.1 相关岗位
本规范涉及以下岗位:现场工程师(1人)、连续油管操作手(2人)、地面操作员(3人)、连续油管车司机(1人)。

8.4.2.2 岗位职责
现场工程师负责落实施工方案、施工交底;组织、指挥和协调现场施工。根据获取的基础资料,编制《连续油管施工设计》《HSE 作业计划书》,并上报公司相关主管人员审批。负责现场施工中整个过程的指导和检查确认工作。

连续油管车操作手负责连续油管井口安装过程中的吊装指挥,连续油管设备的操作,负责连续油管车的液压设备及连续油管滚筒系统的检查维护保养工作,配合现场工程师和连续油管车司机合理摆放设备,负责施工过程中相关数据的记录等。

地面操作员配合现场工程师和连续油管车司机合理摆放设备,负责车辆的固定(垫好车轮),负责地面管线的连接,负责注入头及防喷器的吊装和安装,负责液压盘管器的收放,负责注入头、防喷器及液压盘管器滚筒系统的检查维护保养等工作。

连续油管车司机负责将设备安全运达目的地,负责牵引车及半挂底盘车的检查维护保养等工作,配合现场工程师和连续油管车操作员及地面操作员合理摆放车辆。

8.4.3 设备技术参数

该设备主要用于代替油管进行井下施工作业。主要由奔驰3344底盘牵引车、拖挂车、台上操作室、连续油管滚筒、注入头(含鹅颈管)、防喷器和液压控制系统等组成,具体设备参数见表8-2和表8-3。

表 8-2 HRC2.625TL 型连续油管设备技术规格及性能参数

名称	性能和参数
牵引车	梅赛德斯奔驰 3344
发动机	奔驰 OM501LA 发动机，额定功率 325kW（435hp）@ 1800r/min
变速箱	奔驰 16 速自动变速箱
驱动形式	6×4
牵引车轴距	4.57m
总质量	66000kg（145500 lb）
长、宽、高	19m×3.2m×4.35m
最小离地间隙	0.3m
轮胎型号	全车轮胎为米其林 315/80 R22.5
连续油管	型号：QT-900 外径×壁厚×长度：2⅝in×0.203in×3250m 内部屈服压力：93.6MPa（13580psi）
注入头	型号：HR680 注入头重：43091kg（95000 lb） 动力源最大工作压力：2750psi（19.25MPa） 连续上提能力：36288kg（80000 lb）@ 4600psi 连续下推能力：18144kg（40000 lb） 最高起下油管速度：61m/min（150ft/min）
防喷器	工作压力：10000psi（69MPa） 测试压力：15000 psi（103MPa） 通径：5.12in 法兰：5.12in×10000psi 开式法兰带×CB44 活接头 功能：全封、剪切、卡瓦、半封
连续管滚筒	尺寸：法兰盘直径为 3.91m，芯轴直径为 2.69m，滚筒宽度为 2.34m 容量：10660ft（3250m）2⅝in 连续油管 转角：右转 15° 排管器上下仰角：最小角 7°，最大角 45° 管汇接头尺寸：2in 绞盘最大工作压力：2500psi（17.5MPa） 排管器举升最大压力：2500psi（17.5MPa） 排管器左右（超越）最大压力：2500psi（17.5MPa）

表 8-3 HRC2.0TL 型连续油管设备技术规格及性能参数

名称	性能和参数
牵引车	梅赛德斯奔驰 3344
发动机	奔驰 OM501LA 发动机，额定功率 325kW（435hp）@ 1800r/min
变速箱	奔驰 16 速自动变速箱
驱动形式	6×4
牵引车轴距	4.57m
总重量	63000kg（145500 lb）

续表

名称	性能和参数
长、宽、高	18.5m×2.6m×4.35m
最小离地间隙	0.45m
轮胎型号	全车轮胎为米其林 315/80 R22.5
连续油管	型号：QT-900 外径×壁厚×长度：2in×0.156in×5000m 内部屈服压力：93.7MPa（13590psi）
注入头	型号：HR680 注入头重：43091kg（95000 lb） 动力源最大工作压力：2750psi（19.25MPa） 连续上提能力：36288kg（80000 lb）@ 4600psi 连续下推能力：18144kg（40000 lb） 最高起下油管速度：61m/min（150ft/min）
防喷器	工作压力：10000psi（69MPa） 测试压力：15000 psi（103MPa） 通径：4.06in 法兰：4.06in×10000psi 开式法兰带×CB44 活接头 功能：全封、剪切、卡瓦、半封
连续管滚筒	尺寸：法兰盘直径为3.66m，芯轴直径为2.03m，滚筒宽度为1.83m 容量：16404ft（5000m）2in 连续油管 转角：右转 15° 排管器上下仰角：最小角 7°，最大角 45° 管汇接头尺寸：2in 绞盘最小工作压力：2500psi（17.2MPa） 排管器举升最大压力：2500psi（17.2MPa） 排管器左右（超越）最大压力：2500psi（17.5MPa）

引用的相关标准及技术文件：
QSY/1082—2010《连续油管修井作业规程》
HRC2.625TL《拖车连续油管设备技术手册》
HRC2.0TL《拖车连续油管设备技术手册》
HRC2.625TL/HRC2.0TL《连续油管操作规程》

8.4.4 出车前的检查及准备工作

8.4.4.1 出车前的准备工作

（1）出车前对施工设计和 HSE 作业计划书进行交底，携带作业所需资料。

（2）根据作业的设计施工方案准备并带好相应的井下工具、吊装注入头及防喷器的施工工具。

（3）配备 8kg 灭火器 4 只；故障车警示标志牌 2 块；排气管防火罩 2 只；随车工具 1 套，包括千斤、轮胎套筒、黄油枪、充气管线等。

（4）准备好法规规定的相关行车手续。

8.4.4.2 出车前的检查

（1）底盘部分的检查。

（2）台上部分的检查。

8.4.5 操作

8.4.5.1 底盘柴油发动机的启动

（1）把钥匙开关转到1挡位置，检查进气预热指示灯是否亮，冬季如果不亮，检查预热系统。如果灯亮，则须等待指示灯熄灭后再进行下一步启动工作。

（2）在柴油发动机启动后，立即将钥匙放松，怠速运行，务必在15s内观察仪表有异常情况。如有异常须立即熄火并查明原因。

（3）正常启动车辆后，不要立即行车，让柴油发动机怠速运转，直到第一、第二制动回路的储气压力达到6.8bar以上，柴油发动机温度正常，润滑油压力正常，方可行车。

（4）行驶前应先系好安全带。

8.4.5.2 车辆行驶

（1）在气压值达到800kPa以上，柴油发动机水温升至40℃以上时，方可系好安全带，鸣号缓慢起步行驶。行驶过程中，应用两脚离合器的换挡方法换挡。避免油门全开起步以及紧急制动。油门全开起步将导致离合器损伤或不均匀的轮胎磨损，而紧急制动会加速轮胎和制动摩擦片的磨损。

（2）连续油管车在通过桥梁、涵洞和高空架有电线、电缆的路段时，要根据实际情况核实车辆能否通过，通过电线、电缆时要由专人负责挑线，并由指挥人员下车在车前徒步行走指挥车辆通过，无人指挥情况下，不得擅自通过。

（3）通过冰雪和泥泞路段时，注意选择安全路面，减速慢行，时速不超过20km/h。

（4）在弯道、坡道行驶时，时速不超过20km/h，并鸣号，要注意车辆不要压到路两旁松软的路面上，在确保车辆能安全通过的情况下保持车辆靠右行驶。

（5）在驾车行驶2h或驾驶员感到疲劳时，要选择停车点停车检查休息、下车活动，且每次休息的时间不得少于20min。

（6）在行驶过程中，要有专门车辆在前引路；在高速公路上行驶时行车速度不超过70km/h。

（7）在通过市镇、集市时，要遵守当地交通安全管理规定，严格控制车速。

（8）在道路上行驶时，注意不要压到路两旁松软的路面上，要在确保车辆能通过的情况下才能往前行驶，否则要停车修路或改道。

（9）禁止在任何路段强行超车，会车时注意选择宽平路面，交会路线不要太靠路边，必要时停车让行。

（10）夜间禁止行车（高速公路上行驶除外）。

8.4.5.3 车辆的停放

（1）在夏季高温天气或冬季寒冷天气行车时，车辆出现故障，驾驶员要将车停靠在宽敞的路面上，同时设置路障与故障车三角警示牌。

（2）在停车时要注意路面情况，不要停靠在路两边松软的路面上。

（3）停车时，变速器应处于空挡位置，拉好驻车制动。避免在坡道上停车，确需坡道停车，必须在不少于4个车轮下垫掩木。

8.4.5.4 井场车辆摆放

（1）由连续油管操作手指挥车辆缓慢倒至距离井口10~15m的位置，要求滚筒中心、注入头支撑架中心、井口三点成一线，左右误差距离不超过 10cm，以便操作时易观察注入头的运转情况。

（2）驾驶员将挡位挂至空挡后应拉好手刹车，收起挡位支撑杆和扶手，并垫好掩木，发动机熄火，防止车辆滑动。

8.4.5.5 启动台上设备

（1）连续油管操作手将操作间梯子从设备侧面抽出，并将两侧扶手安装好，插好保险销。

（2）检查台上发电机的蓄电池电解液液面、蓄电池连接桩头、润滑油、冷却液、液压油、连续油管防腐油、注入头链条润滑油，以确保作业机蓄电池电解液保持在隔板上 10~15mm、确保蓄电池连接桩头没有严重损伤和腐蚀现象、润滑油油面及冷却液液面应在规定范围内、液压油油面在观察窗指示的刻度之间、连续油管防腐油油面能在上观察孔观察到、注入头链条润滑油油面达到观察窗的上刻度。

（3）检查液压油箱的两个出口管线的闸门是否打开（冬季需打开液压油加热系统，将液压油加热至 25℃）。

（4）连续油管操作手先启动台上发电机。

（5）检查优先控制压力表及防喷器储能器压力表，确认其压力为 0。

（6）检查操作间各阀件及仪表，均处于可启动状态。

（7）启动台下牵引车发动机，待显示屏上各个参数（润滑油压力、柴油发动机转速、蓄电池电压、冷却液温度）显示正常，且 1 路、2 路气压达到 800kPa 挂合变速箱取力器开关，支撑连续油管千斤使连续油管车处于水平位置并用水平尺进行效验。

（8）观察液压油温指示表，待油温达到 25~30℃时，顺时针旋转系统泵建压泄压开关至作业压力，顺时针旋转注入头泵建压泄压开关至作业压力，顺时针旋转油管滚筒泵建压泄压开关至作业压力。

（9）关闭优先控制系统泄压针阀和防喷器储能器泄压针阀开关，使系统泵压力及防喷器储能器压力和优先控制系统压力都达到 2500~2800psi。

8.4.5.6 起升操作室

（1）检查操作室锁紧固定装置是否完好，操作室周边无障碍物。

（2）扳动操作室举升控制阀到举升位置，缓慢将操作室举升至固定锁片上部时，将控制阀手柄扳至中位。

（3）将 4 只固定锁片向内转动，支撑于操作间底部。

（4）扳动举升控制阀，使阀处于下放位置，将操作间平稳地落于 4 只固定锁片上。

（5）将举升控制阀处于中位。

8.4.5.7 举升注入头

（1）地面操作人员检查注入头驱动链条的张紧缸、链轮、链条及卡瓦，确保张紧缸、链轮、链条及卡瓦完好。

（2）连续油管操作人员顺时针旋转油管滚筒压力旋钮，将油管滚筒压力调至 300~500psi，顺时针扳动滚筒刹车开关，使其置于"OFF"刹车松开位置。

（3）地面操作人员将注入头举升手柄向上推向"升"方向缓慢举升注入头。

（4）注入头及鹅颈管举升到位后，由地面操作人员在确保系好安全带的前提下，插好鹅颈管各部位的固定销子及压好连续油管压盒。

（5）逆时针扳动滚筒刹车开关，使其置于"ON"刹车位置。

8.4.5.8　下连续油管作业

（1）提高柴油发动机转速旋钮，调至1500r/min。

（2）检查确定油管滚筒压力、链条张紧力、注入头夹紧力正常（油管滚筒压力：500psi、链条张紧力：400psi、注入头夹紧力：500psi）。

（3）测量并记录注入头下部连续油管的伸出长度，安装好注入头后，在排管器前部用油漆在连续油管上作明显标记，将深度指示仪调到0。

（4）顺时针转动滚筒刹车开关至"OFF"滚筒刹车松开位置。

（5）向前推注入头方向控制手柄至"下放"位置，下入油管。

（6）顺时针旋转注入头速度旋钮，压力调至150psi左右。

（7）顺时针旋转注入头压力旋钮，压力调至500psi左右。

（8）顺时针旋转注入头速度旋钮，压力增至430psi左右。

（9）顺时针旋转注入头马达排量调节旋钮和注入头马达的压力旋钮，以增加连续油管的下入速度，每下入200～300m进行提拉测试并给注入头链条喷洒润滑油。

（10）打开井口，根据指重表显示负荷，分别调节链条张紧力、调节注入头夹紧力（可依据所给曲线图表调节）。

（11）缓慢下放连续油管，速度控制在5m/min以内，直至连续油管连接端下入井内20m以下，期间注意观察悬重变化情况，并对比施工设计中设定下压悬重极限值，如果接近下压极限值则立即停止下压，请示现场负责人获得下一步措施。

（12）连续油管下至距井口20m后，提高连续油管下放速度至15m/min，下放过程中根据施工设计要求进行提拉测试。

（13）连续油管下至井深1950m时，降低下放速度至5m/min，同时观察测试仪器曲线变化情况。若曲线变化正常，这继续下放连续油管；若测试仪器曲线变化情况异常，则停止下放并上提连续油管至1950m，等待下部措施。

（14）连续油管下至井深2050m后，提高下放速度至15m/min。

（15）当连续油管底部距离油管管脚50m时，降低连续油管下放速度至5m/min，直到连续油管通过油管管脚50m后恢复下放速度至15m/min。下放过程中观察连续油管悬重变化情况，并对比连续油管深度变换与测试仪器深度变化。

（16）待连续油管下到设计的深度后，逆时针旋转注入头马达排量调节旋钮，将注入头马达排量压力调到0。

（17）向后推注入头方向控制手柄至"中间"位置。

（18）逆时针旋转注入头压力调节旋钮，压力调至0。

（19）逆时针旋转注入头速度调节旋钮，压力调至0。

（20）逆时针转动滚筒刹车开关至"ON"滚筒刹车制动位置。

（21）根据井口压力情况，关闭半封。

（22）降低发动机转速至怠速。

（23）进行井下施工作业，注意观察记录井口压力表压力。

8.4.5.9　上提连续油管作业

（1）提高发动机转速旋钮，调至1500r/min。

（2）顺时针旋转油管滚筒压力旋钮，压力调至1000～1200psi。

（3）顺时针转动滚筒刹车开关至"OFF"滚筒刹车松开位置。

（4）向后推注入头方向控制手柄至"上提"位置，在半封闸板上下打上平衡压后，打开半封，由专人在地面确认防喷器指示销指示各闸板完全打开，准备上提连续油管。

（5）顺时针旋转注入头速度旋钮，调节注入头速度至150psi。

（6）顺时针旋转注入头压力旋钮，压力调至1000~1200psi。

（7）顺时针旋转注入头速度旋钮，压力增至430psi。

（8）根据指重表显示负荷，分别调节链条张紧缸压力、调节注入头夹紧压力及注入头马达的压力（可依据所给曲线图表调节）；顺时针旋转注入头马达排量调节旋钮，以增加连续油管的上提速度。

（9）顺时针旋转连续油管喷油控制旋钮，喷洒防腐油至连续油管表面。

（10）缓慢启动注入头上提连续油管，控制上提速度在5m/min以内，观察连续油管悬重值，并对比施工设计中设定上提悬重极限值，如果接近上提极限值则立即停止上提，请示现场负责人获得下一步措施。

（11）上提连续油管50m后，提高上提速度至15m/min。

（12）当连续油管底部距离油管管脚50m时，降低上提速度至5m/min；当连续油管底部提至油管内50m时，恢复上提速度至15m/min。

（13）上提油管过程中，操作强制排管器，保持滚筒上连续油管排列紧密整齐。

（14）观察连续油管标记出现后，向前推注入头方向控制手柄至中间位置，停止上提。

（15）按下连续油管作业工序中的（17）、（18）、（19）、（20）步骤顺序操作。

（16）关闭井口，对井口防喷系统泄压。

8.4.5.10 下放注入头

（1）连续油管操作人员顺时针旋转油管滚筒压力旋钮，将油管滚筒压力调至300~500psi，同时扳动滚筒刹车开关，使其处于"OFF"滚筒刹车松开位置。

（2）地面操作人员打开注入头鹅颈部分的连续油管压盒后，将注入头举升手柄向下推向"放"方向，缓慢下放注入头。

（3）连续油管操作人员根据注入头下放速度收紧油管，并根据鹅颈方向相应的调节强制排管器的位置。

（4）当注入头下放到位后逆时针扳动滚筒刹车开关，使其置于"ON"刹车位置。

（5）用滚筒锁链拉紧滚筒。

8.4.5.11 下放操作室

（1）检查操作室周边无障碍物。

（2）向上扳动操作室举升控制手柄至"举升"位置，当操作室底部离开4个固定锁片后，将控制手柄扳至中位。

（3）地面操作人员从外侧分别转动4个固定锁片，使其离开操作室底部。

（4）将控制手柄扳至下放位置，缓慢下放操作室。下放到位后再将手柄扳至中位。

（5）根据需要收起梯子及扶手。

8.4.5.12 设备的停机

（1）逆时针打开优先控制系统针阀及防喷器储能器泄压控制针阀泄压至0。

（2）逆时针旋转滚筒泵泄压开关至泄压位置。

（3）逆时针旋转注入头泵泄压开关至泄压位置。

（4）逆时针旋转系统泵泄压开关至泄压位置。

(5) 断开驾驶室内变速箱取力器开关后发动机熄火。

8.4.6 冬季行车注意事项

8.4.6.1 溜滑路面行车注意事项
(1) 车辆起步要挂入二挡，缓慢抬起离合器。
(2) 不许采用紧急制动的方法减速，少用行车制动器。
(3) 当汽车驱动行驶发生侧滑时，应稍微抬起并稳定加速踏板，若无效迅速反复拉动驻车制动器。
(4) 要尽量减少停车的次数，以防止尾随车辆因路滑发生追尾交通事故。
(5) 当汽车上坡打滑时，不要急于采用停车的方法，应稳定加速踏板，让车轮滑转溶化冰雪，然后再停车。
(6) 下车后用木方、石块或三角垫块塞住车轮然后处理车轮前的障碍，增强轮胎的附着力，使汽车得以安全通过。
(7) 要提前减速，选择安全地点让路或提前停车，不可勉强会车。转弯时应降低车速，尽可能地增大转弯半径，以减小离心惯力，避免侧滑。

8.4.6.2 冰雪路面上行驶要注意的事项
(1) 起步时，应缓抬离合器，油门不宜过大，防止车轮原地滑转或侧滑。
(2) 行驶中严格控制车速，并保持平稳，不可突然加速或减速，严禁空档滑行，行驶中最好多采用预防性措施，少用制动，如遇情况，要采用不分离发动机的制动法或间断制动法，不可使用紧急制动，以免发生侧滑。
(3) 会车时，应选择宽阔平坦地点，提前降速，加大横向间距，缓行交会，并应避免使用刹车。
(4) 超车时，只有在前车主动礼让，而且道路宽阔，视线良好又无危险的情况下方可超车。
(5) 转弯时，速度要慢，转弯半径要大，不可急转急回，以免侧滑。
(6) 要密切注意行人、自行车动态，要放宽横向安全距离，提前预防，以防发生意外。

8.4.6.3 雾天行驶要注意的事项
(1) 降低车速，使制动距离小于驾驶员的可见距离。
(2) 充分利用各种车灯（如雾灯、尾灯、应急灯等）提高自身车辆的视认性。
(3) 增大跟车距离，防止发生追尾事故。
(4) 平稳制动，防止侧滑。
(5) 保持挡风玻璃干净，确保视线不受或少受影。
(6) 不论有无中心线，车辆都不要超过道路中心行驶，以免迎面来车避让不及，同时，须注意路面行人，非机动车动态，防止意外。
(7) 雾大不能行车时，车不能停在路口或弯道上。停车时，应开启示宽灯、尾灯、应急灯，予以警示。

8.4.7 特殊情况的处理

8.4.7.1 防喷盒胶芯泄漏
(1) 停止上提或下放连续油管。

（2）关闭防喷器半封闸板。
（3）打开泄露处以上防喷盒泄掉上部压力。
（4）更换损坏的防喷盒胶芯。
（5）对防喷盒加压并打平衡压。
（6）打开防喷器半封闸板后，继续下步作业。

8.4.7.2 连续油管在注入头内打滑

（1）增加注入头链条的夹紧力。
（2）如果连续油管仍然打滑就锁紧注入头刹车。
（3）关闭防喷器卡瓦闸板，并将防喷器上的手动锁紧关闭。
（4）关闭动力模块并在控制阀上挂上关闭的牌子，然后操作人员才能爬到注入头上去维修。
（5）打开注入头链条，清洗或修理链条上的油管卡子。
（6）确认操作人员已安全撤离注入头。
（7）拿掉挂在注入头控制阀上的关闭牌子，恢复对注入头的链条压力供应。
（8）调整链条夹紧力。
（9）打开防喷器上卡瓦闸板的手动锁紧。
（10）打开防喷器的卡瓦闸板后，继续下步作业。

8.4.7.3 动力模块失灵

（1）先关闭防喷器的卡瓦闸板，再关闭半封闸板，然后将防喷器上的手动锁紧关闭。
（2）锁紧连续油管滚筒刹车。
（3）修理或更换动力模块。
（4）打开防喷器上的手动锁紧装置。
（5）先打开防喷器的半封闸板，然后打开卡瓦闸板。
（6）打开连续油管滚筒刹车，再打开注入头刹车，继续下步作业。

8.4.7.4 滚筒液压马达失灵

（1）停止上提或下放连续油管。
（2）缓慢上提连续油管使鹅颈和滚筒之间的油管松弛下来。
（3）先关闭防喷器的卡瓦闸板再关闭半封闸板，然后将防喷器上的手动锁紧关闭。
（4）关闭连续油管滚筒刹车。
（5）修理滚筒液压马达。
（6）滚筒液压马达修复后，先打开防喷器上的手动锁紧装置，再打开防喷器的卡瓦闸板，然后打开半封闸板，继续下步作业。

8.4.8 维护和保养

8.4.8.1 例行保养

（1）检查润滑油量是否符合标准。
（2）用10kg的力量按下皮带中间部位，检查风扇皮带的挠曲量是否正常，挠曲量为8mm。
（3）检查冷却液的液位。
（4）检查风窗洗涤器的液位是否足够。

(5) 检查蓄电池每个格内的电解液液位是否符合标准。

(6) 检查离合器液位是否足够。

(7) 在柴油发动机运转状态下使方向盘左右方向转动，检查方向盘的自由行程。

(8) 检查离合器踏板自由行程。

(9) 检查轮胎螺丝是否紧固、气压是否充足。

(10) 检查拖挂连接装置连接是否牢靠。

8.4.8.2　一级维护保养（每次出车后或行驶 2500~3000km）

(1) 执行例行保养的全部内容。

(2) 根据多功能显示屏上保养信息进行保养。

(3) 检查该设备各部位螺栓的紧固情况。

(4) 清洗台下空气滤清器等。

(5) 检查调整风扇、发电机的皮带张紧度。

(6) 检查并紧固蓄电池连接线，清除蓄电池桩头的氧化物；检查并调整电解液相对密度及液位高度。

(7) 清洗、疏通全车各大总成件的通气孔。

(8) 给全车各润滑点添加润滑脂。

(9) 清洁整车卫生。

8.4.8.3　二级维护保养（每年或行驶 10000~12000km）

(1) 执行一级保养的全部内容。

(2) 根据多功能显示屏上保养信息进行保养，检查油底有无金属粉末。

(3) 清洗或更换台下柴油发动机的空气滤清器、柴油滤清器、润滑油滤清器等。

(4) 检查、调整气门间隙。

(5) 检查传动轴十字轴、花键、传动系各部位连接法兰、轴承及中间支承有无松旷，并予以调整。

(6) 检查制动系统管路外壁有无磨碰，各阀件、制动泵是否正常有效。

(7) 检查调整前束；检查转向横直拉杆接头。

(8) 检查驾驶室起升系统。

(9) 检查车轮制动器。

(10) 紧固松动的各连接部位。

(11) 发现液压系统滤清器指示器显示要更换时，应更换该滤芯；清洗液压油油箱加油口滤网。

(12) 检查液压油油质，发现变质或乳化时及时更换液压油。

8.4.8.4　台上设备的维护

(1) 周维护。

(2) 检查为夹紧压力供液的储能器氮气压力。

(3) 检查链条张紧压力。

(4) 目视检查液压油是否有湿度污染或变色问题。

(5) 月维护。

①更换所有的液压和油箱呼吸器。

②验证功能操作速度。

③检查液压油的污染状况。
(6) 半年维护。
①再检查回路和功能操作的最大设定压力。根据需要重新设定。
②检查所有软管的磨损情况，根据需要更换。

8.4.9 应急施工预案

当施工过程中出现以下不正常工作状态时，为了预防一些潜在的风险，需要将无关人员清理出影响区域。将情况和事态通知客户监理，并做出公开的声明，要求人员撤离影响区域。如果使用了酸液或其他危险化学物质，尽可能地将连续油管滚筒内的液体替换为水，开始进行及时的应急抢险作业，控制或消除发生的问题。

8.4.9.1 油管或井下工具组合被卡

高摩阻情况造成的卡点：
(1) 增加连续油管的浮力，使之置于低密度流体中。
(2) 向环空中泵入润滑剂。
(3) 上下活动油管。

8.4.9.2 障碍物造成的卡点

(1) 能够循环。
①增加连续油管的浮力，使之置于低密度流体中。
②向环空中泵入润滑剂。
③周期性上下活动油管。
④释放井底工具组合
(2) 不能循环。
①周期性上下活动油管（如可能）。
②启动循环短节或旁通阀（若装配到了工具串上）或释放井底工具组合并建立循环。
③增加连续油管的浮力，使之置于低密度流体中。
④向环空中泵入润滑剂。

8.4.9.3 连续油管被卡后的操作程序

(1) 确定卡点。
(2) 关闭并手动锁紧防喷器的卡瓦闸板和半封闸板。
(3) 如果井自流就停泵并关井。
(4) 慢慢降低连续油管的压力以检查井底单流阀的密封性。
(5) 如果井底单流阀泄漏就按照"井底单流阀泄漏"一节的要求执行。
(6) 如果井底单流阀能保持压力就按照"井底单流阀保持压力"一节的要求执行。
注意：小心不要挤瘪油管。

8.4.9.4 防喷器组上方的连续油管损坏

(1) 停止泵送作业，确定井内液体是否仍在流动。
(2) 关闭并手动锁紧承载卡瓦防喷器和半封防喷器。
(3) 剪切连续油管。
(4) 将剪断的连续油管从地面装置中移开。
(5) 关闭并手动锁紧全封闸板防喷器。

（6）准备打捞掉入井内的连续油管。

注意：井口压力不允许超过连续油管挤毁压力。可以进行泄压以便于将井口压力减小到安全水平。

8.4.9.5　连续油管的损坏发生在防喷器组下方

指重表读数的突然变化（失重）和/或循环压力的变化通常表明井内的连续油管损坏断裂。尝试着对已经明确的深度进行测试，如果当前测试的深度明显大于先前测试的深度，说明管柱发生了断裂。

（1）继续进行测试作业。
（2）缓慢地将连续油管断裂部分提出地面。
（3）关闭液压主阀门。
（4）准备进行连续油管的打捞作业。

在有些情况下，首先显示油管断裂，当上提通过防喷盒时，井内流体介质将会喷出，为了防止这种情况的发生，关闭全封闸板，可以对井筒进行控制。

8.4.9.6　防喷器组上方的连续油管泄漏

管柱一旦发生泄漏，随着进一步的循环，薄弱区域将完全损坏。应及时采取措施，保证油井安全，对管柱的泄漏点进行修复控制，避免损坏情况加剧。

（1）停止作业，确定泄漏情况。
（2）关闭并手动锁紧防喷器承载卡瓦和半封闸板。
（3）剪切连续油管。
（4）将剪断的连续油管移出地面装置。
（5）关闭并手动锁紧防喷器全封闸板。
（6）准备对落入井内的连续油管进行打捞。

注意：井口压力不允许超过连续油管挤毁压力。可以进行泄压以便于将井口压力减小到安全水平。

8.4.9.7　井下连续油管或工具串发生了泄漏

（1）停止作业，确定泄漏情况。警告：井口压力不允许超过连续油管挤毁压力。可以进行泄压以便于将井口压力减小到安全水平。
（2）关闭并手动锁紧承载卡瓦和半封闸板防喷器。
（3）剪切连续油管。
（4）将剪断的连续油管移出地面装置。
（5）关闭并手动锁紧防喷器全封闸板。
（6）准备对落入井内的连续油管进行打捞。

8.4.9.8　工作筒或二级防喷器发生泄漏

（1）停止连续油管的运动。
（2）关闭并手动锁紧防喷器承载卡瓦和半封闸板。
（3）对半封闸板上部进行泄压，降为零。
（4）尝试着采取对发生泄漏的连接位置、塞堵或密封部位进行上紧的措施来进行堵漏。
（5）平衡半封闸板上下的压力。
（6）如果仍有泄露，对连续油管进行剪切。
（7）将剪断的连续油管移出地面装置。

（8）修理泄漏部位。
（9）对落入井内的连续油管做好打捞准备。
（10）如果泄露停止，打开半封闸板。将连续油管上提至防喷盒上方，检查被闸板卡住的连续油管表面；如果连续油管没有损坏，重新开始施工。如果连续油管发生损坏，起钻，对连续油管进行全面修理或更换滚筒。

8.4.9.9 防喷盒密封件泄漏

（1）如果防喷盒开始泄漏，停止连续油管的运动（在保证安全的前提下）。
①关闭并手动锁紧半封闸板防喷器，对连续油管进行密封。
②对半封闸板上部的圈闭压力进行泄压。
③更换防喷盒的密封件。
④启动防喷盒
⑤平衡半封闸板防喷器上下压力。
⑥解锁，打开半封闸板。
（2）检查与闸板有接触的连续油管表面。
如果连续油管无损坏，继续作业。如果连续油管发生损坏，起钻，对连续油管进行全面修理或更换滚筒。

8.4.9.10 连续油管在注入头处打滑

（1）尝试增大夹紧块的夹紧力。
（2）如果仍然打滑，停下注入头。
（3）关闭并手动锁紧承载卡瓦防喷器。
（4）如果防喷盒不泄漏，关闭并手动锁紧半封闸板防喷器。如果防喷盒仍泄漏，参看"防喷盒密封件泄漏"的相关内容。
（5）在人员爬上注入头或对注入头进行维修之前，关闭动力源并对控制阀门进行标识。
（6）打开注入头链条，清洁并修理夹紧块。
（7）确认所有的人员都安全地离开注入头。
（8）关闭注入头链条，从注入头控制阀上取下标识并恢复注入头动力源。
（9）调整链条夹紧力。
（10）启动防喷盒。
（11）平衡半封闸板上下压力。
（12）打开半封闸板和承载卡瓦，并检查与承载卡瓦接触的连续油管的表面有无损坏；如果连续油管无损坏，继续进行连续油管作业。如果连续油管发生损坏，起钻，对连续油管进行全面修理或更换滚筒。

8.4.9.11 氮气外溢、泼溅

（1）立即通知客户经理。
（2）给在氮气泄露区域进行作业的人员配备正压式呼吸装置。密切关注可能受到影响的区域。

8.4.9.12 液氮外溢

（1）如果液氮与皮肤发生接触，使用温水进行冲洗，并立即通知医护人员和客户监理。
（2）如果发生液氮泄漏，撤离所有无关人员并通知客户监理。
（3）给在氮气泄漏区域进行作业的人员配备正压式呼吸装置。

（4）离开液氮泄漏区，让其自行挥发。
（5）全面检查所有的影响钢板和盖板有无出现裂缝。
（6）使用水冲洗开放区域内的小量泄漏的液氮。
（7）液氮可能造成与其发生接触的皮肤发生低温灼伤并使铁板碎裂。氮气可能造成人员窒息。当泼溅量大时不要使用水进行处理。

8.4.9.13　剪切连续油管操作

（1）停止连续油管的运动。
（2）先后关紧并手动锁紧承载闸板，半封闸板防喷器，将连续油管固定在防喷器中。
（3）对半封闸板上部进行泄压。
（4）关紧并手动锁紧防喷器剪切闸板并剪切连续油管。
（5）将剪断的连续油管从地面设备中移开。
（6）关紧并手动锁紧全封闸板防喷器。
（7）做好打捞落井连续油管的准备。

注意：如果连续油管防喷器发生泄漏，需要关闭井口主阀门以确保井的安全。在这种情况下，从第（3）步开始，然后关闭井口主阀门。继续进行第（4）至第（7）步。

8.4.9.14　动力源发生故障

（1）如果注入头已经停止了运动，同时连续油管处于静止状态，这时可以施加注入头刹车（如果它没有因为液压力的减少而被自动驱动的话）。否则，要注意避免发生连续油管发生"乱管"（具体情况参看"连续油管运行入井"的相关内容或"连续油管跑出井筒"的相关内容）。
（2）先关闭防喷器承载闸板，然后关闭半封闸板，对闸板进行手动锁紧。
（3）实施滚筒刹车。
（4）修理或更换动力源。
（5）平衡半封闸板上下压力。
（6）对两个闸板进行解锁。
（7）打开半封闸板和承载闸板。
（8）释放施加在滚筒和注入头上的刹车。
（9）检查与闸板接触的连续油管表面有无损坏；如果无损坏，继续进行连续油管施工作业。连续油管发生损坏，起钻，对连续油管进行全面修理或更换滚筒。

8.4.9.15　连续油管掉落在井内

连续油管可能会由于自身重量下入井内，如果井扣压力低或以下任何一种情况发生的话：
（1）注入头链条完全无法抓住连续油管（无牵引力）。
（2）注入头马达空转（液压失效）。这种失效情况很少见，因为注入头马达在设计时有防止此类问题发生的反向平衡阀装置。

如果不能及时抓住掉落的连续油管，连续油管末端或井下工具组合可能会灾难性地卡在井筒内的限制区域上或落入井底。

（1）尽量使注入头的速度与连续油管的速度处于合适的匹配状态。
（2）增加链条张力以增大作用在连续油管上的摩擦力。
（3）增大防喷盒处的压力以增大作用在连续油管上的摩擦力。

（4）如果是由于液压原因造成的，手动设定注入头刹车，或将注入头的液压力降为零来设定注入头刹车。

（5）如果上述操作无法阻止连续油管的进一步失控，可以实施下述的一项措施：

关闭作用在连续油管上的承载卡瓦。但这样经常会损坏连续油管和承载卡瓦。在下次使用前对两者都要进行必要的检查。同时在连续油管运动状态下关闭半封防喷器会损坏密封件，使他们失去对井筒的有效控制。

让连续油管自行落入井内。这将损坏井下工具组合和连续油管。有可能会严重损坏完井结构，主要取决于什么原因阻止了连续油管的下落。连续油管损坏的情况不同，连续油管的回收作业因此也可能会很困难。

8.4.9.16　连续油管被顶出井

如果井内压力过高，足以克服防喷盒下部的连续油管重量，同时以下情况发生，连续油管将有可能被顶出井口：

（1）注入头链条完全无法抓住连续油管（无牵引力）。

（2）注入头马达空转（液压失效）。这种失效情况很少见，因为注入头马达在设计时有防止此类问题发生的反向平衡阀装置。

如果不及时采取措施制止上顶，连续油管连接器或井底工具组合将会冲撞到防喷盒底部，或者是连续油管滚筒出现乱管现象。前一种情况可能造成防喷盒下面的连续油管损坏，使井下工具组合落入井内；后一种情况可能造成防喷盒上面的连续油管损坏。

（1）尽量使注入头的速度与连续油管的速度处于合适的状态。

（2）增加链条张力以增大作用在连续油管上的摩擦力。

（3）增大防喷盒处的压力以增大连续油管上的摩擦力。

（4）如果是由于液压原因造成的，手动设定注入头刹车，或将注入头的液压力降为零来设定注入头刹车。

（5）增加滚筒的转动速度，使其与连续油管的出井速度相适应。

（6）如果连续油管被顶出防喷盒，准备关闭液压主阀门。

（7）通过放压，尽量降低井口压力。

（8）如果上述措施仍然不能停止连续油管被继续上顶，关闭连续油管承载闸板防喷器。这样经常会损坏连续油管和承载卡瓦。在下次使用前需要对两者进行必要的检查。同时关闭运动中的连续油管的半封防喷器会损坏密封件，使他们失去对井筒的控制。

（9）如果关闭承载卡瓦闸板可以阻止连续油管被继续上顶，关闭并手动锁紧半封闸板。

（10）如果关闭承载卡瓦闸板无法阻止连续油管被继续上顶，油管连接器将会撞击承载卡瓦。如果连续油管连接器卡住，那么使用液压主阀门控制住井。若连接器断裂，连续油管将会完全被从井中顶出井筒。

8.4.9.17　连续油管被提离防喷盒

如果井下工具组合掉入井内或连续油管段落入井，连续油管的操作人员可能不知道井下有多少连续油管，并且可能会将连续油管的自由端提离防喷盒，如果这种情况发生：

（1）停止注入头以便于将连续油管控制在链条中。

（2）关闭并手动锁紧全封闸板。

（3）计划对井下工具组合和/或连续油管的打捞作业。

8.4.9.18　连续油管在防喷盒附件位置被挤毁

连续油管在防喷盒处被挤毁将会造成以下这些问题：

(1) 由于防喷盒密封件无法密封变形的连续油管，井内流体介质将会从防喷盒处喷出。

(2) 损坏的连续油管无法通过防喷盒。这会造成连续油管重量指示的突然增减。强制性使连续油管通过防喷盒有可能损坏防喷盒。

(3) 注入头有可能无法卡紧变形的连续油管。

(4) 由于连续油管变形，会造成管柱内的过流量减少，泵压有可能会增加。

如果井口有压力：

放松连续油管直至防喷盒可以密封连续油管。如果使用了串联型的防喷盒，放松连续油管直至下部防喷盒可以密封连续油管。通过泄压降低井口压力。如果防喷盒无法密封，对连续油管进行剪切。参看"剪切连续油管"中的相关内容。在安全控制住油井后，准备打捞落井的连续油管。

如果井口无压力：

缓慢上提连续油管。如果注入头无法有效地卡住变形的连续油管，使用吊车或游车大钩。释放内部链条张力并使用吊车或游车大钩将连续油管从井内提出。

如果变形的连续油管可以通过防喷盒：

(1) 缓慢起钻，直至无损坏的连续油管被提出注入头。

(2) 移除损坏的连续油管，并临时连接连续油管或对连续油管进行全面修理。

如果变形的连续油管无法通过防喷盒：

(1) 将连续油管卡在注入头处并将防喷盒从防喷器上卸开。

(2) 使用吊车或游车大钩上将注入头提到足够的高度，以便于卡瓦可以卡出防喷器上方的连续油管。

(3) 切断卡瓦上面的连续油管并拆除注入头和防喷盒。

(4) 使用吊车或游车大钩缓慢上提，直至防喷器上部有大约 25ft 的未损坏的连续油管。

(5) 移除损坏的连续油管。

(6) 重新将注入头和防喷盒安装在防喷器处外露的连续油管上。

(7) 临时连接连续油管并起钻。

(8) 在继续施工前更换连续油管。

8.4.9.19　滚筒的液压马达损坏

(1) 停止注入头。

(2) 缓慢上提几英尺，以使鹅颈管与滚筒之间的连续油管处于松弛状态。

(3) 先后关闭防喷器承载和半封闸板并进行手动锁紧。

(4) 如果需要的话，启动滚筒刹车。

(5) 修理滚筒驱动器并检查连续油管的损坏情况。

如果连续油管损坏，进行临时性连接。打开半封和卡瓦防喷器进行起钻。

如果连续油管无损坏，打开半封和卡瓦防喷器，下放尽可能长的连续油管，对滚筒进行重新盘绕。

请注意：在每次打开半封闸板前，都要对其上下压力进行平衡。

如果滚筒无法修理：

(1) 切断鹅颈管上部的连续油管，并移走损坏的滚筒。

（2）更换滚筒，并将从注入头处突出的连续油管端与新的滚筒（或者是新滚筒上的连续油管端）相连接。

（3）打开半封和承载卡瓦进行起钻作业。

8.4.9.20 连续油管在井内时注入头支撑支架发生损坏的情况

没有损坏井口和防喷器组：

（1）关闭并手动锁紧承载卡瓦和半封闸板防喷器闸板。

（2）修理注入头支撑支架并加固。

（3）在注入头支撑支架修复后，对半封闸板上下压力进行平衡，然后解锁并打开两套闸板。

（4）检查与闸板接触的连续油管表面有无损坏。

如果无损坏，重新开始作业。连续油管已经损坏，起钻并进行彻底修理或更换滚筒。

井口已经损坏：

（1）剪切连续油管。

（2）关闭液压主阀门并控制好井口。

（3）在重新工作之前设计一个修理计划。

防喷器组已经损坏：

（1）按照"工作筒和二级防喷器泄漏"中的相关要求进行作业。

（2）关闭液压主阀门并控制好井口。

（3）在重新工作之前设计一个修复计划。

8.5 连续油管高温作业操作规范

8.5.1 范围

本规范总结了连续油管高温作业施工设计和实施中的关键问题，这将有助于减小连续油管施工作业的风险。

本节内容中的高温的定义为井内温度高于177℃（T>350°F）的情况。

8.5.2 井内高温的原因及带来的主要问题

井内温度通常是随着井深的增加而呈线性模式增加的，平均的增长梯度大约是1°F/100ft。但在实际作业过程中，在一些特殊情况下，有时连续油管作业在非常浅的深度就遭遇了很高的温度，其主要原因如下：

（1）附近的地热和火山活动。

（2）来自较深地层的热的岩石断层。

（3）地质特征，例如盐丘，阻止了地层热量的散发。

井内高温带来的主要问题是它对井下工具的影响。在高于250°F的情况下，许多完井和服务工具的工作可靠性会迅速衰减。对于大多数连续油管作业，温度对井下工具组合的影响主要是在高温情况下井下工具组合的工作可靠性和使用寿命。包含有电力组件和合成树脂密封件的井下工具特别容易由于温度的升高而发生损坏。典型的井下电力封隔器的限定温度是小于300°F，带有合成树脂压力密封件的马达和其他工具通常的限定温度是小于350°F。

8.5.3 高温作业主要需要考虑的问题

在计划进行连续油管高温作业时，必须认真考虑井下工具组合的选择和温度对它们作业能力及使用寿命的影响。

8.5.3.1 用于高温作业的连续油管设备

（1）压力控制设备（防喷盒和防喷器）。

在存在地热的情况或在高温气井中作业时，压力控制设备必须有能力在可能出现的最高的地面温度下进行操作。这就需要在阀件上或防喷器闸板上，或者同时在这两方面都使用耐高温材料替换标准的密封件，并使用加长的连接螺栓。

（2）井下工具组合。

在存在地热的情况或在高温气井中作业时，井下工具组合需要使用隔热装置或配备一个通过连续油管管柱泵入液体进行冷却的内部流道，以利于在高温情况下运行。

（3）用于高温作业的连续油管设备。

除了上述提到的，不需要其他特别的用于高温井的连续油管设备。

8.5.3.2 高温作业的安全问题

高温作业最关心的安全问题是连续油管管柱以及和它相接处的物体可能会变得非常烫。并且，可以看见超高温的蒸汽。防喷盒或防喷器周围的泄露的原因可能很难发现，因此在高温作业的防喷装置附近工作时，要一直保持高度的警惕，同时穿戴正确的防护服。

8.5.3.3 高温作业的监控

在连续油管作业过程中，要严格按照要求，进行所需参数的监控和记录，监控井口和井筒返出的流体介质的温度。

8.5.4 注意事项

连续油管在缠绕到滚筒上之前必须要进行强制的喷水冷却或其他方式的冷却，否则缠绕到滚筒上的连续油管受冷会发生剧烈收缩，破坏滚筒。

8.6 连续油管高压作业操作规范

8.6.1 范围

本规范总结了连续油管高压作业施工设计和实施中的关键问题，这将有助于减小连续油管的作业风险，本节内容中的高压的定义为井口压力在 3500~10000psi 的情况。

本规范不适用于井口工作压力大于 10000psi 的连续油管施工作业。该情况很少见，并且需要按照个例进行单独考虑。

8.6.2 连续油管高压作业施工规范

在使用连续油管进行施工作业时，在井口压力在 3500~10000psi 的情况下，制定连续油管高压作业施工计划必须考虑以下问题：

8.6.2.1 连续油管模拟器的使用

任何用于对连续油管高压作业进行施工设计的模拟器必须能够提供以下结果：

（1）连续油管管柱中每一段的受力情况和应力分析。

（2）连续油管管柱中每一段的弯曲变形情况。

（3）对于连续油管来说安全作业的机械限定条件。

（4）对于一个给定的排量，流体通道中的压力分布情况；或对于一个给定压力情况下的预计的排量。

（5）在作业前和作业后，连续油管管柱中每一段的累计疲劳损坏情况。

8.6.2.2 连续油管管柱的选择

（1）需要确定连续油管管柱合适的外径、壁厚和连续油管的材料强度，连续油管管柱必须具有执行既定作业的机械强度和疲劳寿命。

（2）连续油管管柱足够的机械强度需要同时满足以下两个标准：

①连续油管管柱最大的冯氏应力应小于材料屈服强度的80%。

②在受到预计的最大拉伸载荷作用下计算出的管柱抗挤毁压力应大于125%的可能的最大井口压力。

（3）足够的疲劳寿命意味着，作业结束时连续油管管柱中最大的累积疲劳将小于它的预计工作寿命的80%。

（4）当连续油管在作业时可能会暴露在硫化氢和二氧化碳环境下时，由于随着材料屈服强度的降低，材料的抗硫化物应力破碎和抗腐蚀性能会有所增加，因此需要选择符合机械强度要求的疲劳强度最低的材料。

8.6.2.3 参数敏感性

对参数进行研究以评价所要进行的连续油管高压作业的风险是施工准备计划的必要组成部分。它的目标就是确定实现最低作业风险的作业范围。因此，使用一定范围的输入参数运行模拟器。最低要求是要确定以下参数对连续油管高压作业的影响：

（1）连续油管所受的浮力（影响拖拽力和弯曲）。

（2）动摩擦系数和深度（影响拖拽力）。

（3）施加在井下工具组合上的轴向力：

①下压力（影响锁定情况）。

②上提力（影响机械限定条件）。

（4）井口压力（影响挤毁情况）。

8.6.2.4 连续油管模拟器的输出内容和它的解释说明

在进行高压连续油管施工作业时，施工作业前需要使用连续油管模拟器进行模拟，了解如下基本结果：

（1）预计的连续油管重量显示和起下钻的深度。

（2）对于一个给定的深度，当处于静止状态时，作用在连续油管管柱上的轴向力的分配情况。

（3）对于一个给定的深度，当处于静止状态时，作用在连续油管管柱上的应力的分配情况。

（4）在给定深度时，可能的最大的下压力和上提力。

（5）在计划的施工作业以及紧急作业结束后，每段连续油管管柱的剩余工作寿命。

(6) 对于给定深度的液力操作，在给定泵压时的最大排量。

(7) 对于液力操作，泵压和排量与深度的关系。

8.6.2.5 连续油管高压作业工作程序

对于每一项连续油管高压作业，作为施工程序的一部分，施工单位必须制定一套切实可行的连续油管高压作业工作程序。施工单位对设备的特性、预计的施工情况等的每一次变更，都需要对施工程序进行修改或修订。在施工程序不能准确地反映当前的计划和情况之前，不要开始真实的连续油管高压作业。

8.6.2.6 连续油管高压作业设备的选择

(1) 连续油管管柱。

①当连续油管管柱在二氧化碳和硫化氢环境中作业时，连续油管管柱任何部位的材料最大屈服强度应为80000psi。

②进行高压连续油管作业的管柱中不应该存在端面焊接的情况。

③进行施工前对管柱进行检查，并确认管柱有足够的剩余工作寿命。

(2) 注入头。

①最小作业能力为60000lb的上提力和25000lb的下压力（强行下钻能力）。

②使用管柱导向束缚装置以减少连续油管的非支撑长度，注入头链条下连续油管的非支撑长度应小于2in。

③施工作业中的施加的张力和拉力与注入头链条压力的对应关系图表应张贴在连续油管装置的控制室内。

④重量传感器必须可以提供连续油管重量的准确的电信号，该信号可以被数据采集系统收集并显示在连续油管装置的控制室内。该传感器必须为双向感应式，可以记录注入头的最大强行下钻压力。

(3) 连续油管的损坏判定。

判定高压作业中连续油管的损坏的标准与常规的连续油管作业不同，是根据Timoshenko或API RP 5C7的方法计算。

如果连续油管出现任何凹槽等机械的损伤，或发生的椭圆度变化超过新管柱的5%，根据Timoshenko或API RP 5C7方法计算，已经严重降低了管柱的抗挤毁压力的话，都会造成连续油管的报废。

(4) 反弯曲导向装置。

在下钻过程中，在注入头链条下和防喷盒以上的连续油管管柱承受了一个较高的下压力。这个下压力足可以将注入头链条和防喷盒之间的没有进行支撑的连续油管压弯。通常说来这个部位最大的风险就是管柱被压弯。将一个厚壁的液缸安装在这个位置可以支撑连续油管、消除这种风险。所有的连续油管高压作业都需要安装反弯曲导向装置。

(5) 压力控制设备。

①压力控制设备必须包括并不限于以下组件，从上到下为：

a. 初级防喷器。

b. 辅助设施，如果需要的话。

c. 二级防喷器。

d. 三级防喷器。

②所有压力控制设备能够承受的最大工作压力应不低于10000psi。

③所有的连接部位必须是法兰连接。在连续油管高压作业中不允许出现快速接头和螺纹连接。

④在以下位置张贴详细的压力控制设备工作原理图：

a. 连续油管控制室。

b. 三级防喷器设备的远控面板。

⑤所有的组件都应满足硫化氢防护级别。

（6）初级防喷器。

①初级防喷器必须由以下组件组成，从上至下为：

a. 上部侧门防喷盒。

b. 下部防喷盒：径向的或串联型式的侧门防喷盒。

②防喷盒密封件和防磨损环：

a. 250 ℉（121℃）时具备高的压力级别和防硫性能。

b. 在每次进行连续油管高压作业前对防喷盒密封原件进行更换。

c. 在每次进行连续油管高压作业前对防磨环进行检查，如有必要，进行更换。

③在每次进行连续油管高压作业前对防喷盒补芯进行检查，如有必要，进行更换。

④应在防喷盒的密封组件下方安装高压液体注入口。

⑤确定防喷管的最大内径，防止连续油管在其内部发生弯曲。

⑥在连续油管进入带压的防喷盒之前，或连续油管在防喷盒的运行过程中注射润滑剂或硫化氢防护剂。

（7）二级防喷器。

①在 250 ℉（121℃）时，防喷器原件及密封件必须具备高的压力级别和防硫性能。

②在最大井口压力情况下，操作防喷器的液压控制系统必须有能力完成所有要求的作业。这里包括切割管柱作业。如果连续油管内安装有电缆等管线，确保防喷器可以将它们全部剪断。

（8）三级防喷器组件。

三级压力控制设备必须由两个独立控制的单闸板防喷器组成，从上到下为：

a. 剪切/密封闸板防喷器。

b. 承载/半封闸板防喷器。

在井口压力 10000psi 情况下，防喷器的液压控制系统必须有能力完成两次防喷器组的打开和关闭操作。确认这些标准符合或超过操作人员的最低安全标准。

（9）注入头支撑架和工作平台。

①一个组合的注入头支撑架和工作平台用来减少注入头对井口造成的轴向力和弯曲运动。

②该结构件的最小承载能力应为注入头重量和注入头最大上提力的总和。

用于高压作业的连续油管作业的数据采集系统必须能够记录和显示以下内容：

①时间。

②深度。

③连续油管重量。

④滚筒注入端压力。

⑤井口压力。

⑥泵的排量。

连续油管高压作业的数据采集系统还应该能够记录和显示以下内容：

①防喷盒压力。

②连续油管滚筒背压（滚筒马达的液压压力）。

防喷盒的拖拽作用和滚筒背压影响了重量指示器的准确读取。需要使用这些数据，用来将预测值和实际值进行对比。这两个数据都可以经过提拉测试计算出来。测量防喷盒的压力和滚筒马达的液压力时可以分别对防喷盒的拖拽力和滚筒背压进行连续的估算。

（10）连续油管直径测量工具。

①至少在两个相互垂直的方向上（横截面上）对连续油管外径进行实时的监控，外径和椭圆度的可靠性随着直径测量次数的增加而增加，这对于连续油管高压作业是非常重要的。

②当外径和椭圆度超过预定值时，测量工具能够给操作人员提供报警，这些限定应包括：

a. 防喷盒的最小内径。

b. 冯氏应力大于80%屈服强度时的外径。

c. 挤毁压力小于1.25倍的井口压力时的外径或椭圆度。

③该工具应具有±5%的读取准确性。

④该工具应有能力针对每一项工作生成一定格式的数据文件，这些文件应可以使用普通的例如 MS Excel 或 MS Word 之类的软件进行读取。

8.6.3 连续油管高压作业的安全问题和风险消减

安全地进行高压连续油管作业是一个最基本的目标。在开工前，确保客户方和服务方公司都能够符合有关人员培训、安全设施和作业程序的最低要求。

常规连续油管操作指南及风险消减措施也适用于连续油管高压作业。本部分主要强调安全问题和高压作业特殊的风险的消减措施。

8.6.3.1 使用串联型式的防喷盒进行作业

在正常作业时使用上部防喷盒，下部防喷盒处于待命状态（不与连续油管发生接触）。

（1）如果上部防喷盒发生泄漏，启动下部防喷盒并停止连续油管的运动（在保证安全的情况下）。

（2）下部防喷盒进行密封时：

①使用下部防喷盒密封井筒，关闭并手动锁紧二级承载和半封闸板防喷器。在关闭闸板前记录管柱重量。

②更换上部防喷盒密封原件。

③确认新的防喷盒密封原件可以进行有效密封。

④收回下部防喷盒并平衡半封闸板防喷器上下的压力。

⑤平衡管柱重量，使其等于关闭闸板之前的记录数值。

⑥解锁并打开半封闸板防喷器。

（3）下部防喷盒泄漏时：

①如果下部防喷盒也发生泄漏，关闭并手动锁紧二级承载和半封闸板防喷器。然后关闭并锁紧三级半封/承载卡瓦。在关闭任何闸板之前都要记录好管柱重量。

②对三级半封/承载卡瓦上部封闭的压力进行泄压。

③更换防喷盒密封原件。
④确保上下部防喷盒都进行了密封。
⑤启动上部防喷盒并收回下部防喷盒。
⑥平衡三级半封/承载卡瓦上下的压力。
⑦平衡管柱重量，使其等于关闭闸板之前记录的数值。
⑧解锁并打开半封/承载闸板防喷器。

在重新开始正常作业之前，上提足够长度的连续油管，检查管柱与半封闸板接触过的管柱表面。如果连续油管出现任何凹槽等机械的损伤，或发生的椭圆度变化超过新管柱的5%，根据 Timoshenko 或 API RP 5C7 方法计算，已经严重降低了管柱的抗挤毁压力的话，进行起钻。连续油管高压作业时永远不要使用已经发生损坏的连续油管管柱。必须在继续作业之前更换已经发生损坏放入连续油管管柱。

8.6.3.2 采取防止连续油管挤毁的措施

连续油管高压作业主要担心的一个问题就是连续油管的挤毁。连续油管操作人员必须通过数据采集系统连续的监控管柱的应力情况，以确保它在程序限定的安全范围之内。需要给连续油管操作人员提供挤毁压力和连续油管管柱中不同壁厚部分的张力的对应关系图表，作为一个对数据采集系统的支持。在不安全情况下，停止作业并确定如何消减存在的风险。

尽可能使连续油管管柱内一直保持尽可能高的压力。虽然高的内部压力会加速连续油管的疲劳损坏，但是这种方式可以减少连续油管被挤毁的风险，因此连续油管被挤毁的问题必须与延长连续油管工作寿命问题进行综合考虑。一个实时的连续油管使用寿命监控器，例如 Reel-Trak™，可以对产生的疲劳问题进行报警，以使连续油管操作人员有时间采取修正措施。

8.6.3.3 施工前进行正确的压力测试

按照标准的连续油管压力测试要求进行压力测试，但是使用的测试压力为 10000psi（±250psi）或连续油管高压作业预计的最大可能的井口压力的 120%，选取其中较小的一个。同时，在将防喷器运至工作现场之前，必须在服务公司的场地内对防喷器本体和密封闸板按照测试标准进行测试。

当对一个安装好的复杂的组件进行压力测试时，特别是进行连续油管高压作业组件的压力测试时，必须要确保所有的部件都被正确地进行了测试，而没有发生遗忘。最好方法是使用压力测试矩阵图，如图 8-1 所示。这个矩阵图表标明了所有需要测试的组件和测试要求。每个测试都有一定的逻辑顺序，以减少测试需要的时间。压力测试分为：低压测试（250psi）和高压测试（10000psi）。试验按照图 8-1 中压力测试矩阵图进行测试。

必须按照下列标准，进行用于标准连续油管作业的压力测试：

（1）使用清水进行所有的压力测试，测试压力不小于 3500psi（±250psi），或 120% 的连续油管作业计划可能达到的最高工作压力。

（2）压力测试稳压必须不下于 15min。

（3）一个合格的压力测试必须同时符合下面标准中的两条：

①无可见泄漏。

②稳压 15min 后，压降小于 5%。

（4）当对防喷器闸板进行压力测试时，在打开闸板之前，总需要对闸板两端的压力进行平衡。

（5）使用下列方法中的一种记录所有的压力测试：

①带比例的图表记录，这样测试压力显示在全比例图表上的25%~75%。每次压力测试使用单独的图表。

②DAS数据采集系统。

（6）使用显示精确度不小于±1%的压力传感器测量压力。

（7）针对正在被测试的设备，在工作记录本上记录以下测试结果：

①测试的日期、时间和地点。

②压力传感器和图表记录仪的序列号。

③进行测试的人员的签字。

④测试的压力和持续时间。

⑤测试数据的档案编号或档案代码。

（8）测试数据文件归档后至少需要保存12个月。

8.7 注氮平衡操作规范

本规范制定用于超深井测试过程中注氮平衡及泄压工作的操作方法、参数限定及其他技术要求。

8.7.1 相关参数资料要求

（1）液氮罐车、泵车司机必须取得特种车辆驾驶资格证及油田从业资格证，液氮车操作手必须取得液氮作业资格证书。

（2）液氮罐车装液氮容量 $5m^3$ 以上，液氮泵车保证施工压力大于90MPa持续工作72h以上无故障，液氮罐车现在存储液氮保证100h以上。

（3）所有注氮高压阀件及管线要求承压105MPa及以上。

（4）油嘴起到缓慢泄压防止冻堵，每个油嘴泄放气体速度要求在 $5~40m^3/min$ 内可调。

（5）极限保险阀可根据不同需要设定在75MPa、85MPa、95MPa 3种保护级别上。

（6）点火装置要求为远程遥控点火方式，可在点火口20m以外位置控制点火。

8.7.2 管线连接

（1）摆放连接注氮平衡设备及管线等作业时，先连接紧固注氮高压管线、闸阀、保险阀、节流管汇和单向阀等至连续油管入口处，再将液氮泵车根据高压管线端口位置摆放到合适位置连接紧固，最后将液氮罐车摆放到液氮泵车左侧并连接两车间过流管线。

（2）在注氮放空高压管路上各个闸门、保险阀位置放置提示牌，标示出相应的工作状态防止误操作。

（3）氮气放空出口安放点火装置，发生井下测试连接工具与连续油管间密封不严导致天然气窜入连续油管引起连续油管入口压力升高时，可通过停注氮气并缓慢放压方式保持连续油管内压不超过设定值，此时放空出口点燃排放的天然气。

（4）液氮车、注氮放空高压管路设置低温、高压、窒息风险标示牌，并用警戒线隔离禁止非注氮操作人员进入。

8.7.3 注氮试压

(1) 管线连接、试压、注氮、泄压等过程中调节注氮放空高压管路时,严格按照一人操作一人验证的方法,保证操作位置及操作方法正确且到位,验证符合要求后再进行下一步操作和作业内容。

(2) 注氮试压同时进行防喷系统补压,保证连续油管内压力与防喷系统内压力差小于±20MPa,最好防喷系统内压力高于连续油管内压力,防止过大压差导致工具串异常或损坏。

(3) 试压过程从低压开始分阶段压力试压,当达到阶段试压压力后观察5min注氮压力表下降小于0.7MPa后,人员方可靠近高压管线、闸阀进行确认有无刺漏。

(4) 试压过程发现存在泄漏时应及时停注氮气,确认泄漏不会导致连接部位飞脱伤人等危险后,打开放空阀泄除管内氮气后再进行紧固工作。

(5) 试压不达标整改前的泄压过程必须保证连续油管内压力与防喷系统内压力差不大于20MPa,且防喷系统内压力高于连续油管内压力,在满足压差范围内循环泄压,直至连续油管内压力和防喷系统内压力均为0MPa。

8.7.4 跟踪调整注气压力

连续油管进入防喷系统未下入井内阶段的注氮压力及气量范围依照表8-4和表8-5(气量为理论计算值,与实际有偏差,但处于同向偏差可通过现场施工经验校正),各个井口压力对应的注氮压力中优先选取注氮压力值较低的。

表8-4 井口压力与注氮压力范围及注氮量匹配表

井口压力 (MPa)	不同注氮压力下的注氮量 (m³)				
	50MPa	60MPa	70MPa	80MPa	90MPa
20	1055.67				
30	1471.94	1471.94			
40	1803.69	1803.69	1803.69		
50	2070.51	2070.51	2070.51	2070.51	
60	2289.43	2289.43	2289.43	2289.43	2289.43
70	2472.71	2472.71	2472.71	2472.71	2472.71

表8-5 注氮压力各阶段每变化1MPa对应的气量变化表

注氮压力 (MPa)	20	30	40	50	60	70
压力变化1MPa时氮气量变化 (m³)	45.84	36.67	29.28	23.81	19.76	16.72

注氮压力越高则压力升高越快,要求随着压力升高不断降低注氮速度。连续油管下入过程中各阶段氮气量及压力曲线数据见表8-6和表8-7,关系如图8-10和图8-11所示。连续油管及测试电缆长度7406m,剩余管内容积4.996m³。

表8-6 注气压力与氮气气量关系参照表(常年气温21℃,井口温度70℃)

入井深度 (m)	连续油管内不同注气压力下的氮气含量 (m³)					
	20MPa	30MPa	40MPa	50MPa	60MPa	70MPa
0	1055.67	1471.97	1803.72	2070.54	2289.46	2472.74

续表

入井深度 (m)	连续油管内不同注气压力下的氮气含量（m³）					
	20MPa	30MPa	40MPa	50MPa	60MPa	70MPa
1000	1023.13	1427.88	1752.07	2013.98	2229.6	2410.61
2000	993.3	1386.24	1702.22	1958.47	2170.13	2348.26
3000	966.03	1346.87	1654.02	1903.94	2111	2285.73
4000	941.19	1309.64	1607.4	1850.36	2052.26	2223.07
5000	918.66	1274.44	1562.24	1797.7	1993.88	2160.31
6000	898.36	1241.16	1518.52	1745.92	1935.92	2097.54
7000	880.18	1209.73	1476.15	1695	1878.35	2034.75
7406	873.38	1197.48	1459.32	1674.57	1855.1	2009.27

表8-7 各注氮压力情况下不同深度阶段每改变1MPa时氮气量变化情况表

入井深度 (m)	连续油管内不同注气压力下每改变1MPa时氮气量变化（m³）					
	20MPa	30MPa	40MPa	50MPa	60MPa	70MPa
0	45.85	36.64	29.26	23.78	19.74	16.69
1000	44.48	35.74	28.68	23.38	19.48	16.5
2000	43.12	34.77	28.02	22.94	19.15	16.28
3000	41.75	33.75	27.28	22.41	18.76	15.98
4000	40.39	32.68	26.49	21.84	18.33	15.65
5000	39.02	31.56	25.64	21.18	17.85	15.27
6000	37.65	30.42	24.74	20.5	17.32	14.85
7000	36.26	29.21	23.79	19.77	16.75	14.41
7406	35.7	28.7	23.39	19.46	16.49	14.21

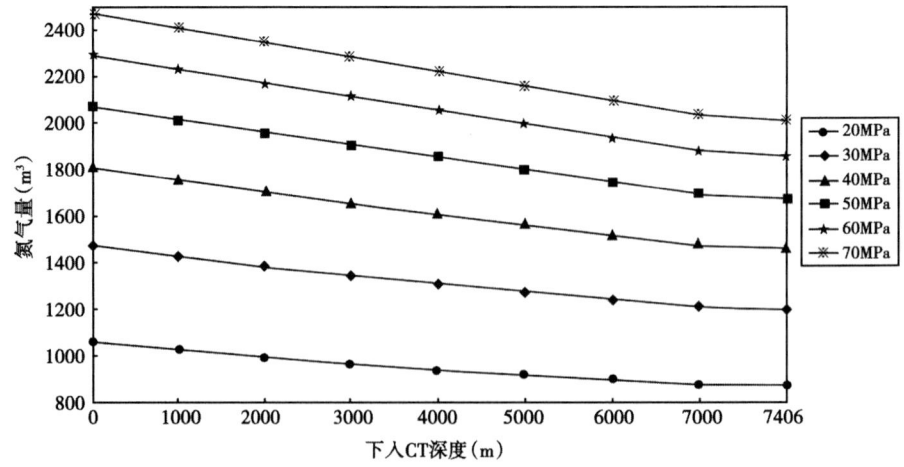

图8-10 CT内注氮量与下入深度关系

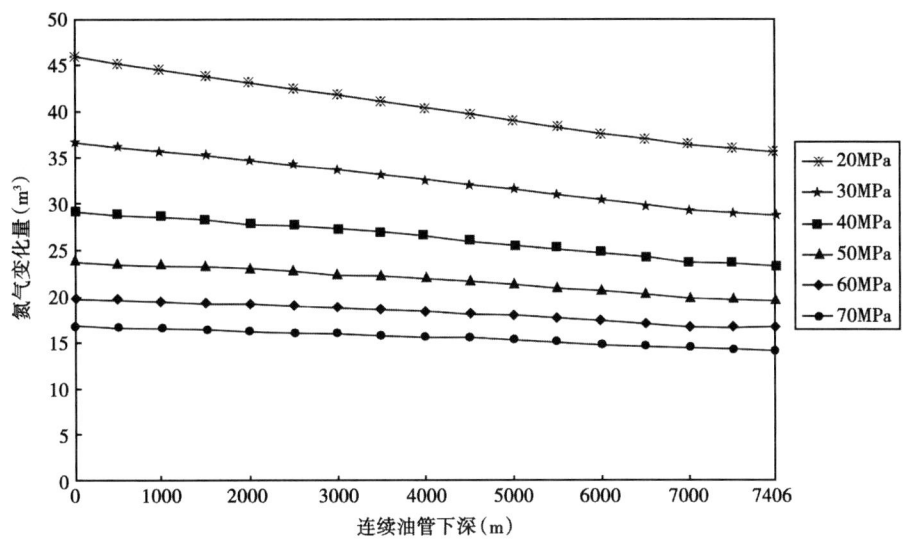

图 8-11 不同深度压力变化 1MPa 改变气量

连续油管注氮压力调节阶段实际采用井内天然气补充至连续油管内进行，同等压力温度条件下等体积内天然气用量为氮气用量 1.04~1.25 倍，调节阶段必须控制油嘴排量在 5~15m³/min 内选取，基本保证调节时间控制在 3~8min 每 2MPa，注氮压力高时需要油嘴排量低，注氮压力低时可适当油嘴排量高。

下放连续油管过程中压力会缓慢升高，在与设定压力值偏差约 2MPa 时缓慢泄放一次；上提连续油管过程中压力会缓慢下降，在与设定压力值偏差约 2MPa 时缓慢注入天然气一次。

下入预定定点测试深度时，开井后井筒各点温度升高，连续油管内氮气膨胀导致注入压力升高，在与设定压力值偏差约 2MPa 时缓慢泄放氮气一次。

出现极限保险阀动作时必须立即切换到节流管汇控制泄压状态，压力泄放到正常范围后降低泄放排量并留人观察控制，同时必须在低排量泄放时 10min 内完成极限保险阀（或保险销键）更换。

8.7.5 泄压放喷

（1）连续油管测试完成并将连续油管及测试仪器提至防喷系统内关井后，先将压力高的一侧（连续油管内或者防喷系统内）压力泄放到连续油管内外压差±2MPa 内，然后泄放连续油管内压力低于防喷系统内压力 20MPa，再泄放防喷系统内压力与连续油管内压差±2MPa 内，保持以上压差方式循环泄压直至连续油管内压力和防喷系统内压力均为 0MPa。

（2）泄放防喷系统内天然气压力时，调节 3 个油嘴排量范围在 5~15m³/min，泄放至防喷系统内压力读数为 0 且出口着火熄灭 5min 以上为泄放完成。

（3）泄放连续油管内气体时，调节通路两个油嘴排量范围在 5~15m³/min，泄放至连续油管内压力读数为 0 且出口熄火 5min 以上为泄放完成。

8.7.6 拆卸管线

（1）高压管线拆卸前必须保证各阀全部处于开启状态，压力显示为大气压力情况后方可进行拆卸。

(2) 拆卸过程中有打榔头等易产生火花的动作进行前,必须使用四合一检测仪检测可燃气体含量小于2%(甲烷爆炸下限5%)。

(3) 拆卸管线首先必须拆卸机械仪表、传感器等,避免因震动、碰撞损坏精密设备。

(4) 拆卸管线后要及时对螺纹、法兰面及接触易腐蚀物的部位进行清洗、抹黄油等方式防腐。

8.7.7 注氮平衡流程图

注氮平衡流程图如图 8-12 所示。

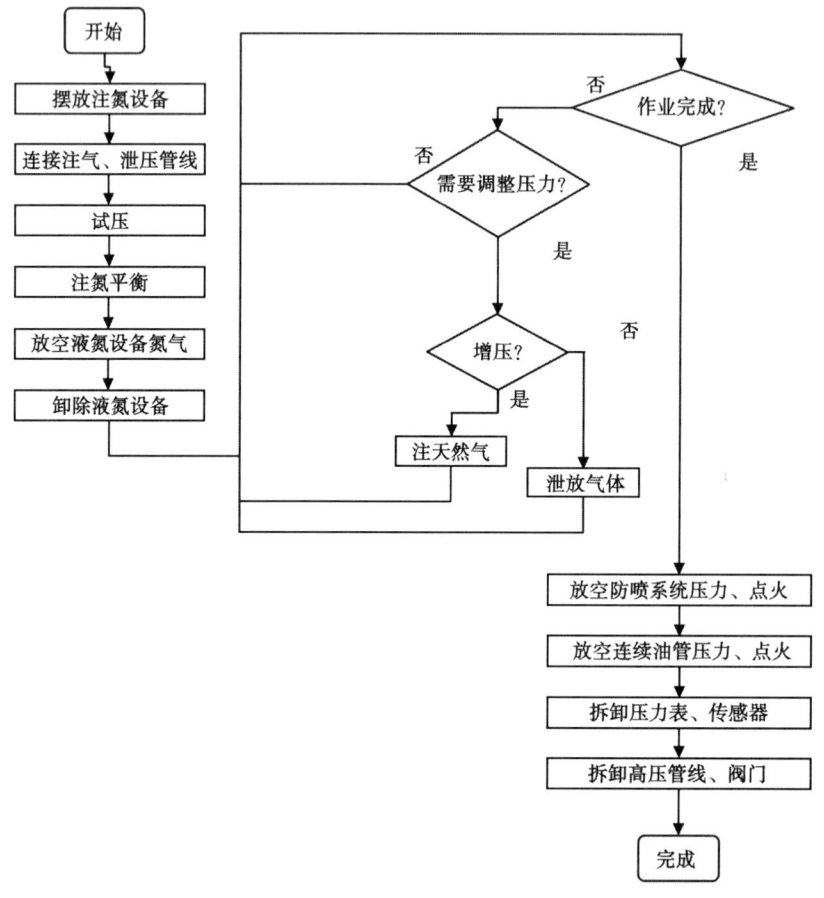

图 8-12 注氮平衡流程图

8.8 连续油管上提下放操作规范

连续油管入井后能否顺利提下是整个连续油管测试的前提条件。对连续油管在井内的形态及受力情况进行分析,并从中找出相应的解决方案,才能保障连续油管在作业过程中顺利提下。

8.8.1 连续油管下放

根据力学分析,随着连续油管内压的增大连续油管无支撑段所能承受的载荷降低,即连续油管能够承受的拉力或下压力减小,无支撑段内压与注入头下压力的关系见表8-8,无支撑段内压与注入头上提力的关系见表8-9。

表8-8 无支撑段内压与注入头下压力的关系

内部压力 (MPa)	无支撑段压入过程 (安全系数2、壁厚4mm)		无支撑段压入过程 (安全系数1.5、壁厚4mm)	
	极限注入力(tf)	最大应力(MPa)	极限注入力(tf)	最大应力(MPa)
70	4.4	310.5	12.2	419.4
60	7.4	310.3	13.7	419.1
50	9.2	308.1	14.9	419.1
40	10.5	306.3	15.8	418.1
30	11.5	306	16.5	417.4
20	12.3	307.9	17	416.5
10	12.8	308.9	17.5	419.7
0	13	308.4	17.7	419.9

表8-9 无支撑段内压与注入头上提力的关系

内部压力 (MPa)	无支撑段上提过程 (安全系数2、壁厚5.2mm)		无支撑段上提过程 (安全系数1.5、壁厚5.2mm)	
	极限上提力(tf)	最大应力(MPa)	极限上提力(tf)	最大应力(MPa)
70	12.7	310.5	19.8	420.9
60	13.8	307.9	20.3	419.7
50	14.5	306.9	20.8	419.9
40	15.2	309.8	21.2	419.6
30	15.5	307.3	21.5	418.7
20	16	310.2	21.8	419
10	16.2	309.3	22.1	420.6
0	16.4	309.9	22.2	419.6

向连续油管内泵注清水,泵注量由连续油管下至测试点所需的清水量来确定。

根据井口压力向连续油管内注入平衡压力。

下放连续油管,起始放速度不能超过5m/min。

对比注入头注入力缓慢提高下放速度,下放过程中保持连续油管内外压差不超过70MPa。

表 8-10　安全系数与下放速度关系表（1）

无支撑段注入力 安全系数 n	连续油管下放速度 v （m/min）
$n \geqslant 2$	20~25
$1.5 \leqslant n < 2$	15~20
$n < 1.5$	10

连续油管下至 1900m 停止下放，增大管内平衡压力后，缓慢提高下放速度。

注意：连续油管内压会随着深度增加而升高，下放时安全系数与下放速度见表 8-10，下放时要保持管内平衡压力不变。

表 8-11　安全系数与下放速度关系表（2）

无支撑段注入力 安全系数 n	连续油管下放速度 v （m/min）
$n \geqslant 2$	15~20
$1.5 \leqslant n < 2$	10~15
$n < 1.5$	5~10

连续油管通过中和点后，无支撑段受到拉力的作用，在拉力的作用下可提高连续油管下放速度，下放时安全系数与下放速度见表 8-11。

表 8-12　安全系数与下放速度关系表（3）

无支撑段上提力 安全系数 n	连续油管下放速度 v （m/min）
$n \geqslant 2$	20~25
$1.5 \leqslant n < 2$	15~20
$n < 1.5$	10

连续油管下至油管管脚以上 50m 时，降低下放速度至 5m/min。

通过有油管管脚后，连续油管的下放速度由测试仪器的测试情况来确定，下放时安全系数与下放速度见表 8-12。

8.8.2　连续油管上提

连续油管入井后，井口段受到的拉力最大。井口段能够承受拉力的大小受连续油管内压与外压的压差影响，安全系数为 2 时，井口段压差对上提力的影响见表 8-13 和图 8-13。

表 8-13　安全系数为 2 时，井口段压差对上提力的影响

井口段上提过程压差分析（安全系数 2，壁厚 5.2mm）	
压差（MPa）	极限上提力（tf）
0	16
10	16
20	15.8

续表

井口段上提过程压差分析（安全系数2，壁厚5.2mm）	
压差（MPa）	极限上提力（tf）
30	15.5
40	15
50	14.5
60	13.5
70	12.5
80	11
90	9.5

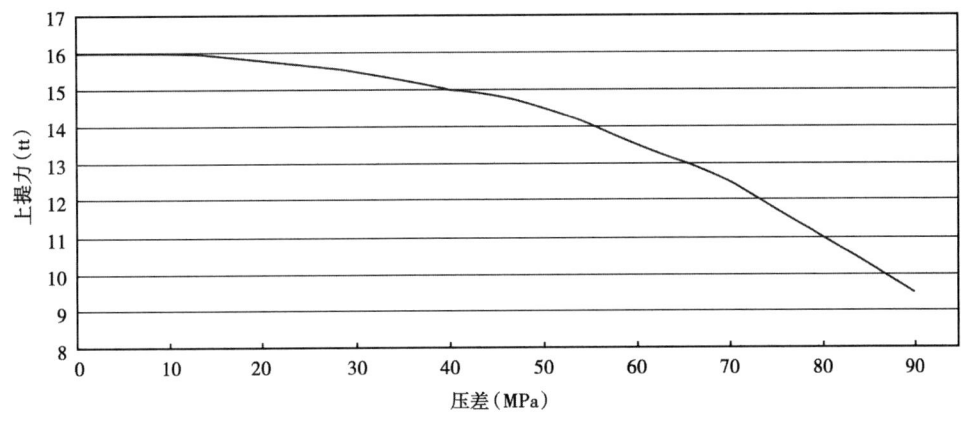

图 8-13 压差与上提关系图

在不同产量不同井口压力下，连续油管井口段和无支撑段的受力状况见表 8-14。

表 8-14 连续油管井口段和无支撑段的受力分析表

日产气量（$10^4 m^3$）	井口压力 40MPa		井口压力 50MPa		井口压力 60MPa		井口压力 70MPa		井口压力 80MPa	
	井口段拉力（kgf）	无支撑段拉力（kgf）	井口段拉力（kgf）	无支撑段拉力（kgf）	井口段拉力（kgf）	无支撑段拉力（kgf）	井口段拉力（kgf）	无支撑段拉力（kgf）	井口段拉力（kgf）	无支撑段拉力（kgf）
30	26816	22302	27003	21326	27147	20308	27267	19265	27368	18203
50	22834	18320	23231	17554	23540	16701	23793	15791	24004	14839
75	15867	11353	16488	10811	11458	4619	11894	3892	12255	3090
100	4461	−53	5241	−436	5862	−977	4116	−3886	917	−8248
150	−2389	−6903	−2177	−7854	−1970	−8809	−1726	−9728	−1233	−10398

（1）上提连续油管前，根据连续油管井下的受力情况选择合理的开井日产量和井口压力。

（2）缓慢启动注入头上提连续油管，控制上提速度在 5m/min，上提 50m 后，速度提高到 10m/min，直到连续油管末端进入油管内 50m。

209

(3) 提高上提速度至 15m/min，直到连续油管中和点。

(4) 提高连续油管上提速度至 25m/min，直到井口以下 50m。

(5) 降低连续油管上提速度至 5m/min，直到连续油管进入防喷系统内。

注意：连续油管上提过程中，管内压力会随着连续油管深度的变化降低，在上提时要注意调整管内平衡压力，根据井口段的上提力调整连续油管的内外压差。

参 考 文 献

[1] 贺会群.连续油管技术与装备发展综述[J].石油机械,2006,34(1):1-6.
[2] 赵广慧,梁政.连续油管力学性能研究进展[J].钻采工艺,2008,31(4):97-101.
[3] T Mccoy.SSC Resistance of QT900 Coiled Tubing[J].SPE 93786,2005.
[4] 赵章明.连续油管工程技术手册[M].石油工业出版社,2011.

附录一 苏格拉底程序需要的环境数据

CLI 国际苏格拉底（WINSOC）计算机专家系统为产油地区合金应用的选择，输入数据单位见附表 1。

附表 1 苏格拉底程序需要的环境数据表

	最高温度（℃）	120
	最低温度（℃）	180
	二氧化碳含量（%）	0.77
	硫化氢含量（%）	无
	碳酸根离子含量（mg/L）	
	氯化物含量（mg/L）	
	天然硫黄（是或否）	否
	井底压力（MPa）	90~120
输出如下	（1）可用的合金	
	（2）需要的最低凹陷指数，PI=铬+3.3钼+0.5（钨+铌）+11氮	
	（3）环境等级范围 0~150（0+最弱，150+最严酷）	

附录二 连续油管穿电缆工艺

目前在工业上有 4 种方法可以将电缆安装进滚筒上的连续油管中：
（1）将连续油管悬挂在直井中，同时将电缆穿入其中。
（2）松开滚筒上的连续油管并使其平直的摆放好，在电缆的一端安装一个塞子，然后将电缆泵入连续油管。
（3）生产内部带有牵引电缆的连续油管，松开滚筒上的连续油管并使其平直的摆放好，牵引电缆通过连续油管。
（4）使用电缆注射系统在连续油管盘在滚筒上的情况下，安装电缆。

电缆注射系统是这 4 种方法中最通用的和费用最低的一种。它可适用于小井场，例如海上，同时可以在任何类型的连续油管中传送电缆。电缆注射器同样可以用作一个电缆提取装置，在测井作业完成之后从连续油管管柱中对电缆进行回收。附图 1 显示的是电缆注射器的示意图，该装置由 CTES，L.P 公司研发，同时已经用于与之相关的项目的商业生产使用。

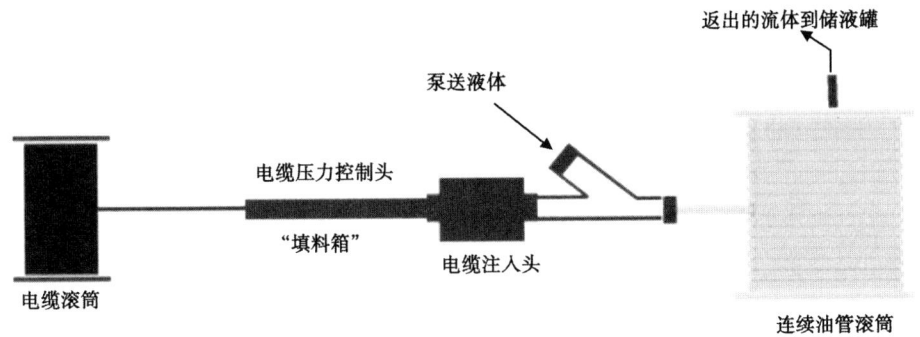

附图 1 电缆注射器示意图

电缆注入装置的工作原理非常简单。压力容器中的一个绞盘 Capstan（摩擦轮）将电缆从其滚筒中拉出并通过一个小直径的管柱（加速器）将电缆注入到连续油管中。泵送的高速水流通过加速器产生一个压差，使电缆穿入连续油管中。这个高速的水流同时具有以下作用：
（1）在连续油管内形成涡流，使电缆悬浮与连续油管的中心，减少了连续油管与电缆的摩擦。
（2）给电缆提供一个向液流方向运动的液压的轴向力。

只要摩擦轮提供所需的足够的作用力将电缆从电缆滚筒中抽出，连续油管中的液压拖拽力就可以将使电缆缠绕到连续油管滚筒上。通过这种方式可以安装长达 26000ft 的电缆。反向运行该程序可以将电缆从连续油管滚筒中移除。

附图 2 显示的是一个 10000psi 工作压力的电缆注入头。
附图 3 显示的是一个使用 10000 psi 注入头进行实际电缆安装的场景。电缆滚筒在照片右外面。

附图 2 10000psi 的电缆注入头

附图 3 电缆安装场景

在不考虑安装方法的情况下,如何控制电缆的松弛问题是关键。滚筒上的连续油管的弯曲半径大约比它内部的电缆的弯曲半径大 1%。因此,在处于松弛状态时,电缆比连续油管最少长出 1%。在刚性电缆作业时,电缆有向连续油管管柱自由端移动的倾向。经过几次进出井筒后,一些部分连续油管管柱处的电缆将会松弛,而另一些部分会发生张力损坏。经常进行反方向泵送作业(从自由端到滚筒)可以将连续油管管柱内的电缆进行重新分配,延长电缆的使用寿命。